Kerstin Piribauer

Krebs beim Hund

Informiert entscheiden, bewusst handeln

Kynos

Konrad-Zuse-Straße 3, D-54552 Nerdlen/Daun
Telefon: 06592 957389-0
www.kynos-verlag.de

Grafik & Layout: Kynos Verlag

Bildnachweis:

Kerstin Piribauer: S. 10, 13, 17, 42, 59, 155, 156, 163, 174, 263

NIH/National Human Genome Research Institute; © NHGRI/MIT: S. 203

Adobe Stock: BillionPhotos.com-stock.adobe.com, S. 18–19; Victor-stock.adobe.com, S. 28; peterschreiber.media-stock.adobe.com, S. 30–31; DeoSum-stock.adobe.com. S. 39; molekuul.be-stock.adobe.com, S. 55; Andrey Popov-stock.adobe.com, S. 64–65; Kirstin Gründler-stock.adobe.com, S. 76; ANP-stock.adobe.com, S. 80; Ekaterina Myshenko-stock.adobe.com, S. 82; totojang1977-stock.adobe.com, S. 100–101; picturetom-stock.adobe.com, S. 129; Henrik Dolle-stock.adobe.com, S. 133; Kadmy-stock.adobe.com, S. 140–141; babsi_w-stock.adobe.com, S. 153; doucefleur-stock.adobe.com, S. 179; antoine-photographe-stock.adobe.com, S. 182; Alila Medical Media-stock.adobe.com, S. 185; adam121-stock.adobe.com, S. 187; nataba-stock.adobe.com, S. 235; borisblik-stock.adobe.com, S. 236; by-studio-stock.adobe.com, S. 240–241

Gedruckt in Lettland

ISBN 978-3-95464-243-4

Dem LEBEN gewidmet …

Inhaltsverzeichnis

Liebe Leserinnen, liebe Leser!

Die höchste Motivationsquelle im Leben ist die Liebe. Gemeinsam mit vielen anderen positiven Emotionen ist sie die wichtigste Kraft, die uns und unseren vierbeinigen Partner gerade dann besonders intensiv begleitet, wenn das Leben zur Herausforderung wird und die Selbstverständlichkeit dessen, was unser Dasein tagtäglich ausmacht, in Frage gestellt ist. Eine Krebserkrankung unseres besten Freundes auf vier Pfoten kann zu einer derartigen Herausforderung werden, auch wenn sie – abhängig von der Art des Tumors und vom Zeitpunkt der Diagnose – in vielen Fällen lange kontrollierbar oder manchmal sogar heilbar ist.
Das Zusammenleben mit meinen Boxern ließ die Thematik der Krebserkrankungen beim Hund im vergangenen Jahrzehnt zu einem nahezu selbstverständlichen Bestandteil meines Lebens werden. Dabei ließen mich die Gedanken, was ich einst bei meiner Boxerhündin Anna versäumt habe, lange nicht los. Die Erkrankung ihrer Tochter Aurora schenkte mir schließlich Empfindungen, Erfahrungen und Einsichten, die mir vielleicht in keiner anderen Lebenssituation zuteilgeworden wären. Aurora war es, die während der Zeit ihrer Krankheit ein neues Bewusstsein für den Wert des Lebens in mir weckte und die mich lehrte, unsere Welt mit all ihren bunten und vielschichtigen Facetten in einer mir bisher unbekannten Intensität wahrzunehmen. Damals schöpfte ich gerade daraus tagtäglich neue Kraft, um meine Hündin in den Monaten ihrer tumorbedingten Behinderung zu begleiten, und bis heute empfinde ich dies als ein unermesslich großes Geschenk, das Aurora mir hinterlassen hat.

Aufgrund eines Tumors im Rückenmark war Aurora wie querschnittsgelähmt. In dieser Situation stand der Rollwagen für Mobilität und Lebensfreude, für Abwechslung und Unternehmungslust! Für Aurora und mich bedeutete er ein Stück Freiheit, dem wir unzählige Ausflüge verdankten. Ohne den Rollwagen hätten wir viele Momente stillen Glücks, die nur uns beiden gehörten, niemals gelebt. Gemeinsam ließen wir keine Möglichkeit aus, diese Lebensform in allen Facetten zu genießen.

Auch in den Tagen, als Auroras damals knapp sechsjährige Tochter Cordelia, die an einem malignen (bösartigen) Lymphom litt, mich gerade für immer verlassen hatte und ihre ältere Schwester Braganza wegen eines Osteosarkoms (ein Tumor, der vom Knochengewebe ausgeht) zur gleichen Zeit in eine umfassende onkologische Therapie ging und meine ganze Aufmerksamkeit und Fürsorge benötigte, war ich unendlich dankbar, eine scheinbar grenzenlose Energie in mir spüren zu dürfen. In jedem Moment war mir vollkommen bewusst, dass die unerschütterliche Motivation und tiefe emotionale Basis all dessen, was ich dachte und tat, die Liebe war. Diese Überzeugung vermochte mir selbst in diesen Wochen der sich überschlagenden Ereignisse ein beständiges Lächeln zu schenken, wenn Braganza und ich an der Universitätsklinik in Wien oder im heimatlichen Garten in der Steiermark gemeinsam auf der Wiese saßen und die wärmenden Sonnenstrahlen spürten, die uns aus einem tiefblauem Himmel trafen. Voller Geborgenheit und Harmonie lebten wir jeden einzelnen dieser so wundervollen und einzigartigen Momente und fühlten uns sicher und geborgen.
Verbiete Dir die Liebe nicht! – Diese Momente voller Vertrauen und Liebe, die wir in diesen Situationen leben, sind einzigartig und auch für uns, die wir eines Tages allein zurückbleiben, eine wertvolle Erfahrung, die uns niemand nehmen kann und die für immer in unserem Denken und Tun präsent bleiben wird. Die Liebe wird in diesen Tagen der Krankheit zur wichtigsten Kraftquelle für unseren vierbeinigen Partner und für uns selbst, und diese Energie benötigen wir, um unserem geliebten Freund auf vier Pfoten während dieser Zeit zur Seite zu stehen – und gleichzeitig bewusste, das heißt rational bestimmte und ethisch verantwortbare Entscheidungen für ihn und sein Leben zu treffen. So entstand dieses Buch, das keinerlei Anspruch auf wissenschaftliche oder medizinische Vollständigkeit erhebt, sondern ein Ratgeber für Besitzerinnen und Besitzer von an Krebs erkrankten Hunden sein möchte, um ein Verständnis für Krebserkrankungen und ihre Behandlungsmöglichkeiten zu schaffen.
Mein besonderer Dank gilt heute …
… meinen Boxern, deren Umgang mit ihren Erkrankungen mich unendlich viel lehrte und die mir Erfahrungen schenkten, die mein Leben veränderten und reicher machten.
… der Veterinärmedizinischen Universität Wien, wo ich in den unterschiedlichsten Vorträgen und Veranstaltungen sowie in der Therapie meiner eigenen Hunde immer wieder erkennen durfte, was Ambition und Leidenschaft in der modernen Tiermedizin bewegen können.
… Herrn Dr. med. vet. Michael Willmann (Onkologische Abteilung der Internen Klinik für Kleintiere der Veterinärmedizinischen Universität Wien) für das Vertrauen, mich bei der Arbeit an diesem Buch von Beginn an zu unterstützen.

Ottendorf, im Februar 2021
Kerstin Piribauer

Am Anfang steht wie so oft eine Geschichte

Mitte Oktober. Die letzten warmen, farbenfrohen Tage des Jahres schienen bereits Vergangenheit. Kalt war es geworden und dichtes Nebelgrau hing über dem oststeirischen Hügelland. Dennoch spielten zwei unserer Boxer – Mutter und Sohn – fröhlich und ausgelassen auf einer großen Wiese. Anna, gerade sieben Jahre alt geworden, und der knapp dreijährige Apoll waren wie immer ein Herz und eine Seele, und der aufgeweckte junge Boxermann wusste seine Mutter im Spiel stets ordentlich herauszufordern.

In diesen Tagen begann Anna zu husten. Litt sie eventuell an einer Erkältung? Angesichts der Jahreszeit und des nasskalten Wetters in den zurückliegenden Tagen schien dieser Gedanken keineswegs abwegig. Am nächsten Tag stellten wir Anna dem Tierarzt vor. In der klinischen Untersuchung zeigten sich keinerlei nennenswerte Auffälligkeiten, aber angesichts des Hustens bestätigte der Tierarzt unsere Vermutung einer Infektion der oberen Luftwege und verordnete Anna ohne eine weitere und genauere diagnostische Abklärung der Symptome ein Antibiotikum. Eine wirkliche Besserung war trotz dieses Therapieversuchs in den kommenden Tagen nicht erkennbar, im Gegenteil, Anna hustete bald zunehmend blutigen Schleim aus. Vier Tage später wirkte sie zudem sehr müde und lustlos, zeigte einen merkwürdig aufgeblähten Bauch. Bei einer neuerlichen Vorstellung in der Tierklinik führte nun eine Ultraschalluntersuchung des Bauchraums zu der vagen Äußerung, dass die Leber „etwas komisch“ aussähe. Das sei „kein schönes Gewebe“. Wir sollten die Antibiotika weiterhin geben.

Während der Autofahrt nach Hause kam mir der Gedanke, Anna an der Veterinärmedizinischen Universitätsklinik in Wien vorzustellen. Was konnte sie an der Leber haben? Was heißt „komisches Gewebe“? Könnte das eine Umschreibung für „Krebs“ sein? Aber selbst, wenn Anna einen Tumor haben sollte, gäbe es an der großen Universitätsklinik sicherlich die Möglichkeit einer Operation. Ich rief in Wien an. Leider war es schon spät am Nachmittag und an der Kleintierklinik niemand mehr für eine Terminvereinbarung erreichbar. Ich möge doch bitte am nächsten Morgen wieder anrufen, bat mich eine freundliche Stimme in der Telefonvermittlung.

Viel Weiß, wenig Schwarz: Krebs als Zufallsdiagnose

Abends verweigerte Anna ihr Essen, sie schien zunehmend apathisch. Wieder rief ich in unserer Haustierklinik an, und eine halbe Stunde später waren wir dort. Zur Ergänzung der Ultraschalluntersuchung vom Nachmittag wurde nun ein Röntgenbild des Bauchraums angefertigt, und wir warteten auf dessen Entwicklung. Was dann zu sehen war, ließ den diensthabenden Tierarzt und damit auch uns den Bauch und die Leber allerdings erst einmal vollkommen vergessen. Ein kleiner Teil der Lunge war auf dem Bild noch zu sehen: nicht schwarz, wie sich die Luft in einer gesunden Lunge am Röntgenbild darstellt, sondern weiß gefleckt. Viel Weiß mit kleinen schwarzen Zwischenräumen. Der Tierarzt machte ein besorgtes Gesicht, sprach von „Lungenkrebs“ und fertigte eine zweite Röntgenaufnahme an, diesmal nur von der Lunge.

Dieses Bild zeigte nun sehr viel Weiß in Annas Lunge. Das alles seien Krebszellen, erklärte uns der Tierarzt und fügte korrekterweise den Hinweis hinzu, dass das, was er gerade mache, im Grunde keine Tumordiagnostik sei, aber die Sache sei klar. – „Was tun?“ – „Keine Chance! Gar nichts tun!“ – „Wie lange noch?“ – „Vielleicht drei Wochen, vielleicht vier.“ – „Es muss doch eine Möglichkeit geben! Ich

Auf diesem Röntgenbild von Annas Lunge sind die Metastasen überdeutlich erkennbar.

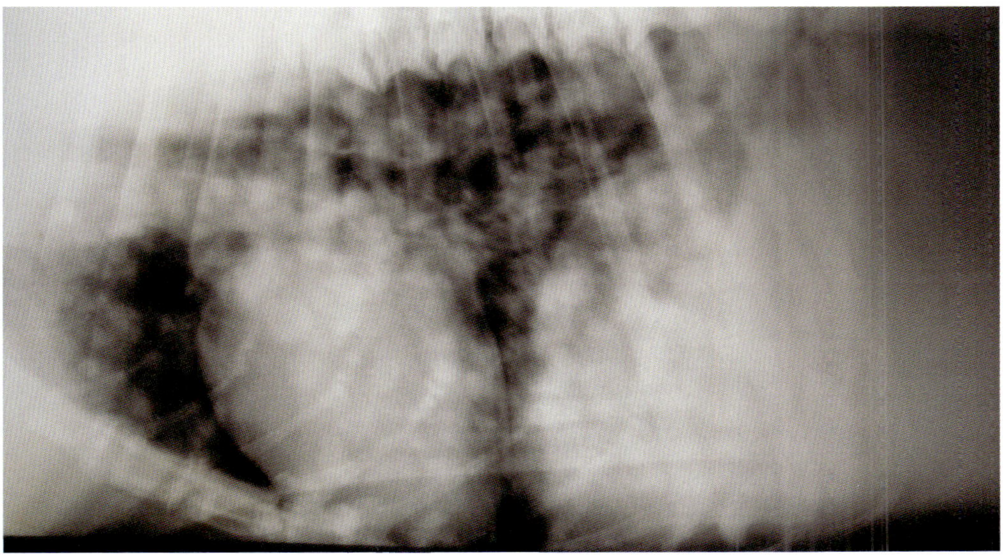

habe heute Nachmittag ohnehin beschlossen, morgen in Wien an der Universitätsklinik einen Termin zu vereinbaren, um Anna dort vorzustellen." – „Warum? Warum wollen Sie dem Hund die vielen Kilometer antun? Machen Sie ihr lieber eine schöne Zeit." – Noch ließ ich nicht locker. „Aber vielleicht gibt es noch eine Chance! Vielleicht gibt es die Möglichkeit einer Chemotherapie?" – „Chemotherapie? Aber ich bitte Sie! Wollen Sie Ihrem Hund das wirklich ANTUN?"
Warum blieb damals nur dieser eine Satz in mir hängen? Warum ließ ich mich davon derart lähmen und habe nicht die Kraft gehabt, bei meinem Vorsatz vom Nachmittag zu bleiben, am nächsten Tag wie vereinbart in Wien anzurufen? Warum habe ich nichts getan, was Anna vielleicht noch hätte helfen können, was uns eventuell noch einige Wochen, Monate, vielleicht ein Jahr Leben geschenkt hätte? Ob dem so gewesen wäre – niemand kann mir heute darauf eine Antwort geben. Mit Sicherheit aber hätten weitere diagnostische und therapeutische Schritte zumindest mehr Klarheit in die gesamte Situation und eine eindeutige Diagnose gebracht. ANTUN?! Nein, ANTUN wollte ich Anna sicher nichts, aber es entsprach auch nicht meinem Naturell, gar nichts zu tun. Das war ausgeschlossen für mich.

Ersatzhandlung

Die in unserer Haustierklinik damals ohne weitere Diagnostik, Diskussion und Abwägung noch am späten Abend sofort eingeleitete Kortisontherapie schien mir schon seinerzeit eine mehr oder weniger hilflose Alibiaktion, von der ich mir keinerlei Besserung versprach – zu Recht, wie ich heute weiß. Also begann ich, genauso wie unzählige andere Hundebesitzer dies auch heute noch tun, „Doktor Google" zu befragen und im Internet nach alternativen Tumortherapien zu suchen. Dabei stieß ich auf ein Mistelpräparat, das ein angeblicher Tumorspezialist anbot, der sogar in unserer Nähe praktizierte. 50 Kilometer würde ich Anna ja doch noch ANTUN können, und so fuhren wir mit den Röntgenbildern unserer Klinik zu diesem Arzt, der uns anschaulich, wort- und farbenreich die Wirkungsweise, die Vorteile und „Risiken" einer Misteltherapie darstellte, für die wir uns dann auch entschieden. Aus heutiger Sicht eine reine Ersatzhandlung! Statt 175 Kilometer nach Wien nur knapp 50 Kilometer, statt einer genauen diagnostischen Abklärung mit den Möglichkeiten der modernen Veterinärmedizin und statt einer eventuell noch sinnvollen Therapie nur eine komplementärmedizinische Misteltherapie! Noch heute macht mich der Gedanke, damals so entschieden zu haben, fassungslos. Seinerzeit war ich zumindest sicher: Damit konnte und würde ich Anna nichts ANTUN! Heute ist mir klar, dass die in Zusammenhang mit Tumorerkrankungen oftmals empfohlene Misteltherapie ihren Sinn unter anderem in einer unspezifischen Aktivierung des Immunsystems findet, indem die natürlichen Inhaltsstoffe der Mistel die körpereigene Abwehr verstärkt motivieren können, um dann vielleicht auch gegen Tumorzellen im Organismus vorzugehen. Heute weiß ich auch um den geistigen Hintergrund und das Gedankengerüst des anthroposophischen Heilungsansatzes der Misteltherapie. Das mag eventuell als unterstützende und begleitende – eben komplementärmedizinische – Maßnahme hilfreich sein, es ernsthaft als Ersatz oder Alternative zu einer etablierten evidenzbasierten Behandlungsform zu betrachten und anzubieten, erscheint mir persönlich heute durchaus als ethisch bedenklich.

Zumindest aber brachte dieser zweite Tierarzt damals so viel Licht in die Gesamtsituation, dass er nicht an einen bei Hunden eher seltenen primären Lungentumor glaubte, sondern uns erklärte, dass das, was das Röntgenbild zeige, Metastasen seien, wahrscheinlich von unentdeckten Mammatumoren. Er tastete Anna ab und machte mich auf eine kaum spürbare und sehr versteckt liegende steinharte Verdickung neben einer ihrer hinteren Zitzen aufmerksam, gerade einmal so groß wie ein Stecknadelkopf. Beim weiteren Abtasten fand er im Bereich des vorletzten und letzten Milchdrüsenkomplexes drei solche Gebilde und erklärte diese für die Ursache des Ganzen. War es wirklich so? Ich erinnere mich noch ganz genau, wie sich die Verhärtungen anfühlten. Steinhart. Wenig größer als ein Stecknadelkopf. Sehr gut abgegrenzt. Passte das wirklich zu der These, dass es sich hier um bösartige Mammatumoren handeln sollte, die in die Lunge metastasiert hatten? Noch hatte ich meine Zweifel, und im Grunde meines Herzens bin ich vielleicht noch immer auf der Suche nach einer Antwort auf all diese Fragen …

Wir ließen das Mistelpräparat bestellen. Es sollte in unsere Haustierklinik geliefert und dann den Angaben des zweiten Arztes entsprechend verabreicht werden. Anna verstarb wenige Tage später, noch bevor das Medikament in der Klinik eingetroffen war. Sie war sehr schwach an jenem letzten Morgen, hatte nahezu weiße Schleimhäute und wollte kaum aufstehen. Während Anna in der Klinik eine Infusion erhielt, die den Organismus eigentlich stärken sollte, verschlechterte sich ihr Zustand zusehends. Aber auch jetzt erfolgte kein zielgerichteter Versuch, um herauszufinden, was aktuell in ihrem Körper vorging. Keine Diagnose, kein Ansatz einer Lösungsmöglichkeit, und so stimmte ich seinerzeit zu, ihrem Leben ein Ende zu setzen – angesichts der damaligen Gesamtsituation zwar nachvollziehbar, aber bis heute trage ich das gefühlte Wissen in mir, dass dies eine der großen Fehlentscheidungen meines Lebens war.

Schuldgefühle

Vieles hat sich seither verändert, und während ich heute – über ein Jahrzehnt später – Annas Geschichte niederschreibe, schäme ich mich noch immer ob meiner damaligen Tatenlosigkeit, meiner Mutlosigkeit und Unentschlossenheit. Unsere vierbeinigen Freunde legen ihr Leben vertrauensvoll in unsere Hände, und es ist unsere Aufgabe, für jeden von ihnen die richtigen Entscheidungen zu treffen. In meinem Denken sind das Entscheidungen, die den medizinischen Möglichkeiten und dem wissenschaftlichen Kenntnisstand unserer Zeit entsprechen. Entscheidungen, die uns erlauben, unseren Hunden ins Gesicht zu schauen – auch über ihren Tod hinaus!

Anna ist damals im Alter von sieben Jahren, einem Monat und sechs Tagen für immer von uns gegangen. Sie hat mich unendlich viel gelehrt in ihrem viel zu kurzen Leben, und die Erinnerungen vermischen sich noch immer mit Schuldgefühlen, nicht alles für sie getan und zu früh aufgegeben zu haben. Vielleicht hätte Anna mit allem, was ich inzwischen lernen durfte, noch einige schöne Wochen oder Monate auf dieser Welt verbringen können – geschenktes Leben! Wie auch immer – zumindest hätten eine vollständige Abklärung ihrer Erkrankung und eine gesicherte Diagnose sowie eine begründete und fundierte Abschätzung der eventuell noch gegebenen therapeutischen Möglichkeiten mir den Umgang mit Annas frühem Ende enorm erleichtert.

Auf dem Weg zu neuen Perspektiven

Etwa zehn Tage nach Annas Tod fiel mir seinerzeit der Hinweis auf eine Veranstaltung an der Veterinärmedizinischen Universität in Wien in die Hände: ein Seminar unter dem Titel „Mein Hund hat Krebs! – Was kann heute für ihn getan werden?“. Ohne auch nur eine Sekunde zu zögern, meldete ich mich sofort zu dieser Veranstaltung an. Auch die gut gemeinte Warnung einer Freundin, ob ich mir dieses Thema wirklich schon so kurze Zeit nach Annas Tod antun wolle, hielt mich nicht davon ab. Im Gegenteil! Mich beherrschte der Gedanke, so viel wie möglich über diese Krankheit erfahren und lernen zu müssen.

Ich erinnere mich noch gut: Wie gefangen saß ich damals in dem Hörsaal, saugte jedes Wort der Vortragenden in mich ein, die wie immer an der Vetmeduni voller Leidenschaft und Engagement von den Möglichkeiten der modernen Tiermedizin sprachen. Zu spät für Anna, aber rechtzeitig genug, um ihren Nachkommen die Chance auf eine optimale Therapie zu geben. Damals verspürte ich plötzlich die Gewissheit in mir, beim nächsten Mal in einer ähnlichen Situation die besseren, die richtigeren und die angemesseneren Entscheidungen zu treffen – und heute weiß ich nur zu gut um die weitreichenden Konsequenzen dessen: Dass der schnelle Tod meiner Cordelia zumindest keine quälenden offenen Fragen hinterließ, sondern das sichere Wissen, alle medizinischen Möglichkeiten ausgeschöpft und in jedem Moment im vollen Bewusstsein der Verantwortung gehandelt zu haben, wurde mir zu einer der wertvollsten emotionalen Stützen in der Trauer um meine junge Hündin. Zur gleichen Zeit verdankten Braganza und ich der chirurgischen, strahlen- und chemotherapeutischen Behandlung ihres axialen Osteosarkoms, dass wir unsere Liebe noch einen glücklichen gemeinsamen Sommer lang LEBEN durften …

Anna vom Zugspitzblick. Ihr viel zu früher Tod nach einem nicht ausdiagnostizierten und somit auch nicht adäquat behandelten Tumorgeschehen wies mir den Weg, für ihre Nachkommen und Nachfolger informierte und damit bessere und verantwortungsvollere Entscheidungen zu treffen.

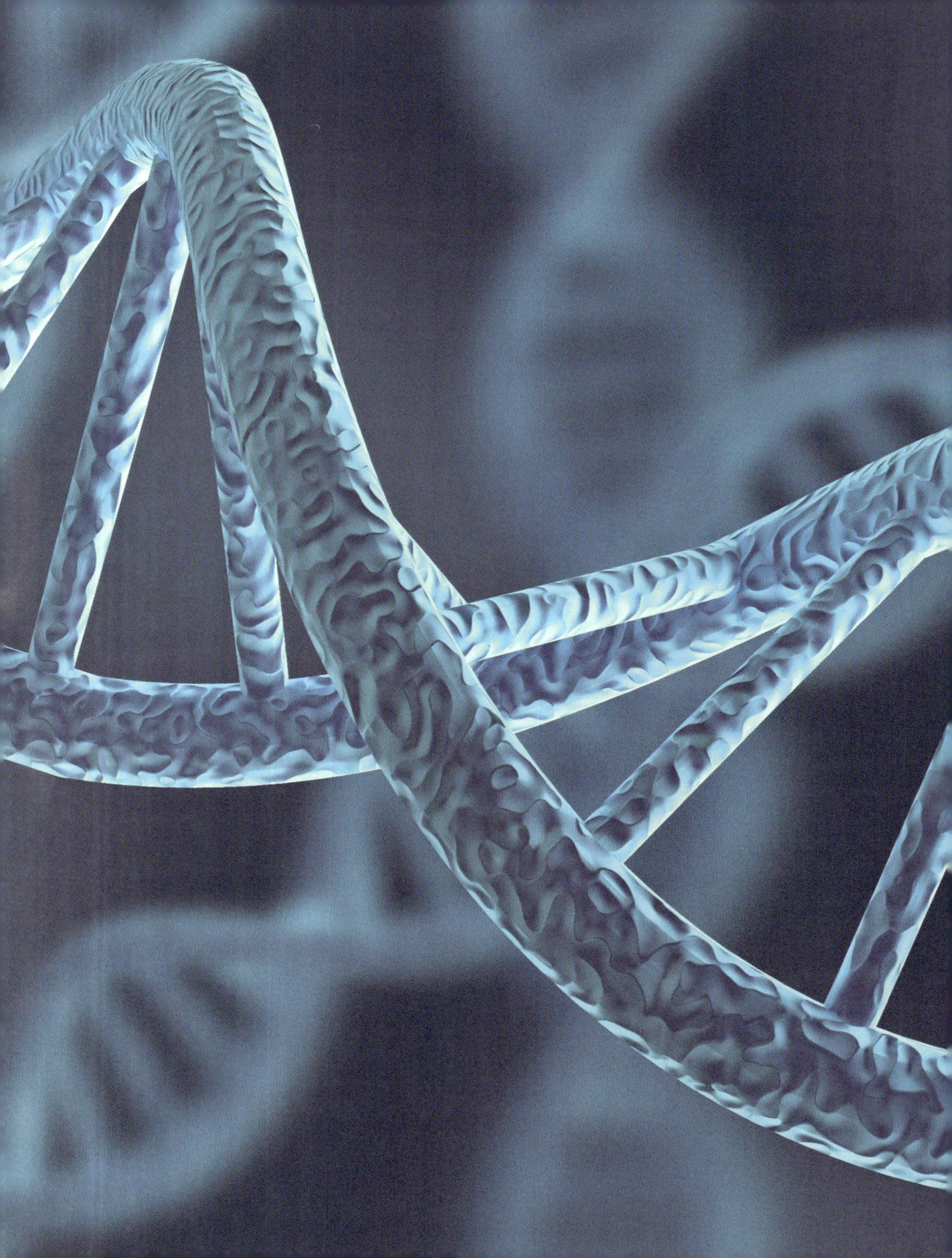

1. Ein anderes LEBEN

Mit der Diagnose „Krebs“ beginnt für uns und unseren vierbeinigen Freund ein neuer LEBENSabschnitt, in dessen Mittelpunkt die Auseinandersetzung mit der Erkrankung, das LEBEN mit dem Tumor stehen wird. Alle Beteiligten stehen nun am Beginn eines wichtigen Lernprozesses: LEBEN mit der Krankheit!

Erfolg beginnt im Kopf

Bei unserem besten Freund auf vier Pfoten steht eine Krebsdiagnose im Raum. Ob es sich dabei zunächst nur um eine Verdachtsdiagnose handelt oder die Erkrankung bereits bestätigt ist: Unsere Aufgabe besteht nun darin, ihn bestmöglich durch diese Zeit zu führen, an deren Ende die Heilung stehen kann oder aber auch eine – mehr oder weniger lange – intensiv gelebte lebenswerte Zeit. Beides ist ein Erfolg und hängt von vielerlei Faktoren ab. Um diesen Erfolg für unseren geliebten Vierbeiner sicherzustellen, müssen wir die neue Situation zunächst einmal so annehmen, wie sie ist, und uns mit dieser Realität auseinandersetzen. Dabei wenden wir eine der wichtigsten Erfolgsstrategien an, die auch sonst im Leben Gültigkeit hat: Wir stellen nicht das Problem, sondern die Lösung in den Mittelpunkt unseres Denkens! Einer der unverzichtbaren Faktoren dafür ist eine eigene mentale Stärke, die es uns ermöglicht, in jeder Situation bestmöglich zu handeln und zu reagieren.

Wir stehen mit unserer geliebten Samtschnauze in der Praxis unseres Haustierarztes und hören – auf mehr oder weniger genauen diagnostischen Verfahren basierend – die Worte „wahrscheinlich ein Tumor“ … „warten wir ab, ob die Hautveränderung größer wird“ … „ein Tumor, den zu behandeln keine Chance mehr besteht“ … „machen Sie ihm die letzten Wochen so schön wie möglich …“ – Sprechen diese Sätze, die wir wie undeutliche, ferne Wortgebilde aus einer anderen Welt zu vernehmen glauben, wirklich von unserem Freund hier neben uns, mit dem wir große Bereiche unseres Lebens teilen? Wir verlassen die Praxis, steigen ins Auto. Nichts ist mehr so wie noch vor einer Stunde. Die Welt ringsum scheint sich innerhalb weniger Minuten komplett verändert zu haben. Gefühle der Hoffnungslosigkeit, Unsicherheit und Verständnislosigkeit begleiten uns, wenn wir mit Tränen in den Augen den vierbeinigen Partner neben uns betrachten, streicheln und liebkosen … Wie lange wird er noch bei uns sein und uns begleiten? Wie viel Zeit bleibt uns noch? Plötzlich stehen Gefühle des Abschiednehmens im Vordergrund, und die bedrückende Ahnung, nur noch eine begrenzte Zeit miteinander auf dieser Welt verbringen zu dürfen, verschafft sich Raum …

Aber Achtung! Nur den Raum, den wir zulassen! Nur den Raum, den wir bereit sind zu geben, den wir selbst der Hoffnungslosigkeit zugestehen! Schon jetzt – in diesem Moment – beginnt unsere neue und künftig wichtigste Aufgabe, die aus unzähligen Facetten und kleinen Schritten bestehen wird und die ein manchmal schwieriges Nebeneinander von sachlichen Entscheidungen und Emotionen sein wird: Wir müssen ab sofort mit der neuen Realität LEBEN!

Ab dem ersten Moment, in dem der Verdacht einer Krebserkrankung gegeben ist, beginnt unsere Aufgabe, bewusst und zielführend zu handeln und die Chance auf LEBEN, solange sie gegeben ist, niemals aus den Augen zu verlieren.

Bewusst positiv denken!

Der Freund an unserer Seite lebt, und wir werden einen Weg finden, die kommenden Wochen, Monate, vielleicht Jahre gemeinsam mit seiner Krebserkrankung zu leben! Solange keine klare und unzweifelhafte medizinische Beurteilung das widerlegt und solange nicht alle Möglichkeiten der Behandlung, die uns zur Verfügung stehen, ausgeschöpft sind, dürfen wir niemals daran zweifeln! Mit der Krankheit gleich das Ende zu verbinden und zu akzeptieren, ist einfach – zu einfach! Die Krankheit anzunehmen und ebenso bewusst wie gezielt nach einer LEBENSform zu suchen, die den veränderten Gegebenheiten für unseren Vierbeiner und für uns gerecht wird, das ist jetzt die größte Herausforderung, der wir uns stellen müssen. Diese LEBENSform muss zur Grundlage für die mentale Kraft und Stärke werden, die wir nun brauchen, um das geliebte Wesen an unserer Seite durch diese Zeit der Krankheit zu begleiten. Mentale Stärke lässt sich durchaus trainieren. Die Kraft der inneren Bilder spielt dabei eine ebenso wesentliche Rolle wie eine bedingungslose Konzentration auf das Hier und Jetzt. Achten wir darauf, unsere Visualisierungskraft nicht in eine endlose Spirale von Sorgen, sondern in positive Bilder, Empfindungen und Wahrnehmungen zu investieren. Bleiben wir mit unseren Gedanken in der Gegenwart und fokussieren wir uns auf das, was unser bester Freund auf vier Pfoten jetzt braucht: unsere Zuwendung, unsere Sicherheit, unser

Da-Sein – und das bedeutet nicht zuletzt auch, die stille Zweisamkeit einer einsamen Waldwiese bewusst zu leben und zu einem neuen Zeitmanagement zu finden, bei dem auch der Anruf der besten Freundin und ganz sicher der letzte aktuelle Eintrag in der Facebook-Gruppe warten können. Ja, auch unsere eigene Lebensqualität wird sich merklich steigern, wenn wir konsequent an der Lebensqualität unseres vierbeinigen Begleiters arbeiten.

Unsere wichtigsten Partner, diese Erfolgsstrategie umzusetzen, sind die behandelnden Tierärzte unseres Patienten. Ein Hund mit einer Tumorerkrankung gehört im Idealfall nicht allein in die Hände des Haustierarztes, sondern braucht eine interdisziplinäre Betreuung und die kompetente Unterstützung der veterinärmedizinischen Onkologie. Neben diesen fachlichen Aspekten dürfen wir die menschliche Seite dieser Kommunikation, die Basis eines unverzichtbaren Vertrauens ist, nicht unterschätzen.

> Der vierbeinige Tumorpatient benötigt für die Planung und Durchführung einer effizienten und zielführenden Therapie nun die Hilfe wirklicher Spezialisten!

Machen wir uns die wichtigsten Inhalte dieses neuen LEBENSabschnitts, in den unser Freund und wir mit seiner Krebsdiagnose eingetreten sind, bewusst: Zuerst streichen wir die Vokabeln Angst, Sinnlosigkeit und Aufgeben, die wir nicht einmal mehr denken dürfen, aus unserem Wortschatz! An ihre Stelle treten die Worte Vertrauen, Geborgenheit und Liebe! Angst ist immer der schlechteste Ratgeber und weist lediglich darauf hin, dass wir es mit etwas Unbekannten zu tun haben. Ängste entstehen immer dort, wo Fragen offenbleiben und uns Antworten fehlen. Beginnen wir also, konsequent nach diesen fehlenden Antworten zu suchen, um so unsere rational oft nicht begründeten und auch nicht begründbaren Ängste zu überwinden.

Unser Partner auf vier Pfoten hat es mit Sicherheit nicht verdient, dass wir jetzt die Augen verschließen und aufgeben. Das würde seinem Wesen, mit dem er uns über Jahre hinweg so manch fröhliches Lachen, manch stilles Lächeln, immer aber Lebensfreude und Glück geschenkt hat, nicht entsprechen. Nehmen wir also die Herausforderung an und machen wir uns gemeinsam mit unserem Freund auf den Weg, seine Erkrankung anzunehmen, uns mit ihr auseinanderzusetzen und sie unter Kontrolle zu bringen, in jedem Fall aber mit ihr zu LEBEN! – wie mit jeder anderen chronischen Erkrankung auch.

„Hoffnung ist nicht die Überzeugung, dass etwas gut ausgeht, sondern die Gewissheit, dass etwas Sinn hat, egal wie es ausgeht."

Václav Havel

Wenn wir vor der Aufgabe stehen, den besten Freund an unserer Seite durch eine Tumorerkrankung zu begleiten, ist es sinnlos und für die eigene mentale Einstellung geradezu kontraproduktiv, die Krankheit zu einem Feindbild zu stilisieren, gegen das es anzukämpfen gilt. Vermeiden wir auch diese mit unzähligen negativen Emotionen vorbelasteten martialischen Metaphern in unserem Vokabular, und nehmen wir stattdessen die Erkrankung unseres Hundes schlicht als Teil seines Lebens an – als einen Teil dessen, was wir lieben, und als Herausforderung, die es gemeinsam zu bestehen gilt! Wenn wir uns bewusst entscheiden, dem Leben eine Chance zu geben, werden Angst und Unsicherheit sich schnell in Verständnis und Vertrauen wandeln und die Basis dafür legen, den vierbeinigen Freund an unserer Seite erfolgreich durch die Zeit seiner Erkrankung zu führen.

Manchmal kann die notwendige und möglicherweise auch kurative Therapie einer Krebserkrankung zu einer dauerhaften Veränderung führen, beispielsweise wenn ein Osteosarkom die Amputation einer Gliedmaße notwendig macht. Diese therapeutischen Möglichkeiten in Betracht zu ziehen und anzunehmen, kann unserem Freund eventuell Jahre voller Energie und Lebensfreude schenken. Orthopädische Hilfsmittel erleichtern den Alltag mit Hunden, deren Tumor zu einer bleibenden Behinderung führte, und steigern die Lebensqualität. So können auch Hunde mit vollständigen Lähmungen der Hinterextremitäten dank eines Rollwagens Mobilität zurückgewinnen und ihren Aktionsradius entscheidend erweitern. Die Skepsis derartigen Hilfsmitteln gegenüber liegt nur allzu oft in der menschlichen Eitelkeit begründet, während unsere vierbeinigen Partner selbst meist ab der ersten Probefahrt Gefallen an ihrem Gefährt finden und die Unterstützung problemlos annehmen.

Information schafft Vertrauen

Meist haben wir uns bis zu jenem Tag, an dem der Tierarzt bei unserem geliebten vierbeinigen Freund eine Tumorerkrankung diagnostiziert, nur wenig oder auch nur am Rande mit dieser Thematik beschäftigt. Auch wenn das Thema Krebs in den Medien einen breiten Raum einnimmt und zahlreiche Informationen zu Therapien, möglichen Ursachen und vorbeugenden Maßnahmen für jeden Interessierten zugänglich sind, stehen wir nun plötzlich am Tag der Diagnose in unserem engsten Umfeld scheinbar einem großen Unbekannten gegenüber. Die Thematik scheint uns fremd, und es ist Teil der menschlichen Natur, dass alles Fremde zunächst einmal Gefühle der Angst und Unsicherheit weckt. Wir aber stehen jetzt vor der Aufgabe, mit diesem Unbekannten namens „Krebs" zu leben und ihn in unser Denken und unseren Alltag zu integrieren. Also müssen wir ihn kennenlernen und uns mit ihm auseinandersetzen. Es bleibt uns keine andere Wahl, wenn wir unserer Verantwortung dem uns anvertrauten Leben gegenüber gerecht werden wollen und bewusste und richtige Entscheidungen für unseren vierbeinigen Freund treffen möchten. Diese Entscheidungen aber bedingen in erster Linie ein Verständnis für die grundlegenden Zusammenhänge seiner Krankheit und ihrer Auswirkungen auf den Organismus, ihrer Diagnose und Therapie – ein Verständnis, das nur dann sinnvoll ist und der neuen Situation adäquat begegnet, wenn es auf dem evidenzbasierten Wissen der Medizin und auf wissenschaftlich korrekten Informationen basiert.

Kaum eine oder vielleicht keine andere Erkrankung ist mit so vielen Ängsten, Unsicherheiten und Fehlinformationen verbunden wie Krebs. Das Wort Krebs ist bei unzähligen Besitzern vierbeiniger Tumorpatienten auch heute noch oft von einem irrationalen Denken begleitet, das eine objektive Auseinandersetzung mit der Situation blockiert und eine gute Entscheidungsfindung FÜR den betroffenen Hund und sein Leben nahezu unmöglich macht. Viele Informationen aus Wissenschaft und Medizin zu diesem Thema, die für Hundebesitzer aufbereitet wurden und zugänglich sind, bleiben oberflächlich. Aber wir können uns nur dann bewusst und überzeugt für eine umfassende und Erfolg versprechende Krebstherapie unseres vierbeinigen Gefährten entscheiden, wenn wir um deren Wirkungsweise wissen und ihr Potenzial für das Leben unseres besten Freundes auf vier Pfoten verstehen und korrekt einschätzen können.

Eine unserer wichtigsten Aufgaben besteht jetzt zudem darin, die körperlichen Befindlichkeiten unseres geliebten Vierbeiners in unseren Alltag zu integrieren. Dazu müssen wir seine Situation und seine Erkrankung verstehen, um Veränderungen

Ein Grundverständnis für die biologischen Mechanismen einer Tumorerkrankung hilft, die Krankheit unseres vierbeinigen Gefährten rational einzuordnen und entsprechende Entscheidungen zu treffen.

richtig zu deuten und einzuordnen, nicht zuletzt, um in vielleicht ungewohnten Situationen selbst angemessen zu reagieren – und natürlich auch, um den behandelnden Onkologen notwendige und wertvolle Informationen über das Befinden des Patienten geben zu können. Für die vielen jetzt anstehenden Gespräche mit den behandelnden Tierärzten ist es sinnvoll, sich ein wenig mit den Begriffen der onkologischen Fachsprache auseinanderzusetzen und sich ein spezifisches Vokabular anzueignen. Nein, es ist nicht zu viel verlangt, die inhaltliche Bedeutung von Begriffen zu erfassen, die für das grundlegende Verständnis der Erkrankung unseres besten Freundes absolut notwendig sind. Es gibt auch in jedem anderen Lebensbereich, im Sport, in der digitalisierten Arbeitswelt oder im persönlichen Hobby viele Worte und Begriffe, die in der normalen Alltagssprache nicht vorkommen und die niemand versteht, der sich nicht mit diesen Themen beschäftigt. Aber wenn man erlernen kann, was im Fußball ein Abseits bedeutet, was der Provider ist und wie man mit U-Haken und Trimmer umgehen kann, dann sollte man auch Begriffe aus anderen Bereichen kennenlernen und verstehen können.
Das Internet ist eine leicht zugängliche Informationsquelle, erfordert aber in diesem Zusammenhang trotz aller Vorteile besondere Vorsicht! Es ist absolut sinnlos und ausschließlich zeitraubend, alle Menschen in der unmittelbaren Umgebung und vor allem im virtuellen Raum der sozialen Medien um Rat zu fragen. Wir sollten nur denjenigen um seine Meinung bitten, dessen Rat wir auch bereit sind, anzunehmen. Und wie in allen Lebenslagen gilt auch hier und gerade jetzt einer der wichtigsten Erfolgsgrundsätze: Lassen wir uns nicht beirren! Was andere tun oder sagen, ist deren Sache – wie wir reagieren, ist einzig und allein unsere Entscheidung! „Doktor Google“ und „Professor Facebook“ ersetzen kein veterinärmedizinisches Studium, und in den verschiedenen Hundediskussionsforen finden wir leider allzu häufig Tipps und Ratschläge, deren Onlinepräsenz vielleicht dem Selbstwertgefühl des Verfassers dienen mag, aber sicher nicht unserem Hund. Auf zahllosen vermeintlich einschlägigen Seiten im Netz finden sich unzählige sogenannte Ratschläge, von denen ein Großteil leider allzu oft eine potenzielle Gefahr

für unseren vierbeinigen Freund darstellt. Auch die zahlreichen gut gemeinten Hinweise im virtuellen Sprechzimmer zu Ernährungsfragen und alternativen Heilungsversuchen erreichen in diversen Foren zum Thema Krebs und Tumortherapie beim Hund einen traurigen Höhepunkt. Der Wahrheitsgehalt und die Richtigkeit der dort dokumentierten Berichte sind niemals überprüfbar, im besten Falle von anekdotischem Wert, und es erfordert zumindest ein Minimum an seriösem Fachwissen, um die Wertigkeit verschiedener Informationen einordnen zu können. Derartige Forendiskussionen sind zumeist überflüssig und sinnlos. Wertvolle Informationen bieten hingegen die in vielen Fällen hervorragend aufbereiteten Internetseiten standardsetzender Tierkliniken oder veterinärmedizinischer Universitäten. Zudem kann die populärwissenschaftliche Literatur aus dem humanmedizinischen Bereich auch für den Tierbesitzer eine wertvolle Informationsquelle sein.

Sich in die Materie einzulesen und sich die gängigen Fachausdrücke einzuprägen, erleichtert die Gespräche mit den behandelnden Tierärzten nicht nur ungemein, sondern potenziert insbesondere den Informationsfluss um ein Vielfaches. Treten wir ein in diese vielleicht unbekannte Welt, deren Begriffe uns fremd waren und deren Sprache wir bisher nicht verstanden! So wird aus Fremdem Vertrautes werden, Gefühle der Angst und Unsicherheit werden ganz selbstverständlich schwinden und Raum schaffen für Hoffnung und Zuversicht. Alle diagnostischen und therapeutischen Schritte wirklich zu verstehen, ist eine wesentliche Voraussetzung dafür, den vierbeinigen Partner mit Engagement und Überzeugung zu begleiten. Im Gespräch mit dem Tierarzt sollten und dürfen keine Fragen offenbleiben, denn aus dem Verstehen dessen, was jetzt zum Wohle des Hundes geschieht, wächst auch das Vertrauen in die Menschen, die sich nun mit all ihrem Wissen und Können für sein Leben einsetzen. Information ist die Basis für Wissen und Verstehen, Verstehen weckt Vertrauen, und erst dieses Vertrauen schafft die Atmosphäre, die wir und unser Hund für unsere gemeinsame LEBENSerhaltende Auseinandersetzung mit der Tumorerkrankung brauchen.

Je mehr wir über die Krankheit wissen, je besser wir die Zusammenhänge verstehen, desto überzeugter und vertrauensvoller können wir uns für einen therapeutischen Weg entscheiden und unserem Freund auf vier Pfoten die Chance auf LEBEN bieten.

Positives Denken unterstützt den Genesungsprozess und die Lebensqualität. Hunde verstehen es meisterlich, jede Lebenssituation anzunehmen. Nicht nur in diesem Punkt können wir viel von ihnen lernen.

Wir fassen zusammen

Die Diagnose „Krebs“ bedeutet nicht zwangsläufig das Ende, sondern stellt uns und unseren vierbeinigen Freund vor die gemeinsame Aufgabe, die Krankheit anzunehmen und mit ihr zu LEBEN!

Ein positives, zielorientiertes Denken ist unersetzlich! Geben wir Gefühlen der Angst und der Hoffnungslosigkeit keinen Raum. Lassen wir uns in unserem Denken und Handeln von Vertrauen und Liebe leiten!

Gemeinsam mit unserem Hund müssen wir lernen, die veränderten körperlichen Gegebenheiten anzunehmen und als neue Selbstverständlichkeit zu betrachten!

Das Leben unseres Hundes mit einer Tumorerkrankung sollten wir immer einem auf Onkologie spezialisierten Fachtierarzt anvertrauen. Suchen wir eine Klinik, der wir wirklich vertrauen und wo wir und unser Hund uns gleichermaßen wohlfühlen.

Zuverlässige Informationsquellen erweitern unser eigenes Wissen um die Krankheit unseres Hundes und unser Verständnis für die diagnostischen und therapeutischen Schritte. Im Gespräch mit dem Tierarzt wird dies den Informationsfluss um ein Vielfaches potenzieren und das Vertrauen stärken!

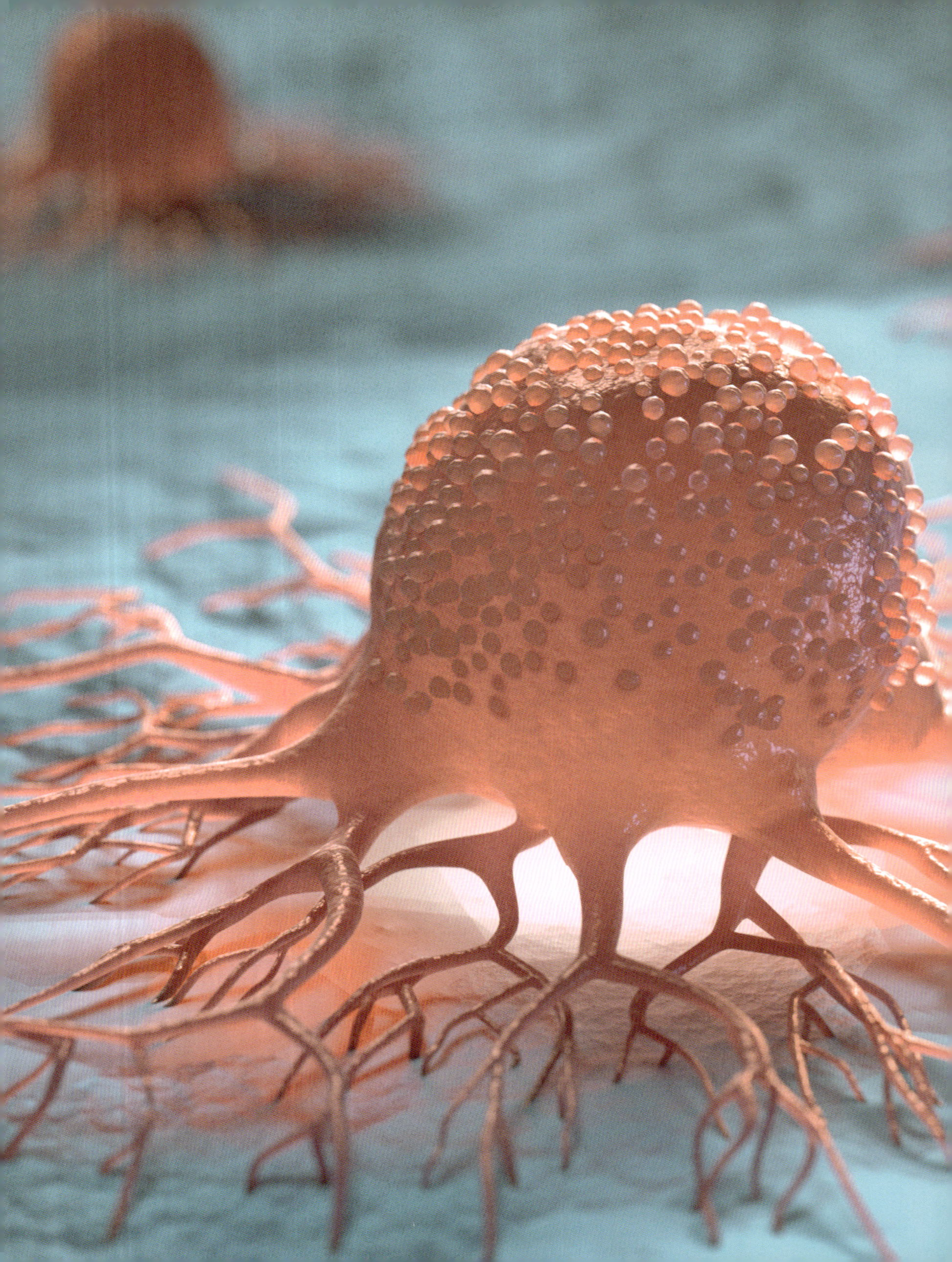

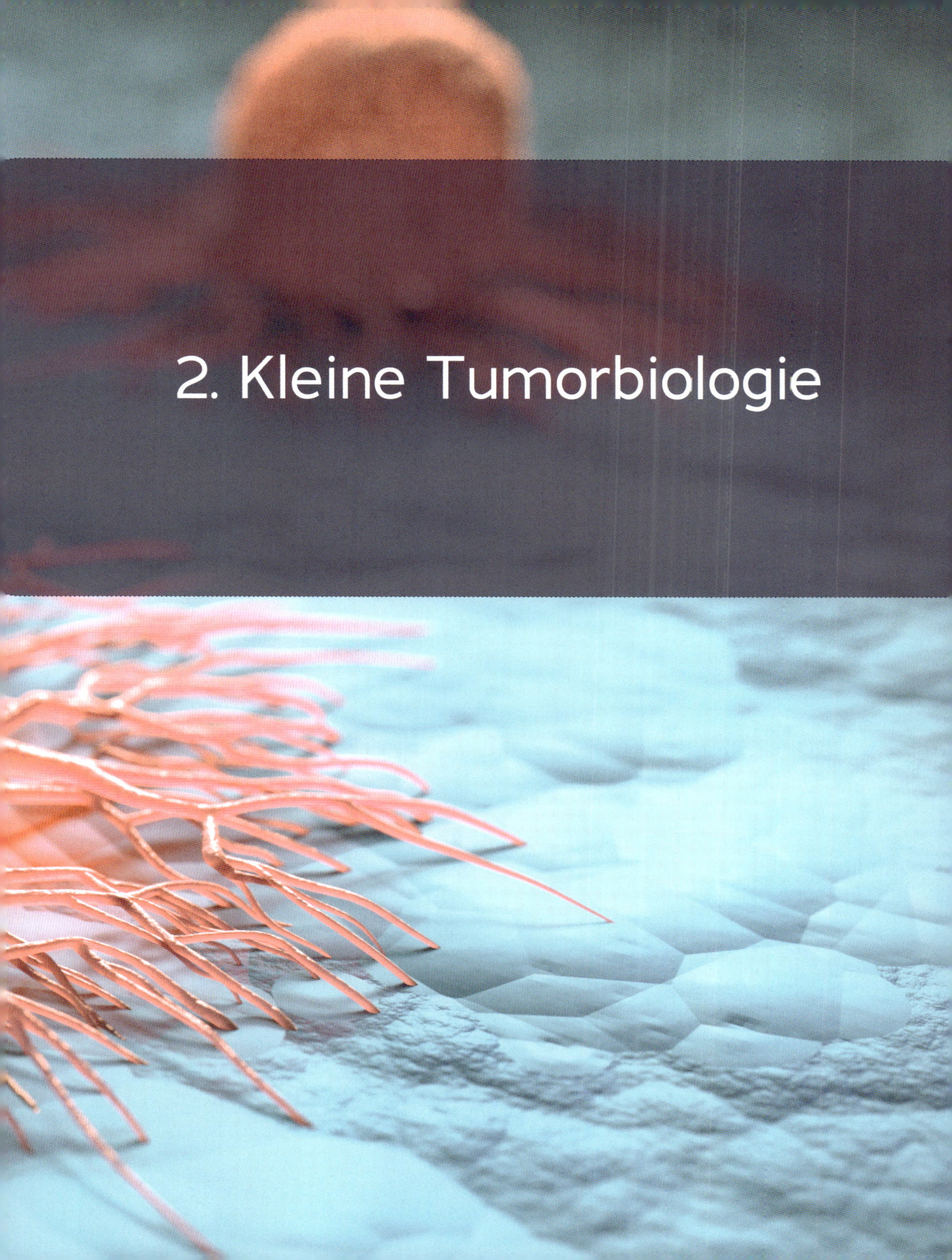

2. Kleine Tumorbiologie

Zellteilung und Zellwachstum sind die Grundlagen jeder organischen Entwicklung und die wichtigsten Kennzeichen alles Lebendigen. Jeder mehrzellige Organismus durchläuft unentwegt diesen Prozess, der strengen biologischen Regeln unterliegt. Werden und Vergehen halten sich dabei in einem physiologisch streng kontrollierten Gleichgewicht von Zellteilung und Zelltod die Waage, und erst, wenn dieses Wechselspiel gestört ist, kann sich daraus eine Tumorerkrankung entwickeln: Wenn das Zellwachstum schneller voranschreitet als der geplante Zelltod und somit ein Ungleichgewicht entsteht, das außer Kontrolle gerät, entsteht ein Tumor.

Bausteine des Lebens: Gene, Proteine und Zellen

Die Onkologie versteht Krebs heute als eine genetische Erkrankung der Zelle. Genmutationen sowie veränderte Steuerungsfunktionen im Genom beeinflussen das Kommunikationssystem und die Signalwege der Körperzellen und bringen das physiologische Gleichgewicht von Zellteilung und geplantem Zelltod aus dem Takt.

Die Zelle ist der Grundbaustein jedweden Lebens. Alles Lebendige hat sich im Laufe der Evolution aus Mikroorganismen und Einzellern entwickelt, und jedes Leben basiert auf den gleichen grundlegenden biochemischen Prozessen – von Einzellern bis hin zu den komplexen Körperstrukturen des Hundes oder auch des Menschen. In diesen höher entwickelten Organismen schließen sich einzelne Zellen zu Zellverbänden zusammen, um sich letztlich in verschiedene Gewebearten auszudifferenzieren. Diese unterschiedlichen Zelltypen – Nervenzellen, Muskelzellen, Immunzellen und viele andere mehr – übernehmen in unserem Organismus ebenso wie in dem des Hundes vielfältige Aufgaben und sind für ihren jeweiligen Einsatz spezialisiert. Sie sind differenziert, um ihrem speziellen Einsatzgebiet gerecht zu werden, ob sie nun dem Stoffwechsel, der Immunabwehr oder der Fortpflanzung dienen. Jede Zelle funktioniert dabei als ein eigener in sich geschlossener Organismus und ist gleichzeitig Teil eines größeren Zellverbands: Die einzelne Zelle steht sozusagen als „Individuum" in einem „gesellschaftlichen" Kontext.

Jede Körperzelle macht im Laufe ihrer Entwicklung einen Differenzierungsprozess durch, der sie unverwechselbar einem bestimmten Gewebe zuordnet und der es ihr ermöglicht, dort ihre spezifische Aufgabe im Organismus zu erfüllen.

Der Aufbau der Zelle

Trotz der unterschiedlichen Aufgabenstellungen und ihrer entsprechenden Differenzierung folgen alle Zellen einem identischen Grundaufbau: Sie bestehen aus dem Zellkern, der Kernmembran, die den Zellkern umschließt und ihn vom Zellplasma, das den Kern umgibt, abgrenzt, sowie der Zellmembran, die die äußere Grenze des Zellplasmas und damit der gesamten Zelle umfasst.

Unabhängig von ihrer Aufgabe und ihrem Wirkungsort sind die Bestandteile aller Zellen eines Organismus – Zellkern, Kernmembran, Zellplasma und Zellmembran – identisch.

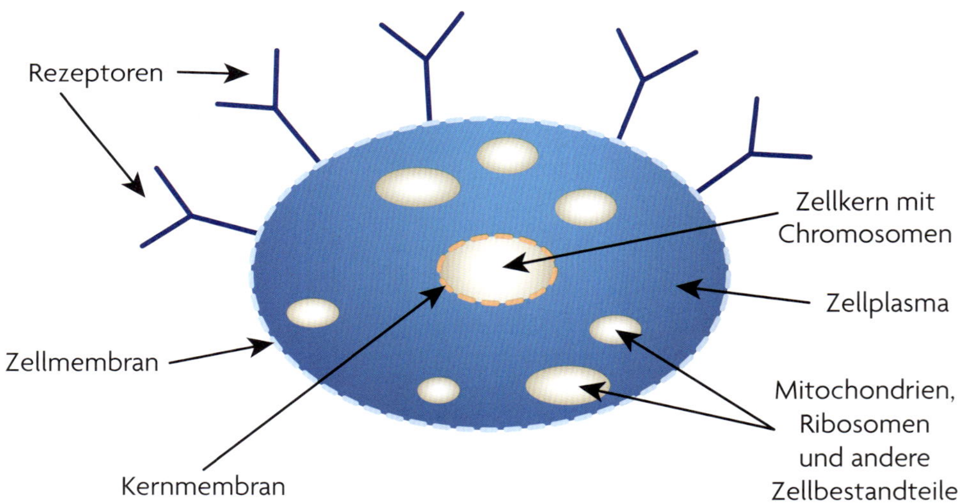

Der Zellkern enthält auf den Chromosomen die Moleküle der DNA, die sozusagen als Speichermedium der genetischen Informationen den individuellen und einzigartigen genetischen Code dieses Organismus beinhaltet. Jede einzelne Körperzelle trägt so das gesamte Genom des Individuums in sich, aktiviert sind aber jeweils nur die Gene, die für die einzelne Zelle und ihre Aufgabe relevant sind. Alle anderen Gene wurden deaktiviert, das heißt ausgeschaltet, als die Zelle sich auf ihre spezifische Funktion in ihrem Gewebeverband vorbereitete und sich entsprechend ausdifferenzierte. Der aktive genetische Code bestimmt somit das Verhalten jeder einzelnen Zelle.

Das Zellplasma beinhaltet weitere wichtige Bestandteile der Zelle, beispielsweise die Mitochondrien, die oft auch als „Kraftwerke der Zelle“ bezeichnet werden. Hier werden Nährstoffe verbrannt, um die Energie zu gewinnen, die die Zelle zum Leben braucht. Auch die Ribosomen sind im Zellplasma angesiedelt. Sie leisten einen unverzichtbaren Beitrag bei der Übersetzung der genetischen Informationen aus dem Zellkern, um die Proteinproduktion zu starten.

Die Zellmembran schließlich stellt die Grenze zwischen dem Zellinneren und der „Außenwelt“ der Zelle dar. Wie ein Schutzwall umgibt sie den kleinen Organismus jeder einzelnen Zelle und enthält mit ihren unzähligen Rezeptoren zudem die wichtigste Grundlage für das Kommunikationssystem der Zellen.

Rezeptoren sind spezifische Moleküle, die der Zelle sozusagen als Empfangsstationen dienen und Botschaften der Außenwelt entgegennehmen. Diese Nachrichten erreichen die Zellmembran in Form von Antigenen, von Botenstoffen oder Wachstumsfaktoren. Von den entsprechenden passenden Rezeptoren erkannt, heften sie sich an die Zellmembran an. Der Rezeptor sendet nun ein erstes Signal in das Innere der Zelle und übersetzt damit die Botschaften und Informationen, die bei ihm angekommen sind, in Handlungsanweisungen für die Zelle. Dabei setzt das erste Startsignal des Rezeptors weitere Signalkaskaden im Zellinneren in Gang: Die Zelle ist aktiv geworden, produziert jetzt die der Aufgabenstellung entsprechenden Proteine oder bereitet ihre Teilung vor.

> Die Rezeptoren auf der äußeren Zellmembran gehören zum Kommunikationssystem der Zelle und dienen als Empfangsstationen für Signale aus der Außenwelt.

Mit diesem Kommunikationssystem kann jede Zelle flexibel auf Veränderungen reagieren: auf Veränderungen im Gewebe, das die Zelle unmittelbar umgibt, ebenso wie auf veränderte Umweltbedingungen außerhalb des gesamten Organismus.

Antigene haben trotz der auffälligen sprachlichen Verwandtschaft nichts mit den Genen zu tun! Die Bezeichnung leitet sich von dem englischen Fachbegriff antibody generator – übersetzt Antikörper-Erzeuger – ab. Als Antigene werden vom Immunsystem somit als „fremd" eingestufte Stoffe oder Moleküle bezeichnet, die mit den Rezeptoren der Immunzellen in Kontakt treten, mit ihnen kommunizieren und interagieren und in der Folge eine Antikörperproduktion in Gang setzen.

Vom Gen zum Protein

Wir haben die Zellen als Grundbausteine der unterschiedlichen Gewebearten und des Lebens kennengelernt. Die Proteine sind nun sozusagen ihr Baumaterial. Proteine sind ein Zusammenschluss verschiedener aneinandergeketteter Aminosäuren und die Grundlage aller Lebensfunktionen. Als Enzyme regeln Proteine beispielsweise die biochemischen Vorgänge des Stoffwechsels, als Immunglobuline sind sie ein wesentlicher Bestandteil des Immunsystems, als Botenstoffe, Hormone oder Neurotransmitter senden sie die unterschiedlichsten Signale durch den Organismus. Proteine agieren als perfekt aufeinander eingespieltes internes Kommunikationssystem der einzelnen Zelle und des gesamten Organismus und sind in unzähligen spezialisierten Varianten für alle funktionalen Aktivitäten der Zellen sowie für alle strukturellen Merkmale des Organismus verantwortlich.

Die Kontrolle über die Proteine liegt bei den Genen. Die Gene beinhalten mit ihren Codes die Baupläne der Proteine, indem die Anordnung der (Nuklein-)Basen in der DNA die Reihenfolge der Aminosäuren im Aufbau der Proteine bestimmt.

Jedes Lebewesen ist mit einem unverwechselbaren, von den Eltern ererbten genetischen Code ausgestattet, der auf der DNA gespeichert und in jeder Zelle des Organismus präsent ist. Dieser Code basiert auf den vier Basen Adenin, Thymin, Guanin und Cytosin, aus denen sich die Gene zusammensetzen. Der genetische

Code lässt sich somit als eine schier endlos erscheinende Aneinanderreihung von A (Adenin), T (Thymin), G (Guanin) und C (Cytosin) darstellen, den Abkürzungen für die chemischen Bezeichnungen der Basen.
Abweichungen von der vorgegebenen Reihenfolge der Basen A, T, G und C werden als (Punkt-)Mutationen bezeichnet. Sie führen zu einer veränderten Abfolge der Aminosäuren und somit zu einem veränderten Aufbau des codierten Proteins. Liegt eine derartige Mutation vor, liefert der genetische Code folglich eine „falsche" Aufbauanleitung für die Aneinanderreihung der Aminosäuren. Ergebnis ist die Produktion eines „falschen" Proteins – mit mehr oder weniger weitreichenden Konsequenzen für den Organismus.

Zwei Schritte kennzeichnen den Weg vom Gen zum Protein:
1. Transkription
2. Translation

Haben die Rezeptoren an der Zellmembran nun eine bestimmte Information empfangen und die Nachricht entsprechend in das Zellinnere weitergegeben, wird die Zelle aktiv: Ähnlich wie eine kleine Fabrik produziert sie nun die notwendigen Proteine, um ihre Aufgabe auszuführen. Die Produktion der Proteine erfolgt dabei in zwei getrennten Schritten: der Transkription und der Translation.

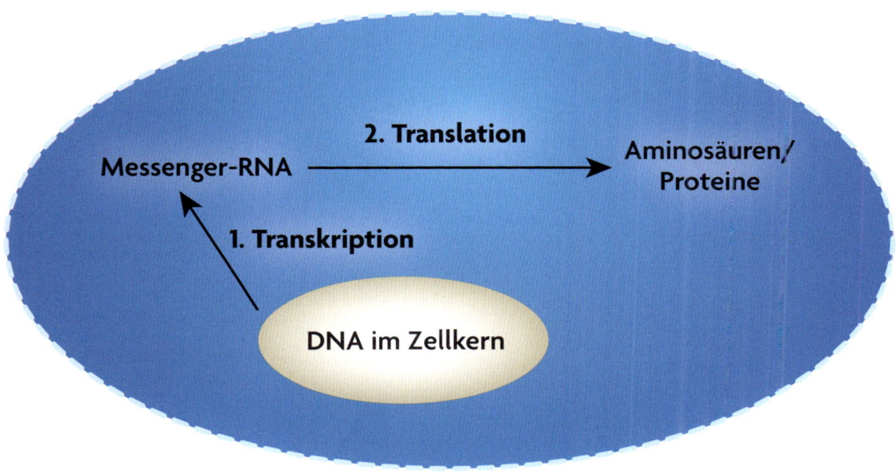

Im ersten Schritt, der Transkription, wird der genetische Code im Inneren des Zellkerns von der DNA abgelesen, kopiert und als sogenannte Messenger-RNA (mRNA) aus dem Zellkern hinaus in das Zellplasma geschleust. Dort setzt nun mithilfe der Ribosomen der zweite Schritt, die Translation, ein: Die auf der Messenger-RNA gespeicherten Informationen der DNA werden dabei in die einzelnen Aminosäuresequenzen des Proteins übersetzt, und mit der Aneinanderkettung der einzelnen Aminosäuren beginnt die eigentliche Produktion des Proteins. Um Fehler im Aufbau des Proteins zu vermeiden, muss die Reihenfolge der Basen als genetische Bauanleitung für die Proteine im Zellkern genauestens abgelesen werden. Fehler in der Übertragung führen genauso wie Mutationen zu veränderten Aminosäuresequenzen und damit zu veränderten Proteinen, die in der Folge eventuell nicht mehr in der Lage sind, ihre Aufgabe für den Organismus korrekt zu erfüllen.

Der genetische Code und seine Aktivierung

Der gesamte genetische Code eines Lebewesens, das Genom, beinhaltet mit den einzelnen Gensequenzen aber nicht nur die Baupläne der Proteine, sondern reguliert zugleich auch deren Produktion. Dabei bestimmen Steuerungs- oder Schalterfunktionen auf der DNA, welche Gene aktuell aktiviert werden und welche blockiert bleiben. Diese Schalterfunktionen orientieren sich unter anderem an den Nachrichten, die die Rezeptoren an der äußeren Zellmembran empfangen und in das Innere der Zellen weiterleiten. Sie bestimmen somit die Genexpression und damit die entscheidende Frage, welches Gen aktuell in ein Protein übersetzt wird und welches nicht. Der größte Teil des Genoms codiert nicht die Produktion von Proteinen, sondern bestimmt, ob und in welcher Menge diese Proteine produziert werden.

Schalterfunktionen und Steuerungsmechanismen der DNA bestimmen, ob ein Gen aktuell aktiviert wird und ob somit das von ihm codierte Protein produziert wird oder nicht.

Diese regulierenden Abschnitte der DNA sind nicht nur in Zusammenhang mit der Ausdifferenzierung der Zellen für ihr spezifisches Aufgabengebiet von großer Bedeutung – nicht jede Zelle benötigt für ihre Aufgabe im Organismus jedes Protein –, sondern sie unterliegen darüber hinaus zahllosen anderen Einflüssen. Beispielsweise dienen sie als Bindungsstellen für sogenannte Steuerproteine, deren Präsenz und Funktion durch epigenetische Mechanismen bestimmt werden. Auch die Umwelt kann in der Interaktion mit dem Organismus über verschiedene biochemische Umwege hinweg derart regulierende Spuren in der DNA hinterlassen. Wir werden in Kürze sehen, wie bedeutend diese Aktivierungen oder Blockaden bestimmter Gene für die Entstehung eines Tumors sein können.

Gene beinhalten mit ihren Codes die Baupläne der Proteine. Wann und in welchem Umfang diese Baupläne aber realisiert und die entsprechenden Proteine tatsächlich gebaut werden, bestimmen die vielfältigen Steuerungsmechanismen und Schalterfunktionen der DNA.

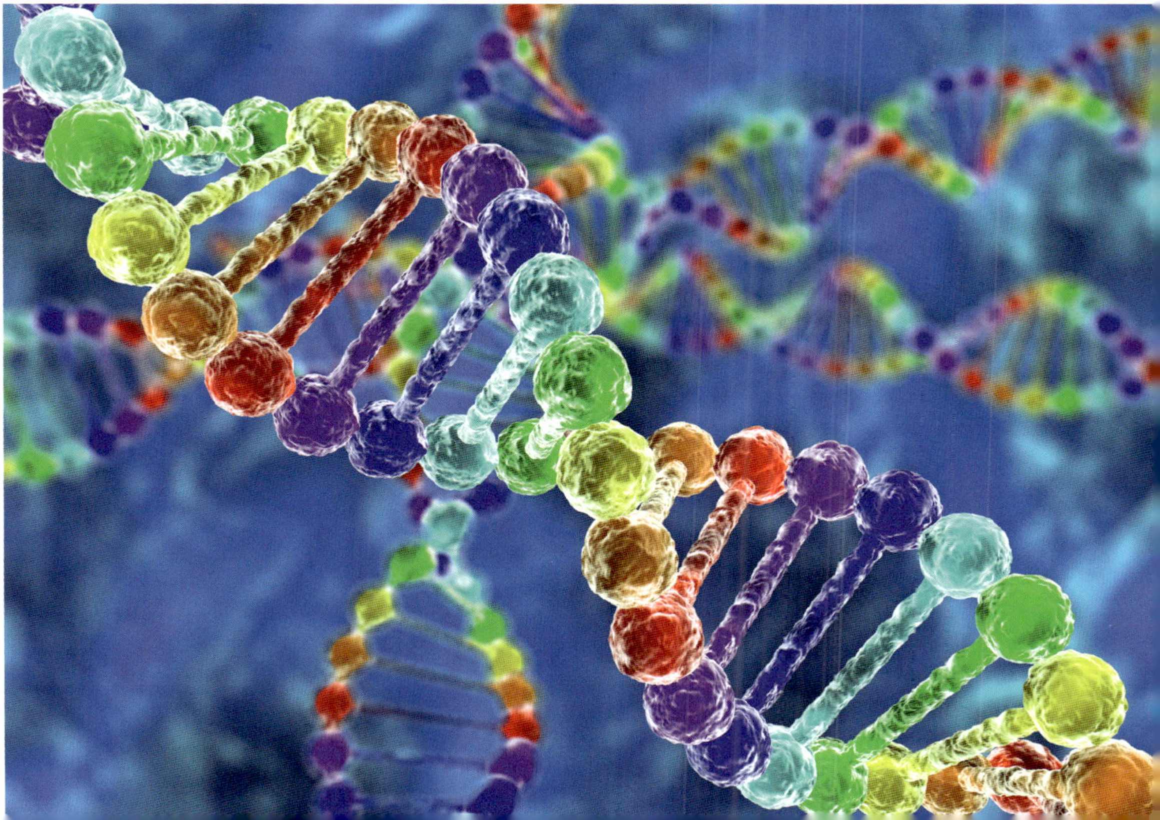

Tumoren und ihre biologische Vielfalt

Tumoren verfügen über eine schier grenzenlos erscheinende biologische Vielfalt und Variabilität. Jeder Tumor zeigt dabei ein individuelles biologisches Verhalten, das von zahlreichen Faktoren abhängig ist und die Wahl der Therapie bestimmt. Ein umfassendes Wissen um diese Zusammenhänge ist die Basis jeder verantwortungsbewussten Entscheidung für den Tumorpatienten.

Jeder Tumor zeigt ein individuelles biologisches Verhalten. Je mehr der behandelnde Tierarzt über dieses Verhalten weiß, desto genauer wird seine Prognose über den Verlauf der Erkrankung sein und desto besser kann er eine effiziente und auf den einzelnen Patienten abgestimmte Therapie vorschlagen. In der Humanmedizin wurde die Onkologie längst zum Vorreiter einer personalisierten Medizin, die sich an den molekularen Mechanismen der Erkrankung des einzelnen Patienten orientiert, und einige dieser wegweisenden Möglichkeiten sind heute auch bereits in der Tiermedizin verfügbar.
Zahlreiche relevante Fragen müssen beantwortet werden, um einen Tumor umfassend zu charakterisieren und sein biologisches Verhalten zu beschreiben.

- Ist der Tumor gut- oder bösartig?
- Von welchem Ursprungsgewebe stammen die Tumorzellen ab?
- Wie aktiv ist der Tumor und wie hoch ist seine Zellteilungsrate?
- Setzt die Tumorzelle Botenstoffe frei, die die Ausbildung von neuen Blutgefäßen initiieren? Kann eine Blutgefäßbildung, die Angiogenese, stattfinden? Diese Gefäße, deren einzige Aufgabe die Nährstoffversorgung des Tumors ist, sind für den Tumor lebensnotwendig.
- Können die Tumorzellen über die Blut- oder Lymphgefäße ausgeschwemmt werden? Die Antwort auf diese Frage ist wesentlich für die Metastasensuche und gibt Hinweise, welche Körperregionen gegebenenfalls vorrangig auf Metastasen untersucht werden sollten.
- Haben die Tumorzellen überhaupt die Fähigkeit, in anderes Gewebe einzuwachsen? Das Ausschwemmen allein sagt noch nichts über die Metastasierungsfähigkeit eines Tumors aus, das heißt über die Fähigkeit eines Tumors, Tochtergeschwülste zu bilden. Entscheidend ist die Frage, ob die über die Transportwege des Organismus in den Körper gelangten Zellen die biologischen Voraussetzungen mitbringen, über die Gefäßwände wiederum in das Gewebe hineinzuwach-

sen und somit eine Metastase zu bilden. Dazu sind bestimmte Enzyme notwendig, die die Gefäßwände sozusagen vorbereiten und sie für die Tumorzellen durchlässig machen.

- Verfügt der Tumor über molekulare Besonderheiten, die eine zusätzliche prognostische Information geben oder eine zielgerichtete Therapie sinnvoll erscheinen lassen?

All diese Fragen betreffen das biologische Verhalten eines Tumors, und die entsprechenden Antworten sind die Voraussetzung, um zu einer individuell auf den jeweiligen Patienten und seinen Tumor abgestimmten und damit effizienten und sinnvollen Therapie zu gelangen.

Um alle Fragen hinsichtlich des biologischen Verhaltens eines Tumors zu beantworten und damit sinnvolle und effiziente Therapien gewährleisten zu können, ist eine genaue diagnostische Abklärung der Tumorerkrankung ebenso unverzichtbar wie spezielles onkologisches Fachwissen des behandelnden Tierarztes.

Unterscheidungsmerkmale gutartiger und bösartiger Tumoren

Ein Tumor kann gutartig (benigne) oder bösartig (maligne) sein. Diese Unterscheidung gehört zu den ersten grundlegenden Fragestellungen in der Onkologie. Benigne Tumoren verdrängen mit ihrem Wachstum das umliegende Gewebe und schieben es sozusagen vor sich her, dringen aber nicht in gesunde Gewebestrukturen ein. Sie wachsen zumeist langsam und zeigen sich gegenüber dem umgebenden Gewebe gut abgegrenzt. Oft ist in derartigen Fällen nach einer sicheren diagnostischen Abklärung überhaupt keine weitere Therapie notwendig. Manchmal sollten allerdings auch benigne Tumoren chirurgisch entfernt werden, beispielsweise dann, wenn das Größenwachstum des Tumors die Bewegungsfähigkeit des Hundes einschränken könnte und seine Lebensqualität damit beeinträchtigen würde. Nach der in den weitaus meisten Fällen einfachen und problemlosen chirurgischen Entfernung eines benignen Tumors ist der Patient geheilt. Einer

der häufigsten benignen Tumoren des Hundes, der eine derartige Vorgangsweise rechtfertigt, ist das Lipom, ein oftmals in der Unterhaut anzutreffendes tastbares Gebilde, das aus Fettgewebszellen besteht.
Maligne Tumoren haben im Vergleich zu benignen Umfangsvermehrungen eine höhere Zellteilungsrate und wachsen daher wesentlich schneller. Außerdem dringen sie in das umliegende Gewebe ein: Sie infiltrieren, wie es in der medizinischen Fachsprache heißt. Damit sind sie schlecht abgrenzbar und zerstören ihre gesunde Umgebung. Ihre operative Entfernung erfordert einen in der Tumorchirurgie erfahrenen Chirurgen, um eine möglichst vollständige, in jedem Fall aber großzügige Entfernung des Tumors zu gewährleisten. Auch bei einem malignen Tumor kann eine Operation unter optimalen Bedingungen den Patienten heilen. Deshalb gehört die chirurgische Entfernung maligner Tumoren wie beispielsweise von Karzinomen, Sarkomen oder Mastzelltumoren immer in die Hände von erfahrenen Tumorchirurgen, denn das Risiko, dass der Tumor an dieser Stelle erneut auftritt und ein Rezidiv bildet, ist insbesondere dann gegeben, wenn das Tumorgewebe nicht restlos entfernt werden konnte, der Sicherheitsabstand zum gesunden Gewebe zu gering war und in diesen Fällen auch keine weitere ergänzende onkologische Therapie erfolgte. Zudem können maligne Tumoren sich im fortgeschrittenen Stadium der Erkrankung über die Blut- oder Lymphgefäße im gesamten Organismus ausbreiten, um an anderen Stellen des Körpers Metastasen zu bilden.

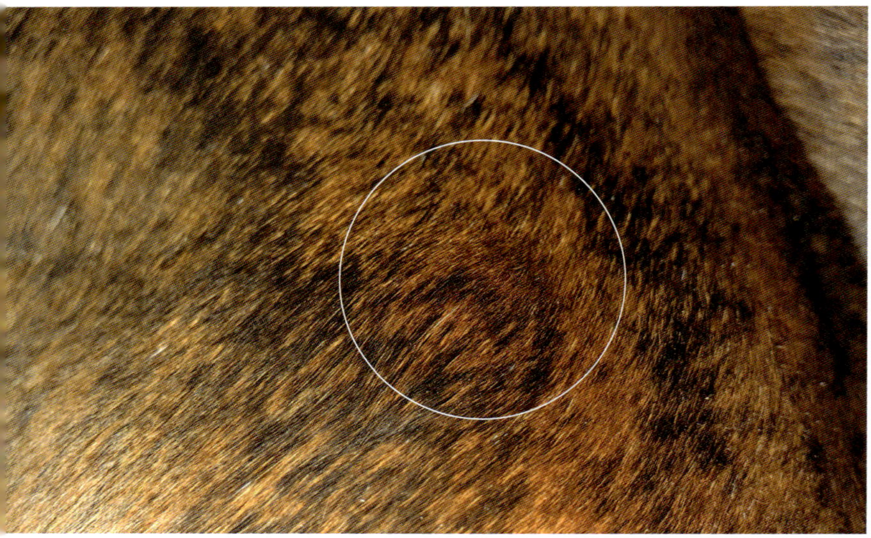

Lipome zeigen sich oft nur als kleine tastbare Erhebung im Unterhautgewebe. Ist die Diagnose mittels Feinnadelaspirationsbiopsie gesichert, bleibt die Umfangsvermehrung klein und behindert den Hund nicht, ist eine sofortige Entfernung nicht unbedingt notwendig.

Benigne Tumoren*	Maligne Tumoren
Verdrängen umliegendes Gewebe	Dringen in umliegendes Gewebe ein (Infiltration)
Langsames Wachstum	Schnelleres Wachstum aufgrund einer hohen Zellteilungsrate
Gute Abgrenzung ermöglicht unkomplizierte Operation	Infiltratives Wachstum erfordert weiträumige chirurgische Entfernung
Keine Metastasenbildung	Im fortgeschrittenen Stadium zumeist Ausbreitung in den Organismus und Metastasenbildung
Der Patient ist nach einer Operation geheilt.	Der Tumor kann bei unvollständiger chirurgischer Entfernung wieder auftreten und ein Rezidiv bilden.

* Zusammenstellung nach diversen Informationen der Onkologischen Abteilung der Internen Klinik für Kleintiere der Veterinärmedizinischen Universität Wien.

Tumoren entstehen aus unterschiedlichem Ursprungsgewebe

Tumor, Neoplasie, Krebs und Karzinom – viele verschiedene Worte für das gleiche Krankheitsbild? Nein! Der Begriff Tumor bezeichnet im weitesten Sinne zunächst einmal nichts anderes als eine Umfangsvermehrung, die vielerlei Ursachen haben kann. Auch eine Schwellung infolge einer Entzündung, beispielsweise ein Ödem oder ein Abszess, fällt genau genommen in diese Begriffsdefinition. Erst im engeren Sinne bezeichnet das Wort „Tumor" analog zum Begriff der Neoplasie eine neue Zubildung von Körpergewebe, das durch unphysiologisches vermehrtes Zellwachstum entstanden ist. Das sagt noch immer nichts über die Dignität dieses neuen Gewebes aus, also darüber, ob es sich um eine benigne oder maligne Zubildung handelt.

Bösartige Tumoren werden in der deutschen Sprache umgangssprachlich als „Krebs" bezeichnet – eigentlich eine Ungenauigkeit, denn das Wort Krebs entspricht dem aus dem Altgriechischen stammenden Begriff Karzinom, der sich von „Karkinos", dem griechischen Wort für das Krustentier Krebs, ableitet. Diese semantische Verwandtschaft zwischen der Bezeichnung einer Tumorerkrankung und dem Namen der Krustentiere hat keinen wissenschaftlichen Hintergrund, ist aber uralt und basiert auf simplen augenscheinlichen Parallelen: Wie Tumorerkrankungen zeichnen sich auch Krebstiere zum einen durch eine große Vielfalt ihrer Formen, zum anderen durch außergewöhnliche evolutionäre Fähigkeiten aus, die es ihnen erlauben, sich unmittelbar an verschiedene Lebensräume und Umwelteinflüsse anzupassen. Beide Eigenschaften treffen ganz generell auch auf Tumoren zu. Zudem erinnern die unsichtbaren Ausläufer eines Tumors beispielsweise unter der Hautoberfläche an die langen gliedrigen Füße der Krebstiere. Anders als im allgemeinen Sprachgebrauch werden in der Onkologie nur bösartige Tumoren, deren Ursprungsgewebe die Haut, die Schleimhaut oder ein Drüsengewebe ist, als **Karzinome** bezeichnet.
Eine andere Gruppe bösartiger Tumoren sind die **Sarkome:** Sie entwickeln sich aus dem Stützgewebe, finden ihren Ursprung also in Bindegewebs-, Knochen-, Knorpel- oder Muskelzellen. Ein wichtiges Charakteristikum ihres biologischen Verhaltens ist beispielsweise die Fähigkeit zu einer schnellen Metastasierung über den Blutweg.

Die tast- bzw. sichtbaren Neoplasien, die sich zunächst an einzelnen Organen oder bestimmten Regionen lokal im Organismus manifestieren, werden auch als solide Tumoren bezeichnet.

Darüber hinaus gehören die verschiedenen Formen der **Leukämie** oder des **malignen Lymphoms** zu den bösartigen Tumorerkrankungen. Diese systemischen Krebserkrankungen gehen von den Zellen des hämatopoetischen (blutbildenden) und des lymphatischen Systems aus und betreffen den gesamten Organismus. Eine Leukämie entsteht, wenn unreife Zellen in einem frühen Stadium der Blutbildung entarten und dadurch unter anderem die Fähigkeit erlangen, sich unkontrolliert zu vermehren. Diese Tumorzellen gelangen unmittelbar aus dem blutbildenden System, dessen Hauptorgan das Knochenmark ist, in die Blutbahn und verteilen sich so im gesamten Organismus. Im Gegensatz dazu gehen die Tumorzellen des malignen Lymphoms von reifen Lymphozyten aus und gelangen erst im fortgeschrittenen Stadium der Erkrankung in die Blutbahn. Obwohl es sich sowohl bei Leukämien als auch bei Lymphomen um systemische Krebserkrankungen handelt, kommt es beim malignen Lymphom in den meisten Fällen zunächst zur Ausbildung solider Tumoren. Diese Umfangsvermehrungen sind in der klinischen Untersuchung oder bildgebenden Diagnostik tast- oder sichtbar und treten zumeist in den Lymphknoten oder in der Milz auf. Maligne Lymphome können aber auch in allen anderen Organen des Organismus entstehen, beispielsweise als kutanes Lymphom in der Haut, als spinales Lymphom im Rückenmark oder als gastrointestinales Lymphom im Magen-Darm-Trakt.

Das maligne Lymphom, wegen der häufigen Lokalisation seines Auftretens in den Lymphknoten oft auch als „Lymphdrüsenkrebs" bezeichnet, ist eine der meistverbreiteten Tumorerkrankungen des Hundes und macht fünf bis zehn Prozent aller Tumoren bei Hunden aus.

Die Namen der Tumoren sind ebenso vielfältig wie ihre biologischen Erscheinungsformen. Das Wort *Krebs* allein sagt inhaltlich nur sehr wenig über die eigentliche Diagnose aus und ist somit auch keine hinreichende Bezeichnung für eine Erkrankung. Erst wenn alle Untersuchungsergebnisse eines Patienten vorliegen, kann der Tumor mit einer genauen Bezeichnung versehen werden, die nun auch eine inhaltliche Information zur Diagnose der Erkrankung gibt. Diese Bezeichnung basiert auf den biologischen Eigenschaften des Tumors und richtet sich zum einen nach dem Ursprungsgewebe und zum anderen nach der Dignität. Die nachfolgende Tabelle stellt nur einige wenige Beispiele zusammen.*

* Zusammenstellung nach diversen Informationen der Onkologischen Abteilung der Internen Klinik für Kleintiere der Veterinärmedizinischen Universität Wien.

Ursprungsgewebe	Benigne Tumoren	Maligne Tumoren
Epitheliale Zellen (Deck- und Drüsengewebe):		
Plattenepithel (z. B. Haut oder Schleimhaut)	Papillom	Plattenepithel**karzinom**
Drüsenepithel	Adenom	Adeno**karzinom**
Mesenchymale Zellen (Stützgewebe):		
Bindegewebe	Fibrom	Fibro**sarkom**
Fettgewebe	Lipom	Lipo**sarkom**
Knorpelgewebe	Chondrom	Chondro**sarkom**
Knochen	Osteom	Osteo**sarkom**
Zellen des hämatopoetischen (blutbildenden) und lymphatischen Systems:		
Lymphozyten		Malignes Lymphom Lymphatische Leukämie
Plasmazellen	Kutanes Plasmozytom	Multiples Myelom
Granulozyten		Myeloische Leukämie
Makrophagen	Histiozytom	Histiozytäres Sarkom
Mastzellen		Mastozytom

Eine Krebszelle entsteht

Jeder Krebserkrankung gehen über einen längeren Zeitraum hinweg komplexe Prozesse und vielschichtige zellbiologische Vorgänge voraus. Diese langsame Entstehung eines malignen Tumors wird als Karzinogenese bezeichnet. Am Beginn der Karzinogenese steht eine initial geschädigte Zelle. Kommt diese Zelle immer wieder mit unterschiedlichen krebsfördernden, in der Fachsprache karzinogenen Faktoren in Kontakt, die zu weiteren Schädigungen und zusätzlichen Mutationen in ihrem Erbgut führen, kann sie sich schließlich zu einer Krebszelle entwickeln.

Genetische Mutationen sind die Triebfeder der Evolution. Mutationen sind somit ein natürlicher und notwendiger Bestandteil des Lebendigen, gehören andererseits aber auch zu den entscheidenden Auslösern einer Krebserkrankung.
Das pathologische Wachstum eines Tumors basiert ursächlich auf den genetischen Veränderungen einer einzelnen Zelle, die diese im Zuge der Zellteilung identisch an all ihre Tochterzellen weitergibt. Sogenannte Karzinogene wie beispielweise Strahlung, Viren oder verschiedenste chemische Substanzen können für derartige bleibende Veränderungen in der DNA einer einzelnen Zelle verantwortlich sein. Wenn die physiologischen Reparaturmechanismen der Zelle diese Schädigungen nicht mehr beheben können, werden sie bei der Zellteilung identisch auf alle neu entstehenden Tochterzellen übertragen.

Die Onkologie definiert Krebs heute als eine genetische Erkrankung der Zelle.

Ein Tumor besteht zunächst lange aus genetisch identischen Zellen. Eine Tumorerkrankung zeigt daher ein monoklonales Krankheitsbild. Monoklonal bedeutet, dass alle Zellen die gleiche Abstammung haben und auf eine einzige gemeinsame Ursprungszelle zurückgehen.

Diese Mutationen im Genom einzelner Körperzellen, die die Onkologie heute als Ursache einer Krebserkrankung versteht, betreffen somit nicht alle Zellen des Organismus und werden im Gegensatz zu Mutationen in den Keimzellen nicht von den Eltern an die Nachkommen weitergegeben. Krebs an sich ist nicht von einer Generation auf die andere übertragbar, aber natürlich haben auch erbliche Faktoren einen entscheidenden Einfluss auf eine möglicherweise erhöhte Neigung, Tumorerkrankungen zu entwickeln. Dieser Aspekt ist insbesondere für die Rassehundezucht von besonderem Interesse. Zudem beeinflussen die unterschiedlichsten äußeren Faktoren und Umwelteinflüsse die Schalterfunktionen im Genom und können so bestimmte Gene aktivieren oder blockieren, deren physiologische Funktionen eine Tumorentwicklung entweder begünstigen oder hemmen.

Der lange Prozess der Karzinogenese

Damit eine Zelle schließlich über die Eigenschaften einer malignen Tumorzelle verfügt, zum Beispiel über die Fähigkeit, ungehindert in umliegendes gesundes Gewebe einzuwachsen oder über das Potenzial, Metastasen zu bilden, reicht eine genetische Mutation alleine nicht aus. Bereits in der Ursprungszelle einer Tumorerkrankung sind mehrere Veränderungen notwendig, um diese massiven Prozesse zu initiieren. Eine Zelle wird also nicht von einer Sekunde zur anderen, sondern in mehreren kleinen Schritten zur Krebszelle. In dieser langsamen Entwicklung einer Tumorerkrankung, der Karzinogenese, spielt somit auch der Zeitfaktor eine wesentliche Rolle.

Strahlen, chemische Substanzen, Viren – in Summe Faktoren, die das Genom verändern

Initiation

Eine durch ein Karzinogen hervorgerufene Mutation hat das Genom einer Körperzelle irreversibel geschädigt.

Beständige Einwirkung von Promotoren

Aktivierung der Onkogene

Deaktivierung der Suppressorgene

Promotion

Zusätzliche Mutationen und ein Versagen der Kontrollmechanismen haben die Eigenschaften der Zelle weiter verändert: Sie ist zur Tumorzelle geworden!

Entwicklung der Fähigkeit ...

... zu infiltrativem Wachstum

... zur Angiogenese

... zur Metastasierung

Progression

Ein maligner, infiltrativ wachsender Tumor mit dem Potenzial zur Metastasierung ist entstanden.

Die Medizin fasst den komplexen Prozess der Karzinogenese in einem mehrstufigen Modell zusammen: Am Anfang steht die **Initiation,** die erste genetische Veränderung im Genom der Zelle. Meist haben krebsauslösende Faktoren aus der Umwelt zu dieser ersten Mutation geführt und eine einzelne oder einige wenige Zellen eines Organs oder einer Körperregion damit irreversibel geschädigt. Dies kann durch Strahlen, Viren oder auch chemische Substanzen geschehen, die über eine karzinogene Wirkung verfügen. All diese Karzinogene haben eine gemeinsame Eigenschaft: Sie verändern das Genom!

Diese initial geschädigten Zellen können nun entweder in einem Ruhezustand verbleiben oder aktiv werden, sich teilen und identische Tochterzellen bilden, proliferieren, wie es in der medizinischen Fachsprache heißt. In der Phase der **Promotion** beeinflussen verschiedene Faktoren dieses Wachstumspotenzial: Dabei können entweder tumorfördernde Substanzen, Promotoren oder Co-Karzinogene, im Mittelpunkt stehen oder aber tumorhemmende Stoffe, die sogenannten Anti-Karzinogene. Dieser Prozess kann sich beim Menschen über Jahrzehnte, beim Hund über einige Monate oder auch Jahre hinziehen. Verschiedene Studien unterschiedlicher Wissenschaftsgebiete gehen heute davon aus, dass sinnvolle präventive Maßnahmen möglicherweise verhindern können, dass sich aus dem frühen Stadium einer irreversiblen Zellveränderung eine wirkliche Tumorerkrankung entwickelt. Dazu gehört vor allem eine bewusste Lebensweise mit einer entsprechenden gesunden Ernährung in einem harmonischen Umfeld. Der Kontakt und Umgang mit Stoffen, die sich als karzinogen erwiesen haben, sollte weitgehend vermieden werden. Zudem liegt die Vermutung nahe, dass die gleichen Faktoren einen nicht unwesentlichen Einfluss auf die Überlebenszeit mit einer Tumorerkrankung haben.

Gewinnt die Ausbreitung dieser initial geschädigten Zellen die Oberhand, dann steigt auch die Wahrscheinlichkeit, dass eine zweite, dritte und vierte Mutation diesen Zellverband weiter verändern wird. Ausgestattet mit den daraus resultierenden neuen Eigenschaften sind nun maligne Tumorzellen entstanden.

Initiation und Promotion bedingen einander in diesem frühen Stadium der Entwicklung einer Krebserkrankung: Aus der Initiation einiger weniger Zellen allein entsteht keine Tumorerkrankung, und auch die Promotoren gewinnen erst dann an Wirkung, wenn sie auf eine bereits geschädigte Zelle treffen. Beide Faktoren – eine initiale Zellschädigung und eine beständige Konfrontation mit karzinogenen Substanzen als Promotoren – müssen zusammenkommen, um eine gesunde Körperzelle in eine Tumorzelle zu verwandeln.

Am Ende dieser Entwicklung steht schließlich die **Progression** hin zu einer schwerwiegenden Tumorerkrankung. Während dieser Progressionsphase kann der Tumor ein zunehmend malignes und damit aggressives Verhalten im Organismus entwickeln: Jetzt weisen die Tumorzellen ein infiltratives Wachstum auf, und der Tumor kann das umgebende Gewebe zerstören. Darüber hinaus besitzt er jetzt die Fähigkeit zur Angiogenese, zur Ausbildung eigener neuer Blutgefäße, um seine Nährstoffversorgung sicherzustellen. Schließlich kommt es zur Metastasierung, und die Tumorzellen siedeln sich über den ursprünglichen Sitz des Primärtumors hinaus auch in anderen Körperregionen an.

Die Zeitspanne von der initialen Zellmutation bis zur nachweisbaren Tumorerkrankung wird als Latenzzeit bezeichnet und kann beim Menschen bis zu 40 Jahre betragen. Dies ist auch der Grund dafür, dass die Anzahl der diagnostizierten Krebserkrankungen beim Menschen genauso wie beim Hund mit zunehmendem Alter kontinuierlich ansteigt. Bis zum Zeitpunkt der klinischen Diagnose des Tumors sind über einen langen Zeitraum hinweg Veränderungen am Genom der Zelle vor sich gegangen, die letztendlich zu ihrer malignen Entartung und damit zu einer Krebserkrankung führten.

Zu dem Zeitpunkt, an dem ein Tumor als kleines, kugelförmiges Gebilde mit einem Durchmesser von circa einem Zentimeter klinisch nachweisbar ist, umfasst die Tumormasse bei soliden Tumoren bereits etwa eine Billion Zellen. Trotz dieser unvorstellbar hohen Zelldichte wird der Tumor erst jetzt tastbar oder mit den Methoden der bildgebenden Diagnostik darstellbar. Jede darunterliegende Größenordnung – auch wenn es sich bereits um Millionen von Tumorzellen handelt – ist zumindest mit den derzeit in der Tiermedizin etablierten und flächendeckend eingesetzten Methoden noch nicht nachweisbar.

Das Tumorwachstum verläuft zumeist in einer s-förmigen Kurve: Die Latenzphase, die Zeit, in der der Tumor im Verborgenen wächst und noch keinerlei Diagnose erfolgt ist, ist zunächst von einem langsamen Wachstum gekennzeichnet. Ab einem bestimmten Moment aber steigt die Wachstumsgeschwindigkeit exponentiell an. Dieses rasante Wachstum bereitet der tumoreigenen Nährstoffversorgung schließlich Probleme, nachzukommen: Das Wachstum verlangsamt sich wieder und die Kurve flacht ab, denn die Tumormasse ist so groß geworden, dass sie über ihr Gefäßsystem nicht mehr ausreichend versorgt werden kann. Möglicherweise sterben Teile des Tumorgewebes bereits ab und im Zentrum der Umfangsvermehrung entstehen Tumornekrosen, weil der Nährstoffbedarf des Gewebes nicht mehr gedeckt werden kann. Dennoch ist der Tumor oft erst zu diesem Zeitpunkt nachweisbar und diagnostizierbar.

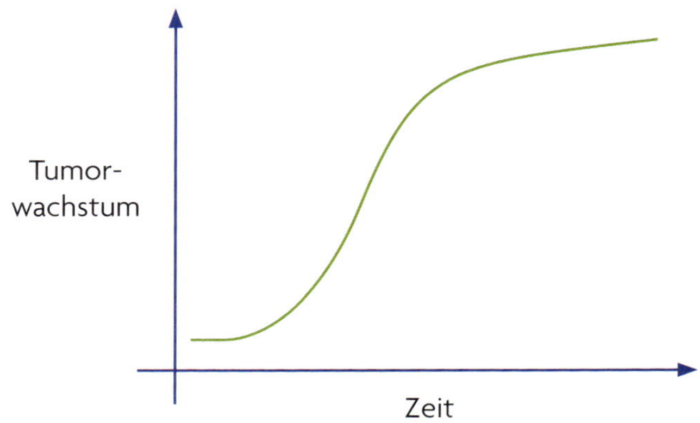

Die s-förmige Kurve des Tumorwachstums.

Auch präneoplastische Veränderungen, worunter die Medizin Vorstufen von Krebs versteht, oder zunächst benigne Tumoren können sich im Zuge der Progression zu einer Krebserkrankung mit malignen Eigenschaften entwickeln. Dieses Risiko besteht beispielsweise nicht nur bei zunächst als gutartig eingestuften Mammatumoren der Hündin, sondern auch bei den häufigen, durch Papillomaviren hervorgerufenen Hautwarzen, die im Zuge einer weiteren Promotion und Progression zu Plattenepithelkarzinomen entarten können. Oft ist bei derartigen diagnostisch abgesicherten Hautveränderungen eine regelmäßige Kontrolle ausreichend. Ob eine frühzeitige Entfernung im individuellen Einzelfall sinnvoll ist, hängt von verschiedenen Faktoren ab und muss gemeinsam mit dem Tierarzt entschieden werden.

Onkogene, Suppressorgene und Reparaturgene

Jede gesunde Körperzelle verfügt über **Protoonkogene,** die das Zellwachstum fördern, und **Suppressorgene,** die das Wachstum unterdrücken. Protoonkogene und Suppressorgene sorgen in einer gesunden Zelle für das physiologische Gleichgewicht zwischen einem geregelten Zellwachstum und einem kontrollierten Zelltod. Mutationen oder veränderte Steuerfunktionen in diesen lebenswichtigen Regulationsmechanismen der Zelle aber führen zu einem veränderten biologischen Verhalten: Die das Zellwachstum fördernden Protoonkogene können so verstärkt aktiviert werden und sich damit zu echten Onkogenen entwickeln, oder die das Zellwachstum physiologisch hemmenden Suppressorgene können deaktiviert sein. Beide gestörten Mechanismen führen letztlich zu einer Krebserkrankung mit einer autonomen und überschießenden Zellteilung sowie einem verminderten oder fehlenden Zelltod.

Mutationen in Protoonkogenen, die beispielsweise Wachstumsfaktoren und deren Rezeptoren codieren, machen diese zu Onkogenen und führen zu einem überschießenden Zellwachstum.
Mutationen in Suppressorgenen verhindern, dass diese ihre hemmende Funktion auf die Zellteilung ausüben können.

Bei Krebszellen ist das physiologische Gleichgewicht der Regulationsmechanismen der Zelle aus dem Lot geraten. Es hat sich zugunsten der wachstumsfördernden Onkogene verschoben und begünstigt so ein ungehindertes und unkontrolliertes Zellwachstum. Zusätzlich können eventuell mutierte Suppressorgene ihrer Kontrollfunktion über den Zellzyklus nicht mehr nachkommen.

In weiten Teilen der populärwissenschaftlichen onkologischen Literatur hat sich ein allgemein vertrautes Bild aus der Autotechnik etabliert, das diesen Zusammenhang anschaulich beschreibt: Die aktivierten Onkogene entsprechen einem durchgedrückten Gaspedal, die deaktivierten Suppressorgene einer blockierten Bremse.

Dieser Vorgang wird durch ein ausgeklügeltes System von **Reparaturgenen,** sozusagen besonderen Suppressorgenen, unterstützt. Diese codieren eine Gruppe von hochaktiven Proteinen, die die DNA ununterbrochen nach Fehlern absuchen, Schäden erkennen und reparieren. Besteht auf eine derartige Reparatur keine Chance mehr, tritt das genetisch programmierte physiologische „Selbstmordprogramm" der Zelle in Kraft, die nun im Interesse des Gesamtorganismus in den geplanten Zelltod gehen muss. Aber Mutationen und fehlgeleitete Steuerungsmechanismen können auch hier verhindern, dass diese Reparaturgene ihre Aufgabe zuverlässig und korrekt erfüllen.

Malignes Tumorgeschehen: zellbiologische Risiken

Aktivierte Onkogene führen zu einem pathologisch beschleunigten Zellteilungsmechanismus und damit zu einer beständigen Vermehrung der Zellen.
Inaktivierte Suppressorgene, die das Wachstum normalerweise unterbinden sollten, verhindern, dass wachstumshemmende Signale die Zellen erreichen.
Mutierte Reparaturgene verhindern einen programmierten Zelltod.

Eine Fehlfunktion von Onkogenen, Suppressorgenen und Reparaturgenen kann auf verschiedene Art und Weise zustande kommen. Zu den bekannten ererbten genetischen Veränderungen gehören die Mutationen in den Tumorsuppressorgenen BRCA1 und BRCA2. BRCA ist dabei die Abkürzung für den englischen Begriff Breast Cancer, Brustkrebs. Mutationen in diesen Genen führen beim Menschen – und mit hoher Wahrscheinlichkeit auch beim Hund – zu einem deutlich erhöhten Risiko, an Brustkrebs bzw. Milchleistenkrebs zu erkranken und stellen eine der Grundlagen für familiär oder rassespezifisch gehäufte Tumorerkrankungen dar.
Mindestens ebenso bedeutend für Mensch und Hund ist das Tumorsuppressorgen p53, das aufgrund seiner zahlreichen Bremsfunktionen im Organismus auch den klangvollen Beinamen „Wächter des Genoms" trägt. Ist das p53-Gen aber mutiert oder deaktiviert, kann das entsprechende Protein nicht mehr in ausreichender

Menge gebildet werden, wenn Kontrollmechanismen vermehrte DNA-Schäden in der Zelle melden. Physiologisch würde das p53-Protein jetzt den Zellteilungszyklus anhalten, um der Zelle Gelegenheit zur DNA-Reparatur zu geben, bevor der Schaden an die Tochterzellen weitergegeben wird, oder die Zelle würde in den geplanten Zelltod gehen. Fehler im p53-Gen aber ermöglichen es diesen geschädigten Zellen, sich der Apoptose, dem geplanten Zelltod, zu entziehen.

Die wichtigsten Tumorsuppressorproteine des Organismus haben wie jedes andere Protein auch eine genetisch festgelegte dreidimensionale Struktur, die sie unverwechselbar charakterisiert und von anderen Proteinen unterscheidet. Wenn diese Strukturen, die sich aus der Aneinanderkettung der genetisch codierten Aminosäuren ergeben, beispielsweise bei den bekannten Tumorsuppressoren BRCA1 und BRCA2 oder am p53-Protein durch ererbte Mutationen oder epigenetische Mechanismen verändert sind, führt dies zu einem deutlich erhöhten Tumorrisiko des betroffenen Individuums.

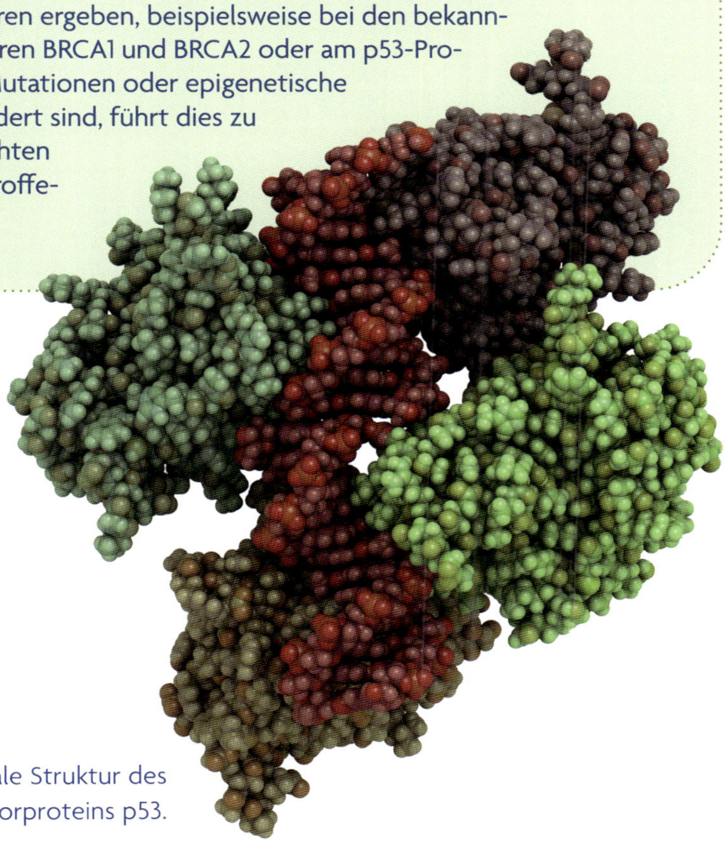

Die dreidimensionale Struktur des Tumorsuppressorproteins p53.

Vom Karzinogen zum Tumor

Karzinogene Substanzen verfügen über die unterschiedlichsten Möglichkeiten, in das Zellgenom des menschlichen oder tierischen Organismus einzugreifen. In vielen Fällen sind toxische Substanzen mit einer krebserregenden Wirkung wie beispielsweise Tabakrauch für Zellschädigungen verantwortlich. Für die Karzinogenese des Hundes sind genauso wie beim Menschen neben Umwelteinflüssen Viren und Hormone als initiale Auslöser von hoher Bedeutung. Sie haben direkte Auswirkungen auf die DNA und können zu unmittelbaren Veränderungen im Genom der Zellen führen.

Wie Viren unkontrollierte Zellteilung initiieren

Virusinfektionen können auch beim Hund über verschiedene Mechanismen zum Auslöser einer Tumorerkrankung werden.

Der Entwicklungsprozess einer viral bedingten Tumorentstehung ist sehr genau erforscht. Ein Virus selbst verfügt nur über eine sehr geringe Anzahl von Genen und benötigt für seine eigene Vermehrung daher die Mechanismen höher entwickelter Organismen. Um ihre eigene Vervielfältigung voranzutreiben, integrieren einige Viren daher ihre eigene Erbinformation dauerhaft in das Genom des jeweiligen Wirtes und nutzen dafür jene Abschnitte der DNA, die zwischen den Genen liegen und deren Steuerungs- oder Schalterfunktionen wir bereits kennengelernt haben. Die Viren greifen so unmittelbar in die genetischen Steuerungsmechanismen ihres Wirtsorganismus ein und arbeiten auf eine vermehrte Zellteilung hin, denn sie haben natürlich ein Interesse daran, ihr eigenes Genom zu kopieren und damit ihre eigene Vermehrung sicherzustellen. So aktivieren sie – aus ihrer biologischen Sicht heraus folgerichtig – insbesondere Onkogene, die die Zellteilung infizierter Zellen beschleunigen. Der Schalter im Steuerungsmechanismus des Genoms steht damit sozusagen dauerhaft auf ON, der Teilungsmechanismus der Zelle bleibt permanent eingeschaltet.

Zu den ersten Viren, deren karzinogenes Potenzial in der Onkologie erforscht und nachgewiesen werden konnte, gehören die sogenannten Retroviren. Der Begriff Retroviren kürzt die korrekte Bezeichnung als **Re**verse **Tr**anskriptase **O**nko**viren** ab, ein Name, der den Mechanismus, dem diese Viren folgen, sehr genau beschreibt. Ihre Erforschung in Zusammenhang mit onkologischen Fragen warf seinerzeit eines der großen molekularbiologischen Gesetze über Bord: Über viele Jahrzehnte hinweg war man davon ausgegangen, dass die Transkription des genetischen Codes nur in eine Richtung erfolgen kann, nämlich von DNA in RNA. Die genetischen Informationen der Retroviren aber sind nicht auf DNA-, sondern auf RNA-Molekülen gespeichert. An den Retroviren erkannten die Molekulargenetiker, dass die Übersetzung des genetischen Codes auch in die umgekehrte Richtung von RNA in DNA möglich ist – eben als **re**verse **Tr**anskriptase.

Retroviren nutzen genau diesen Mechanismus: Sie tragen ihre eigenen genetischen Informationen in diejenigen Abschnitte der DNA ein, die zwischen den eigentlichen Genen liegen, und übernehmen damit die entscheidenden Steuerfunktionen darüber, ob die nachfolgende genetische Codierung abgelesen und in ein Protein umgesetzt wird oder nicht. Das Retrovirus beeinflusst damit also die Aktivierung oder Deaktivierung der nachfolgenden genetischen Codierung.

Retroviren tragen sich in das Genom des Wirtes ein. Dort können ihre genetischen Informationen die Steuerfunktionen der DNA verändern und so das biologische Verhalten und die Teilungsaktivität der Zellen beeinflussen. Damit sind Retroviren potenzielle Karzinogene.

Durch die erfolgreiche Abwehrreaktion des Immunsystems des betroffenen Organismus hat ein Virus, das sich dauerhaft in das Genom eintragen kann, an sich keinerlei Funktion mehr, und der Wirt kann beschwerdefrei und ohne klinische Anzeichen einer Infektion mit dem Virus leben. Hatte ein Organismus aber einmal im Leben Kontakt mit diesem Virus, dann lässt sich diese Infektion auch zu jedem späteren Zeitpunkt im Genom der infizierten Zellen nachweisen: Eine entsprechende Untersuchung findet die genetischen Informationen, die das Virus in der DNA des Wirtes hinterlassen hat. Für die direkte Virenvermehrung ist dieser genetische Abdruck dank eines funktionierenden Immunsystems bedeutungslos, aber durch die veränderte Steuerfunktion über die nachfolgende genetische Codierung kann das Virus so beispielsweise bei FeLV-positiven Katzen zum Auslöser eines Lymphoms werden. Noch ist die Forschung nicht bei allen Spezies auf dem gleichen Stand: Beim Menschen und bei der Katze sind die Viren, die Lymphome auslösen können, bekannt. Beim Hund ist ein derartiges tumorinduzierendes Virus, das Lymphome begünstigt, Gegenstand aktueller Forschung.

Neben den Retroviren sind heute eine ganze Reihe weiterer Onkoviren bekannt, die über das Potenzial verfügen, eine Tumorerkrankung auszulösen und die dafür die unterschiedlichsten Strategien verfolgen. Auch das Papillomavirus, das beim Menschen Auslöser für Gebärmutterhalskrebs ist, gehört zu den Onkoviren. Das Papillomavirus nutzt verschiedene Mechanismen, um sich der Immunüberwachung durch den Organismus des Wirtes zu entziehen: Eine seiner erfolgreichsten Strategien ist die Blockade des p53-Gens, dessen wichtige Funktion als Tumorsuppressorgen wir bereits kennengelernt haben. Darüber hinaus können die chemischen Produkte der viralen DNA den programmierten physiologischen Zelltod verhindern. Beim Menschen und ebenso beim Hund ist das Papillomavirus für warzenähnliche Umfangsvermehrungen verantwortlich und gilt heute als eines der bekanntesten und am besten erforschten Viren mit hohem karzinogenem Potenzial. Eine auf das Papillomavirus zurückzuführende Erkrankung beim Hund ist beispielsweise die sogenannte Junghunde-Papillomatose. Dabei entstehen warzenartige Wucherungen, zumeist im Bereich der Schleimhaut. Sind diese benignen Tumoren eindeutig als solche diagnostiziert, wird der Tierarzt trotz eines unübersehbaren Krankheitsbildes in diesen Fällen vermutlich nicht eingreifen. Das Immunsystem des heranwachsenden Hundes entwickelt sich weiter und greift selbstständig erfolgreich in das Krankheitsgeschehen ein, bis das überschüssige Gewebe abfällt und die Haut verheilt. Darüber hinaus aber können Hunde jeden Alters Papillome entwickeln. Diese warzenähnlichen Gebilde auf der Haut sind zunächst absolut harmlos, tragen aber durchaus das Potenzial einer weiteren Karzinogenese in sich und können zu einem malignen Plattenepithelkarzinom entarten.

> Der mögliche genetisch fixierte Abdruck einer überstandenen Virusinfektion bleibt trotz einer erfolgreichen Immunabwehr des Organismus erhalten und kann so zum potenziellen Auslöser einer Tumorerkrankung werden.

Hier hat eine Feinnadelaspirationsbiopsie den klinischen Verdacht eines Papilloms bestätigt. Die Umfangsvermehrung zeigt seither keine Veränderungen, sodass auch keine chirurgische Entfernung notwendig ist.

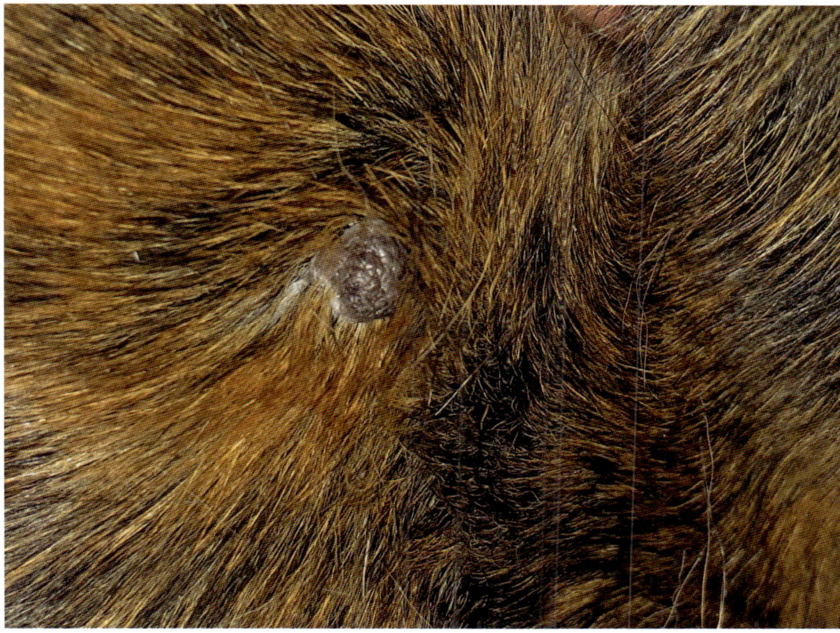

Die häufigen durch das Papillomavirus hervorgerufenen Papillomawarzen des Hundes sind zwar gutartige Umfangsvermehrungen, sollten aber dennoch regelmäßig vom Tierarzt kontrolliert werden, denn sie könnten sich im Laufe der Zeit zu einem bösartigen Plattenepithelkarzinom entwickeln.

Soll eine Zelle aktiv werden, ein Protein produzieren oder ihre Teilung vorbereiten, benötigt sie dazu zunächst das Signal eines Botenstoffes. Dieser Botenstoff dockt an einen entsprechenden Rezeptor der äußeren Zellmembran an, und die jeweilige Information wird in einer mehrstufigen Signalkaskade bis in den Zellkern weitergeleitet. Die Produktion des angeforderten Proteins, beispielsweise eines Hormons, funktioniert nun ähnlich wie in einer kleinen Fabrik. Die fertigen Erzeugnisse werden aus der produzierenden Zelle herausgeschleust und gelangen über die Transportwege des Organismus schließlich an ihren Wirkungsort. Dies ist ein absolut physiologischer Vorgang. Entscheidend dafür, dass das entsprechende Gen aktiviert und der Produktionsprozess ausgelöst wurde, war das ursprüngliche Signal des Botenstoffes. Diese Aktivierung aber kann – wie beschrieben – ebenso durch die Veränderungen in den Schalterfunktionen der DNA erfolgen. Wenn diese Steuerungen beispielsweise durch ein eingeschriebenes Virengenom fehlgeleitet sind, signalisieren sie gleich einem defekten ON/OFF-Schalter permanent die Notwendigkeit einer Produktion. Diese führt nachfolgend zur Zellteilung, ist ausschließlich durch die Viren initiiert und für den Organismus jetzt keineswegs notwendig. Die fehlgeleiteten Steuerungsmechanismen führen also zu einer beständigen Zellteilung als eine physiologisch vollkommen sinnlose Aktivität, für die kein vernünftiger Grund besteht.

Eine veränderte und fehlgeleitete Steuerfunktion in der DNA einer Zelle kann zu einer physiologisch vollkommen sinnlosen Zellaktivität führen.

Veranschaulichen wir uns diesen Vorgang an einem Beispiel: Ein physiologischer Grund für eine Zellteilung ist beispielsweise eine Hautverletzung, denn der Organismus muss diese Gewebsschädigung wieder verschließen. Dabei führen verschiedene Mechanismen zunächst zu einer Gefäßverengung, damit die Blutung gestoppt wird. Später werden Gewebshormone freigesetzt, die den notwendigen Reparationsprozess der Haut in einem ausgewogenen Vorgang steuern. Gewebshormone signalisieren den Bindegewebszellen die Notwendigkeit zur Teilung, um den Defekt zu schließen. Eine ruhende Bindegewebszelle wird mit diesem Signal zu einer aktiven Zelle, deren Zellteilungsprozess beginnt. So entsteht Granulationsgewebe, das den verletzungsbedingten Defekt langsam verschließt. Zusätzlich setzt eine verstärkte Angiogenese ein: Neue kleine Blutgefäße, Kapillaren, werden gebildet, die das junge Gewebe mit Blut und damit mit Nährstoffen versorgen. Dieser Prozess der Zellteilung, der für die Reparatur der Schädigung notwendig ist, hält so lange an, bis die Grenzen des Defektes aufeinandertreffen und die Wunde sich geschlossen hat. In diesem Moment der Berührung zweier Zellen setzt die sogenannte Kontaktinhibition, die Kontakthemmung, ein: Das Signal zur Produktion des Gewebshormons und damit für die Zellteilung wird gestoppt. Der Defekt ist geschlossen, die physiologische Zellteilung ist beendet. Wird dieser Prozess der Zellteilung nun aber ohne einen traumatischen Defekt nicht physiologisch durch

Gewebshormone, sondern beispielsweise durch die genetischen Spuren, die das Papillomavirus in den Steuerungsmechanismen der DNA der Zelle hinterlassen hat, ausgelöst, kommt es zu einem plan- und sinnlosen, überschießenden Wachstum und zu den vom Papillomavirus hervorgerufenen typischen Krankheitsbildern und Wucherungen.

Alle Veränderungen, die karzinogene Faktoren in der DNA hervorrufen, können ebenso wie echte Genmutationen zu einem unkontrollierten Zellwachstum führen.

Hormone und Gewebewachstum

Auch Hormone gehören zu den karzinogenen Faktoren, denen ein Organismus ausgesetzt ist. Hormone sind Botenstoffe, die Stoffwechselprozesse im Organismus initiieren und fördern. Östrogen beispielsweise löst die Follikelreifung in den Eierstöcken der Hündin aus. Mit all diesen Prozessen führen Hormone physiologisch fast immer zu einer vermehrten Zellteilung: Gewebe wächst oder weitet sich aus. Das gilt für die Milchleiste der Hündin während der Laktationszeit ebenso wie für die Gebärmutter zu Beginn einer Trächtigkeit, wenn Hormone die dortige Schleimhaut massiv anschwellen lassen, damit die Embryonen sich einnisten können. Diese durch Hormone ausgelösten wachstumsfördernden Prozesse sind physiologische Vorgänge – solange sie im natürlichen Gleichgewicht ablaufen. Wenn aber beispielsweise zusätzliche Hormongaben dieses Gleichgewicht aus dem Lot bringen, besteht damit auch ein erhöhtes Risiko für die Entstehung einer Tumorerkrankung. Das gilt selbstverständlich auch für bestimmte Hormonspritzen, die die Läufigkeit der Hündin verschieben bzw. unterdrücken sollen. Zahlreiche Studien konnten nachweisen, dass das Risiko zur Ausbildung maligner Mammatumoren mit der Verabreichung der früher häufig eingesetzten Progesteronderivate oder hoch dosierter Östrogen-Gestagen-Kombinationen signifikant ansteigt. Heute kommen im Rahmen der sogenannten chemischen Kastration üblicherweise Substanzen zum Einsatz, deren Wirkung bereits auf der Ebene des Hypothalamus und der Hypophyse einsetzt und die daher nicht unmittelbar mit einem höheren Risiko für Mammatumoren verbunden sind. Zu den allgemeinen Risiken und Nebenwirkungen der chemischen Kastration gibt es in

der Tiermedizin insbesondere in Bezug auf die Hündin aber noch durchaus widersprüchliche Meinungen.
Eingriffe in den Hormonhaushalt können zum gleichen Ergebnis führen wie der physiologische Prozess, den die körpereigenen Hormone anstoßen: zu einer Zellvermehrung (Proliferation) und zu Gewebewachstum. Wird dieser Prozess allerdings ohne einen sinnvollen Grund initiiert oder unphysiologisch beschleunigt, kann die erhöhte Zellteilungsaktivität auch hier zum Auslöser einer Tumorerkrankung werden. Wieder sind die Vorgänge in den Zellen mit der Arbeit in einer Fabrik vergleichbar: Eine schnellere Proteinproduktion und Zellteilung bedeutet immer automatisch auch eine höhere Fehlerquote. Wird die Produktionsgeschwindigkeit erhöht, steigen die Anforderungen an die Regulations- und Prüfprozesse, und es wird hier und da zu Fehlern kommen. Auch so kann eine initial geschädigte Zelle in den Organismus gelangen und die erste Stufe einer möglichen Karzinogenese darstellen. Die fehlerhafte Zelle entspricht nicht mehr exakt den ursprünglichen Vorgaben: Sie ist genetisch verändert und müsste in den physiologischen geplanten Zelltod geführt werden. Läuft der Prozess der Proliferation aber beispielsweise durch eine Stimulation mittels Hormongaben in einem deutlich beschleunigten Tempo ab, können die Suppressor- und Reparaturgene ihrer Kontrollfunktion für die Zelle nicht mehr zuverlässig gerecht werden, und die Karzinogenese nimmt ihren Lauf.

Zu den wachstumsstimulierenden Hormongaben gehören auch Wachstumsförderer wie anabole Steroide, die zu einem schnelleren Aufbau von Muskelgewebe führen. Derartige Substanzen werden sehr vereinzelt auch heute noch gezielt bei jungen, für die Zucht vorgesehenen Rassehunden eingesetzt, um bereits mit jugendlichen Hunden frühe Ausstellungserfolge zu erzielen. Diese Vorgangsweise ist mit einem hohen Risiko für die Entwicklung einer Krebserkrankung verbunden.

Wir fassen zusammen

Wenn Mutationen oder Eingriffe in die Steuerungsmechanismen das biologische Verhalten einer Zelle verändert haben, gerät das physiologische Gleichgewicht zwischen Zellteilung und geplantem Zelltod aus dem Takt. Aus dieser gestörten Balance kann sich in der Folge eine Tumorerkrankung entwickeln.

Ein spezielles onkologisches Fachwissen ist unerlässlich, um das unterschiedliche biologische Verhalten der verschiedenen Tumoren richtig einzuschätzen und einen entsprechenden Therapieplan zu entwickeln.

Nicht jeder Tumor ist auch eine bösartige Krebserkrankung. Erst wenn der Tumor die Fähigkeit besitzt, infiltrativ in das umgebende Gewebe einzuwachsen und Metastasen zu bilden, liegt ein malignes Tumorgeschehen vor.

Die Bezeichnung der Tumorerkrankung – handelt es sich um ein Karzinom oder ein Sarkom, um eine Leukämie oder ein Lymphom? – verweist auf das Ursprungsgewebe der Krebszellen.

Die Onkologie versteht Krebs heute als eine genetische Erkrankung der Zelle. Mutationen können veränderte Funktionen von wachstumsfördernden und wachstumshemmenden Genen hervorrufen. Funktion und Zusammenspiel von Onkogenen und Suppressorgenen fördern oder hemmen dabei das Zellwachstum und damit die Entwicklung einer Tumorerkrankung.

Die Entwicklung einer Krebserkrankung, die sogenannte Karzinogenese, durchläuft mehrere Phasen: die Initiation, die Promotion und die Progression. Über einen langen Zeitraum hinweg wird dabei aus der ersten Mutation im Genom einer einzelnen Zelle eine maligne Tumorerkrankung.

Karzinogene Substanzen bewirken eine Veränderung oder Schädigung der DNA und führen so zu falschen Signalen an die Zelle, die letztlich zu einer übermäßigen unphysiologischen Zellteilung führen und das Tumorrisiko damit deutlich erhöhen.

3. Prävention

Prävention bedeutet Vorsorge. Der Begriff stammt aus der lateinischen Sprache und leitet sich von dem Verb „praevenire“ – „zuvorkommen“ ab. Präventivmaßnahmen gibt es in den unterschiedlichsten Lebensbereichen. Sie helfen, eine unerwünschte Entwicklung zu verhindern und können dazu beitragen, ein eventuelles Problem gar nicht erst aufkommen zu lassen.

In der Onkologie bezeichnet Prävention bei Mensch und Tier nichts anderes als Krebsvorsorge – in Form von Handlungsweisen und Möglichkeiten, die geeignet erscheinen, das Risiko einer Krebserkrankung zu senken. Dabei unterscheidet die Medizin drei Stufen der Vorsorge: die primäre, die sekundäre und die tertiäre Prävention.

- *Primäre Prävention bedeutet, den beständigen Kontakt mit eventuellen Auslösern einer Krebserkrankung im individuellen Lebensstil zu vermeiden.*

- *Sekundäre Prävention ist Früherkennung: die frühe und rechtzeitige Diagnose einer bereits vorliegenden Erkrankung. Der Tumor kann kurativ behandelt werden, der Patient ist geheilt.*

- *Tertiäre Prävention bezeichnet die Kontrolle des Patienten nach erfolgter Tumortherapie, um das Risiko einer neuerlichen Ausbreitung des Tumors im Organismus deutlich zu reduzieren.*

Risikofaktoren meiden = primäre Prävention

Primäre Prävention ist in erster Linie eine Frage der individuellen Lebensweise. Manch kleine Veränderungen im Alltag können das Risiko, im Laufe des Lebens eine Krebserkrankung zu entwickeln, bei Mensch und Tier minimieren. Dazu ist eine bewusste Auseinandersetzung mit bekannten Risikofaktoren, die eine Krebserkrankung begünstigen, notwendig. Diese Karzinogene sollten – so weit als möglich – gemieden werden.

Den einen auslösenden Grund für die Entstehung und Entwicklung einer Krebserkrankung gibt es nicht. Wir haben gesehen, dass nach einer initialen Zellschädigung weitere Promotoren auf die Zelle einwirken müssen, damit ein maligner Tumor entsteht. Unterschiedliche Risikofaktoren, die Karzinogene, bewirken dabei Schritt für Schritt Veränderungen am genetischen Erbmaterial der einzelnen Zelle. Sie führen zu Mutationen oder können Steuerungsmechanismen beeinflussen, die das notwendige physiologische Gleichgewicht zwischen Zellerneuerung und Zelltod aus dem Takt bringen und damit letztlich ein unkontrolliertes Tumorwachstum auslösen.

Wenn Hunde genauso wie Menschen immer wieder derartigen Risikofaktoren ausgesetzt sind und mit ihnen in Berührung kommen, erhöht sich das Risiko, eine maligne Tumorerkrankung zu entwickeln, um ein Vielfaches. Die Anzahl der Mutationen im Genom einzelner Zellen steigt, physiologische Zellmechanismen werden in ihren Funktionen gestört, und eine maligne Entartung kann kaum mehr verhindert werden.

Krebs ist eine multifaktorielle Erkrankung, die niemals nur eine Ursache hat.

Die Onkologie gliedert die Risikofaktoren, die zu einer Krebserkrankung führen können, in zwei Gruppen: Zu den körpereigenen Faktoren zählen genetische Prädispositionen, die hormonelle Konstitution des Organismus oder auch Übergewicht. Zu den Umweltfaktoren gehören mehr oder weniger bekannte Karzinogene wie beispielsweise Chemikalien, Viren oder Strahlenbelastung.

Viele dieser Risikofaktoren lassen sich durch einfache Vorsichtsmaßnahmen im Alltag und die ein oder andere Umstellung der Lebensgewohnheiten leicht ausschließen, sodass jeder für das ihm anvertraute Tier genauso wie für sich selbst eine aktive Krebsvorsorge und damit primäre Prävention betreiben kann.

Ziel der primären Prävention ist es, das Risiko einer Krebserkrankung zu reduzieren.

Ein bisschen Statistik

Die Anzahl der diagnostizierten Krebserkrankungen steigt beim Hund ebenso wie beim Menschen stetig an. Krebs ist heute auch beim Hund eine der häufigsten Todesursachen. Jeder zweite Hund in einem Alter von über zehn Jahren verstirbt an einer Tumorerkrankung, ein ebenfalls hoher Prozentsatz erkrankt bereits in weit jüngeren Jahren. Einige Rassen sind überdurchschnittlich betroffen, andere weniger, wie verschiedene Studien seit Jahrzehnten darlegen. Eine 2011 veröffentlichte Studie aus den USA (University of Georgia)* zu Alter und Todesursachen von Rassehunden, in der circa 75.000 Fälle zwischen 1984 und 2004 ausgewertet wurden, kommt zu dem Ergebnis, dass der Boxer, der Golden Retriever, der Berner Sennenhund und der Bouvier des Flandres zu den am häufigsten von Krebs betroffen Rassen gehören. Eine bereits 2002 veröffentlichte postmortale Untersuchung fünf verschiedener Hunderassen auf rassetypische Todesursachen ergab ein ähnliches Bild: „Boxer gelten im Allgemeinen als die Hunderasse mit der höchsten Prädisposition für Tumorerkrankungen jeglicher Art. In den heutigen onkologischen Therapie- und Diagnosezentren sowie in onkologischen Veröffentlichungen fällt jedoch auf, dass auch andere Hunderassen überdurchschnittlich oft erscheinen. Zu diesen Rassen gehört insbesondere der Golden Retriever."**

* Fleming JM, Creevy KE, Promislow DE. Mortality in North American dogs from 1984 to 2004: an investigation into age-, size-, and breed-related causes of death. J Vet Intern Med. 2011;25(2):187 – 198. doi:10.1111/j.1939-1676.2011.0695.x.

** Der Praktische Tierarzt (82) 1, 37 (2002).

Prädispositionen in der Rassehundezucht

Genetische Prädispositionen eines Hundes basieren auf von den Elterntieren ererbten genetischen Mutationen, die mit den Möglichkeiten der Molekulargenetik heute bereits teilweise nachgewiesen werden können. Diese Entwicklung wird in den kommenden Jahren voranschreiten, derzeit werden die meisten im Erbgut verankerten Gendefekte allerdings erst dann erkannt, wenn es zu rassespezifischen oder familiären Häufungen bestimmter Erkrankungen kommt. Noch basiert die züchterische Selektion vorrangig auf populationsgenetischen Daten und den sich daraus ergebenden Wahrscheinlichkeiten.

Informationen über aktuelle Studien zu verschiedenen Krebserkrankungen in unterschiedlichen Hunderassen finden Sie im Internet. Zu den empfehlenswerten Seiten gehört beispielsweise die Homepage der Canine Health Foundation des American Kennel Club (www.akcchf.org).

Genetische Prädispositionen für verschiedene Tumoren sind heute in vielen Rassen bekannt und somit längst zu einer züchterischen Herausforderung geworden. Die Suche nach Lösungsansätzen gestaltet sich zweifellos schwierig, insbesondere da eine Krebserkrankung, wie wir bereits gesehen haben, ein multifaktorielles Geschehen ist: Die genetische Prädisposition ist ein Aspekt von vielen, der die Entwicklung eines Tumors auslöst. Erreichen Tumorerkrankungen in den Todesursachen einer Rasse aber erst einmal die Nähe der 30-Prozent-Marke, kann bei einer derart hohen Inzidenz, die sich in nahezu allen Zuchtlinien manifestiert, von Mutationen in den Tumorsuppressorgenen ausgegangen werden, die in der gesamten Population verbreitet sind und die unter anderem durch ein hohes Inzuchtniveau gefördert wurden und werden.

Beim Menschen kann in fünf bis zehn Prozent der Fälle eine ererbte genetische Veranlagung für eine Krebserkrankung mitverantwortlich gemacht werden. Die Gesamtinzidenz der Tumoren aber ist beim Hund höher als beim Menschen. Statistisch betrachtet erkranken mehr Hunde als Menschen an Krebs, was zum einen dadurch begründet sein könnte, dass der Hund manchen karzinogenen Stoffen noch weit intensiver ausgesetzt ist als der Mensch, beispielsweise Pflanzenvernichtungsmitteln am Boden – beim Spaziergang am Feld ebenso wie im eigenen Garten. Bei Rassehunden ist darüber hinaus die züchterisch bedingte Homozygotie als Risikofaktor für eine Krebserkrankung zu werten: Mit ansteigendem Inzuchtniveau sinkt die genetische Varianz der einzelnen Individuen. Damit steigt das Risiko, über keine funktionierende Variante der Tumorsuppressorgene mehr zu verfügen, signifikant an. Gleichzeitig treten allgemeine Merkmale einer Inzuchtdepression verstärkt auf: Der individuelle Organismus verfügt mit einer geringeren genetischen Varianz über immer weniger Möglichkeiten für eine optimal angepasste Reaktion auf Umwelteinflüsse. Das bestätigt auch die Wiener Genetikerin Irene Sommerfeld-Stur: „Krebs ist eine multifaktorielle Erkrankung, für deren Entstehung genetische Einflüsse beim Hund eine ebenso große Bedeutung haben wie die Interaktion des einzelnen Individuums mit der Umwelt. Diese Konstellation erschwert natürlich jede Form der züchterischen Selektion und Beeinflussung. Die einfache Lösung, die man sich vielleicht wünschen würde, *das* Krebsgen, wird es mit Sicherheit nicht geben. Dennoch weiß man, dass bestimmte Krebsarten in bestimmten Rassen gehäuft auftreten, sodass man von einer genetischen Grundlage ausgehen muss. In Bezug auf die verschiedenen Krebserkrankungen liegt die Vermutung nahe, dass die dafür verantwortlichen Gene unter anderem im Bereich der Codierungen für das Immunsystem zu finden sind. Studien, die die Todesursachen von Hunden analysieren, kommen international immer wieder zu dem Ergebnis, dass neoplastische Erkrankungen fast in jeder Rasse die häufigste Todesursache darstellen. Infolgedessen stellt sich die Frage, inwieweit hier auch eine allgemeine immunologische Fehlfunktion als Folge eines hohen Inzuchtniveaus verantwortlich ist. Von einem hohen Inzuchtniveau muss man heute leider bei jeder Rasse ausgehen. Krebs ist ein immunologisches Geschehen und eine chronische Erkrankung, die lange bevor erste Symptome sichtbar werden, entsteht. Mit guten Umweltbedingungen und einer entsprechenden Ernährung wird die Vermehrung der geschädigten Zellen erschwert. Wenn aber das Immunsystem versagt, dann liegt die Überlegung, ob das hohe Inzuchtniveau nicht wirklich eine wesentliche Rolle in diesem Zusammenhang spielt, nahe."*

* Ao. Univ.-Prof. Dr. med. vet. Irene Sommerfeld-Stur im Gespräch mit der Autorin. Veterinärmedizinische Universität Wien, 2011.

In der Rassehundezucht kann ein steigendes Inzuchtniveau der Gesamtpopulation mit einer dadurch sinkenden genetischen Varianz des einzelnen Individuums ein erhöhtes Krebsrisiko bedeuten.

Internationale Studien und Statistiken ergeben ein klares Bild von rasseabhängigen und damit genetisch bedingten Prädispositionen für bestimmte Tumorarten. Aus einer rückblickenden Betrachtung heraus können zwar verschiedene Rassen eindeutig als Risikogruppe für bestimmte Krebserkrankungen definiert werden, aber bisher ist in den wenigsten Fällen bekannt, welche ererbten genetischen Faktoren und Mutationen zu diesen erhöhten Risiken führen. Vermutlich spielen Mutationen in den Tumorsuppressorgenen in diesem Zusammenhang eine bedeutende Rolle.

Die in der Humanmedizin bekannten Mutationen der Tumorsuppressorgene BRCA1 und BRCA2, die wir im vorigen Kapitel bereits kennengelernt haben, gelten auch bei der Hündin als genetische Prädisposition für das Mammakarzinom, und bereits vor vielen Jahren konnte eine schwedische Forschergruppe nachweisen, dass die Mutationen, die beim Menschen gefunden wurden, auch beim Hund vorliegen. Sind diese wichtigen Tumorsuppressorgene BRCA1 und BRCA2 mutiert, ist auch das von ihnen codierte Protein verändert und nicht mehr funktionsfähig. Seine Schutzwirkung fehlt, was zu einem hohen Risiko führt, dass Frauen bereits in jungen Jahren an Brustkrebs bzw. Hündinnen an Milchleistenkrebs erkranken. Ein sinnvoller nächster Schritt wären nun Untersuchungen und entsprechende Studien innerhalb einzelner Rassen, um ein eventuell gehäuftes Vorkommen dieser Mutationen nachzuweisen und damit ein deutlich erhöhtes Risiko für die einzelne Hündin, an einem Mammatumor zu erkranken, frühzeitig zu erkennen. Dieses Wissen könnte einerseits züchterische Entscheidungen beeinflussen und andererseits einen Hinweis auf die Sinnhaftigkeit einer Kastration der betroffenen Hündin geben.

Wie beim Menschen konnten auch beim Hund Mutationen in den Tumorsuppressorgenen BRCA1 und BRCA2 nachgewiesen werden. Mit diesen Mutationen ist ein deutlich erhöhtes Risiko verbunden, an einem Mammatumor zu erkranken.

Hündinnen tragen statistisch betrachtet im Vergleich zu Frauen ein deutlich höheres Risiko, einen Mammatumor zu entwickeln, was zu der Annahme berechtigt, dass Mutationen dieser Tumorsuppressorgene in der Hundepopulation weit verbreitet sind. Darüber hinaus erkennen verschiedene Studien in mehreren Rassen eindeutige Prädispositionen für Mammatumoren.

Neben den BRCA-Mutationen kommt auch dem p53-Protein beim Hund ebenso wie beim Menschen eine besondere Bedeutung als Tumorsuppressor zu. Zahlreiche humanmedizinische Studien belegen, dass eine Mutation des p53-Gens und die daraus folgenden Veränderungen des codierten Proteins zu einem erhöhten Krebsrisiko führen. Aufgrund der vielfachen biologischen Ähnlichkeiten zwischen den Tumorerkrankungen von Hund und Mensch und der nachgewiesenen hohen Übereinstimmung dieses Gens bei Mensch und Hund kann auch beim Hund von diesem Zusammenhang ausgegangen werden.

Die Entwicklung entsprechender Gentests, die das erblich bedingte Risiko eines Hundes, an einer bestimmten Tumorart zu erkranken, nachweisen können, steht heute noch am Anfang. Derzeit ist ein valider Test für das Zystadenokarzinom der Nieren mit nodulärer Dermatofibrose beim Deutschen Schäferhund verfügbar. Diese Erkrankung betrifft die Nieren und die Gebärmutter und ist darüber hinaus mit Juckreiz verursachenden Knoten in der Haut verbunden. Träger der verantwortlichen Mutation können mittels Gentest nachgewiesen werden. Nach derzeitigem Stand der Forschung liegt dieser Erkrankung ein dominanter Erbgang eines monogenetischen Gendefekts zugrunde. Diese seltene Konstellation würde eine gezielte Zuchtplanung zur Einschränkung dieser Tumorerkrankung unmittelbar ermöglichen. Die Erkrankung könnte verhindert werden, indem Träger dieser Mutation aus der Zucht ausgeschlossen werden.

Darüber hinaus wurden die Genvarianten, die die Entstehung eines histiozytären Sarkoms beim Berner Sennenhund begünstigen, intensiv erforscht. Bei dieser Rasse besteht wie bei einigen anderen Rassen auch eine ausgeprägte genetische Prädisposition für diese Erkrankung, die sich zumeist in der Milz oder im Knochenmark manifestiert und eine sehr schlechte Prognose hat. Für den Berner Sennenhund ist bereits ein Pretest verfügbar, der die diesbezüglichen genetischen Varianten von einem sehr geringen Risiko bis hin zu einer Gefährdung einteilt.* Molekulargenetische Zuchtstrategien könnten der erste Schritt einer effektiven Tumorprävention für das einzelne Individuum sein. Jede züchterische Selektion aber beinhaltet auch Nachteile, da jeder Zuchtausschluss eines Individuums die Zuchtbasis und damit die genetische Varianz einer Rasse weiter verkleinert. In Zukunft könnten mit Impfungen oder Gentherapien möglicherweise andere Alternativen zur Verfügung stehen. Wenn innerhalb einer Rasse eine im Erbgut manifestierte Prädisposition zu einer bestimmten Krebserkrankung bekannt ist und für das einzelne Individuum somit ein hohes Risiko besteht, könnten derartige Präventivmaßnahmen durchaus sinnvoll und berechtigt sein.

Bekannte Karzinogene meiden

Entwickelt sich eine Krebserkrankung im Organismus, wirken in den weitaus meisten Fällen körpereigene Faktoren wie beispielsweise eine genetische Disposition und Karzinogene, die aus der Umwelt auf den Organismus treffen und ihn beeinflussen, zusammen. Eine genetische Disposition allein reicht nicht aus, um die Erkrankung zum Ausbruch zu bringen. Auch wenn die genetische Veranlagung für eine Erkrankung gegeben ist, hängt die Frage, ob das einzelne Individuum tatsächlich erkranken wird, von vielen weiteren Faktoren ab, insbesondere von den Umweltfaktoren, mit denen es im Laufe seines Lebens konfrontiert sein wird. Hier ergeben sich für den Hundebesitzer durchaus konkrete und leicht umsetzbare Möglichkeiten, aktiv zu werden. Diese Risikofaktoren im Rahmen des Möglichen und Machbaren auszuschalten, bedeutet primäre Prävention zu betreiben.

Bekannte Karzinogene meiden bedeutet primäre Prävention!

* Distl Ottmar, Bachmann Norbert, Fechler Christel: Genomische Selektion auf eine hohe Lebenserwartung und Ergebnisse des SSV-Pretests für histiozytäres Sarkom (Maligne Histiozytose, MH) bei Berner Sennenhunden. SSV-Kurier 2-2014, S. 11–14.

Radioaktivität, Röntgen- und UV-Strahlen sowie die beständige Konfrontation des Organismus mit einer höheren Schadstoffbelastung in Industriegebieten haben eine gleichermaßen hohe karzinogene Wirkung auf Mensch und Tier. Ihre Vermeidung aber liegt zumeist außerhalb unseres unmittelbaren Einflussbereichs. Wesentlich leichter hingegen lassen sich chemische Risikofaktoren in der nächsten Umgebung und im alltäglichen Lebensraum vermeiden, denn die bewusste Entscheidung eines jeden Einzelnen bestimmt über deren Einsatz.

Eine wissenschaftlich nachgewiesene karzinogene Wirkung haben beispielsweise die Chemikalien Asbest und Benzol sowie die vielfach noch immer allzu sorglos eingesetzten Pestizide, wie beispielsweise Herbizide und Insektizide. Bereits 1991 kam eine Studie des National Cancer Institute in Oxford* zu dem Ergebnis, dass Hunde, deren Besitzer in ihren Gärten viermal pro Jahr Herbizide (chlorierte Phenoxyessigsäuren; 2,4-D) einsetzen, ein zweifach erhöhtes Risiko tragen, an Lymphdrüsenkrebs zu erkranken. Eine aktuellere Studie aus dem Jahr 2012 bestätigt dies und beschreibt noch signifikanter das erhöhte Risiko von Hunden, an einem malignen Lymphom zu erkranken, wenn diese in Haushalten mit regelmäßigem Pestizideinsatz leben.** Ein wichtiger und effektiver Schritt der primären Prävention wäre demnach, all diese im Haushalt eventuell vorhandenen Chemikalien, Pflanzenschutzmittel, Insekten- und Unkrautvernichter dem Sondermüll zu übergeben und auf ihren Einsatz zu verzichten! Eine Entscheidung, die heute ohnehin alternativlos und falls noch nicht getroffen längst überfällig ist … Für einen sportlich geführten Hund ist es darüber hinaus durchaus sinnvoll, die Wahl des Trainings- und Fährtengeländes auch unter gesundheitlichen Aspekten zu treffen: Oft findet das Fährtentraining auf landwirtschaftlich genutzten Flächen statt, die mit Pestiziden und Chemikalien, bei denen von einer karzinogenen Wirkung ausgegangen werden kann, bearbeitet sind.

* Hayes HM, Tarone RE, Cantor KP, Jessen CR, McCurnin DM, Richardson RC. Case-control study of canine malignant lymphoma: positive association with dog owner's use of 2,4-dichlorophenoxyacetic acid herbicides. J Natl Cancer Inst. 1991;83(17):1226–1231. doi:10.1093/jnci/83.17.1226.

** Takashima-Uebelhoer BB, Barber LG, Zagarins SE, et al. Household chemical exposures and the risk of canine malignant lymphoma, a model for human non-Hodgkin's lymphoma. Environ Res. 2012;112:171–176. doi:10.1016/j.envres.2011.12.003.

Studien konnten nachweisen, dass der regelmäßige Einsatz von Pestiziden im Haushalt das Risiko für den Hund, ein malignes Lymphom zu entwickeln, signifikant erhöht. Dieser Aspekt sollte für einen sportlich geführten Hund auch bei der Wahl des Trainings- und Fährtengeländes Berücksichtigung finden.

Weitere risikobehaftete Chemikalien sind Acrylamid, das beispielsweise bei der Überhitzung von Stärke entsteht, und Benzpyren als eine der am längsten bekannten und meistuntersuchten krebserregenden Substanzen. Benzpyren ist sowohl in über Holzkohle gegrillten Speisen als auch im Zigarettenrauch nachgewiesen. Auch unsere Hunde, die unseren Lebensraum im Normalfall zu 100 Prozent mit uns teilen, sind Passivraucher! Erst 2017 wies eine Publikation der Medizinischen Universität Wien und des Messerli Forschungsinstituts erneut darauf hin, dass Passivrauchen das Tumorwachstum auch bei Haustieren begünstigt. Dabei konnte mit der organischen Verbindung Acrolein, die über den Seitenstromrauch an die Umwelt abgegeben wird, erstmals eine der Hauptursachen identifiziert werden, warum Passivrauchen die Immunabwehr gegen Tumoren versagen lässt. Diese Substanz setzt sich in jeder Raucherwohnung, im Auto sowie an der Kleidung fest und kann so auch später noch über die Haut aufgenommen werden, verweisen die Forscher und Forscherinnen auf diese in vielen Haushalten allgegenwärtige Gefahr.

Eine weitere mögliche Gefährdung unserer Hunde kommt bei entsprechender Fütterung eventuell auch unmittelbar aus der Dose: Das Innere vieler Konservendosen ist kunststoffbeschichtet, auch die Hundefutterdose! Diese Beschichtung enthält als sogenannte Weichmacher chemische Substanzen, die sich über einen längeren Lagerungszeitraum hinweg möglicherweise auch im zum Verzehr bestimmten Inhalt der Dosen anreichern können. Den derzeitigen wissenschaftlichen Erkenntnissen zufolge verfügen auch diese Chemikalien über das Potenzial, das genetische Erbgut der Zellen zu verändern. So beschäftigen sich mehrere humanmedizinische Studien beispielsweise mit den negativen Auswirkungen des vielfach verwendeten Weichmachers Bisphenol A auf die Gesundheit des Menschen. Dieser Stoff wirkt auf das Zellgenom ähnlich wie das weibliche Hormon

In Plastikspielzeug ist vielfach Bisphenol A enthalten, das humanmedizinischen Studien zufolge Einfluss auf die Entstehung von Brustkrebs haben könnte.

Östrogen, und inzwischen ist ein Zusammenhang zwischen Bisphenol A und hormonbedingtem Brustkrebs bestätigt. Aufgrund der vergleichbaren Entstehung des Mammakarzinoms bei Mensch und Hund ist auch dieses Risiko für beide durchaus vergleichbar. Bisphenol A ist vielfach auch in Plastikspielzeug enthalten, und unter diesem Gesichtspunkt ist das bei Züchtern in der Welpenaufzucht so beliebte bunte Bällebad durchaus kritisch zu sehen. Die Suche nach Bisphenol-A-freiem Spielzeug kann ein wertvoller Beitrag zur primären Prävention sein.

Chronische Entzündungen vermeiden!

Damit sich ein Tumor entwickeln kann, benötigt er ein geeignetes Umfeld. Optimale Bedingungen in der Umwelt sind unerlässlich, damit Leben heranwachsen und reifen kann, um letztlich sein gesamtes Potenzial entfalten zu können. Das gilt für Menschen, Hunde und alle Lebewesen gleichermaßen – und das gilt auch für den Mikroorganismus der Zelle und der Tumorzelle. Der Nährboden im Körpergewebe hat wesentlichen Einfluss auf ein Tumorwachstum. Dabei sind es insbesondere Stoffe im Umfeld von Entzündungen, die ein Tumorwachstum begünstigen. Die human- und veterinärmedizinische Krebsforschung kann heute einen engen Zusammenhang zwischen Entzündungen und einer nachfolgend auftretenden Krebserkrankung nachweisen. Ein Entzündungsprozess ist immer durch Rötung, Schwellung, Wärme und Schmerz gekennzeichnet. All diese charakteristischen Symptome werden durch biochemische Stoffe hervorgerufen, die vom Immunsystem und von den Blutzellen produziert werden, wenn der Organismus einen physiologischen Reparaturmechanismus – nichts anderes ist eine Entzündung – in Gang setzt. Die gleichen Mediatoren und Botenstoffe, die im Rahmen dieses Prozesses freigesetzt werden, aber werden von Tumorzellen effizient genutzt und in einem fortgeschrittenen Stadium von ihnen sogar selbst produziert. Tumorzellen benötigen diese Substanzen, um das umgebende Gewebe durchlässig zu machen und so ihr invasives Wachstum sicherzustellen. Sie missbrauchen also sozusagen den physiologisch notwendigen und sinnvollen Vorgang einer Entzündung für ihre eigene Ausbreitung und Vermehrung. In der Humanmedizin setzen neue Verfahren der Krebsimmuntherapie genau an diesem Punkt an, indem nicht nur die Krebszelle allein im Mittelpunkt der Therapie steht, sondern auch das umgebende Gewebe in den Fokus der Behandlung rückt.

Zwischen einem Entzündungsprozess und einer Tumorerkrankung besteht ein enger biologischer Zusammenhang. Was auf der einen Seite dem physiologischen Heilungsprozess dient, bereitet auf der anderen Seite den geeigneten Nährboden für ein Tumorwachstum.

In diesem Bereich wird es scheinbar schon weit schwieriger, präventive Maßnahmen zu setzen, um einen bestmöglichen Schutz zu erreichen, aber chronische Entzündungen konsequent zu behandeln gehört zweifellos in den Bereich der primären Prävention einer Tumorerkrankung. Dies gilt ebenso für die biochemischen Entzündungsprozesse, die degenerative Gelenkserkrankungen begleiten, als auch für regelmäßig wiederkehrende Probleme im Verdauungstrakt, die zumeist auf Futtermittelunverträglichkeiten basieren.

Damit eine initial geschädigte Zelle sich zu einer malignen Krebszelle entwickeln kann, benötigt sie in vielerlei Hinsicht einen geeigneten Nährboden. Tumorprävention bedeutet also auch, diesen optimalen Wachstumsbedingungen keinen weiteren Vorschub zu leisten und beispielsweise ein chronisches Entzündungsmilieu im Organismus zu vermeiden.

Von der Arbeit des Immunsystems: Tumorrisiko Stress

Das Immunsystem ist ein komplexer Mechanismus, in dem verschiedene Zelltypen lebenswichtige Funktionen im Organismus erfüllen. Ein funktionierendes Immunsystem ist überlebenswichtig. Die unterschiedlichsten Immunzellen gehen gegen Erreger wie Viren und Bakterien, die in den Körper eindringen, vor und sind darüber hinaus in der Lage, einige wenige Zellen im Organismus, die sich zu einem Tumor entwickeln könnten, erfolgreich zu eliminieren. Das Immunsystem erkennt infolge mutierter Gene veränderte Proteine und Zellen als fremd, geht physiologisch aktiv gegen sie vor und stellt damit den wichtigsten körpereigenen Schutz vor Tumorerkrankungen dar. Um dieser Aufgabenstellung gerecht zu werden, sind die Zellen des Immunsystems in der Lage, Fremdes eindeutig als fremd zu identifizieren und generell von körpereigenen bzw. unveränderten Proteinen und Molekülen zu unterscheiden. Ein optimal arbeitendes Immunsystem weiß eindringenden Krankheitserregern den Kampf anzusagen und kann initial veränderte Zellen mit einem Entwicklungspotenzial zur Tumorzelle oder wenige Tumorzellen frühzeitig in den geplanten Zelltod schicken. Sobald die ersten Abwehrzellen des Immunsystems mit einem Erreger oder mit veränderten Zellen in Kontakt kommen, versuchen sie, diese zu vernichten. Gleichzeitig regen sie die Produktion von Immunbotenstoffen an, um die nächstfolgenden Ebenen des Immunsystems zu alarmieren und weitere Abwehrmechanismen in Gang zu setzen.

Versagt dieser Mechanismus und die Tumorzellen breiten sich ungehindert aus, setzt an einem bestimmten Punkt die sogenannte Immuntoleranz ein: Das Immunsystem kapituliert sozusagen vor der Übermacht der sich beständig teilenden Tumorzellen, die im fortgeschrittenen Stadium zudem über effiziente Mechanismen verfügen, sich zu maskieren und somit für die Immunzellen unauffindbar zu sein.

Die Sicherung einer optimalen Funktion des Immunsystems ist ein bedeutender Faktor der primären Prävention.

Aber nicht nur ein eingeschränkt funktionierendes Immunsystem, sondern auch eine eventuell überschießende Abwehrreaktion kann in Form einer Allergie oder einer Autoimmunerkrankung den eigenen Organismus schädigen und zum Problem werden. Also verfügt der Körper über einen äußerst wirkungsvollen Mechanismus, das Immunsystem auch zu bremsen: das Hormon Cortisol. Cortisol blockiert Gene, die die für die Abwehrreaktion notwendigen Immunbotenstoffe codieren und die physiologisch durch den ersten Kontakt der Abwehrzellen mit Körperfremdem, mit Eindringlingen oder mit veränderten tumorverdächtigen Zellen aktiviert werden. Cortisol verhindert diese Aktivierung und unterbricht damit die effektive Arbeit des Immunsystems, indem es bestimmte Reaktionsmechanismen verschiebt. Durch diese Verschiebungen leidet zum einen die Abwehrkraft gegen Fremdes, zum anderen steigt auf anderen Ebenen des Immunsystems das Risiko für eine Überreaktion und damit für Allergien und Autoimmunerkrankungen.

Die Produktion des körpereigenen Hormons Cortisol wird über das Gehirn gesteuert: Stresssituationen, denen der Organismus ausgesetzt ist, setzen dort die üblichen physiologischen Stressreaktionen des Körpers in Gang. Diese gehen vom Hypothalamus, der wichtigsten Steuerzentrale des Hormonsystems im Gehirn, aus. Als Teil dieser Stressreaktion produzieren die Nebennieren nun vermehrt Cortisol, das sich über die Blutbahn im Organismus verteilt. Die Gefahr liegt dabei nicht in einzelnen kurzzeitigen Stressphasen, sondern dieser durchaus auch im positiven Sinne stimulierend wirkende Mechanismus wird dann zum Problem, wenn eine Stresssituation dauerhaft besteht, den Lebensalltag bestimmt und somit zu chronischem Stress führt. Dabei kann eine beständig durch äußere Stressfaktoren hervorgerufene Cortisolproduktion die körpereigene physiologische Balance zwischen Immunsystem und Stresssystem empfindlich stören und die optimale Arbeit des Immunsystems entscheidend einschränken. Wenn ein Überschuss an Cortisol die Produktion notwendiger Immunbotenstoffe und damit wichtiger Abwehrmechanismen blockiert, leidet in dieser Situation nicht nur die alltägliche Infektionsabwehr, sondern auch die Fähigkeit des Immunsystems, tumorverdächtige Zellen zu erkennen und unmittelbar zu eliminieren.

Chronischer Stress und ein daraus resultierender beständiger Cortisolüberschuss im Organismus schränken die optimale Funktion des Immunsystems ein und werden damit zum Tumorrisiko.

Und natürlich wirkt nicht nur das körpereigene Cortisol, sondern auch eine dauerhaft verabreichte Kortisontherapie immunsuppressiv und kann das individuelle Tumorrisiko so deutlich erhöhen. Humanmedizinische Studien sprechen von einer Verdopplung der Krebserkrankungen, wenn die Arbeit des Immunsystems durch derartige notwendige Therapien beispielsweise nach Organtransplantationen einer Bremse bedarf.

Noch Aufmerksamkeit oder schon Stress? Die Mimik des Hundes zeigt Stresssituationen deutlich an.

Ernährungsfragen: Übergewicht – wertvolle Zusätze – Kohlenhydrate

Die normale artgerechte Ernährung des Hundes ist hinsichtlich der Entwicklung von Tumorerkrankungen in einigen Aspekten weit weniger risikobehaftet als die durchschnittliche Ernährung des Menschen, denn Hunde nehmen selten zu viel Zucker oder Kohlenhydrate zu sich. Eine der wichtigsten und wirksamsten Vorsorgemaßnahmen gegen Krebs aber ist auch beim Hund die unbedingte Vermeidung von Übergewicht und Fettleibigkeit! Das gilt in jeder Lebensphase, stellt aber insbesondere bei jungen Hündinnen eine effektive Prävention gegen eventuelle, im fortgeschrittenen Lebensalter auftretende Mammatumoren dar, denn ein hoher Fettanteil in der Nahrung erhöht nachweislich den Östrogenspiegel im Organismus und damit das Risiko einer initialen Schädigung des juvenilen Mammagewebes.

Vermeidung von Übergewicht ist eine der wirksamsten Maßnahmen der primären Prävention.

Neben den Geschlechts- und Gewebshormonen spielen ebenso die vom Fettgewebe produzierten Hormone eine bedeutende Rolle in der Tumorentstehung. Auch Fettgewebshormone übernehmen die Funktion von Botenstoffen und können entsprechende Rezeptoren an den Zelloberflächen aktivieren. Ihr Signal führt zur Vermehrung der zuführenden Blutgefäße und der Zellen selbst. Zahlreiche humanmedizinische Studien beschreiben den genauen Mechanismus, mit dem Fettgewebsenzyme und -hormone die Zellteilung beeinflussen, und beweisen damit den Mechanismus, der hinter den epidemiologischen Beobachtungen, wie häufig Übergewicht zu einem der auslösenden Faktoren einer Krebserkrankung wird, steht. Fettgewebshormone schaffen einen idealen Nährboden für Tumorzellen, denn sie erledigen physiologisch genau das, was auch für einen Tumor lebensnotwendig ist: Sie aktivieren die Angiogenese, die Bildung neuer Blutgefäße, die das Fettgewebe versorgen sollen, und initiieren Phasen schneller Zellteilungen. Fettzellen vermehren sich wesentlich schneller als die Zellen anderer Gewebearten. Auch veterinärmedizinische Studien zeigen, dass übergewichtige Hunde ein deutlich höheres Risiko tragen, eine Krebserkrankung zu entwickeln. Die Fettleibigkeit des Hundes durch eine vernünftige Ernährung zu unterbinden, ist eine effektive Maßnahme der Tumorprävention.

Fettzellen greifen in zahlreiche Stoffwechselprozesse des Organismus ein. Sie produzieren insbesondere Östrogen und beeinflussen so die Ausgewogenheit der Geschlechtshormone im Organismus. Daher gilt die Vermeidung von Übergewicht bei der (jungen) Hündin als eine wirkungsvolle Prävention gegen spätere Mammatumoren.

Übergewicht erhöht das Risiko einer Krebserkrankung – bei Mensch und Tier gleichermaßen.

Darüber hinaus wirkt sich auch reduzierte Bewegung, die sowohl Ursache als auch Folge einer Fettleibigkeit sein kann, negativ auf den Organismus aus. Bewegungsmangel führt unter anderem zu einer Unterversorgung des Gewebes mit Sauerstoff. Auch hier lassen sich die Ergebnisse entsprechender humanmedizinischer Studien, die Aktivität und die daraus resultierende optimierte Sauerstoffversorgung und Kreislaufanregung als Bestandteil einer erfolgreichen Tumorprävention bezeichnen, auf den Hund übertragen. Vor allem aber reduziert Bewegung die Fettzellen im Körper und damit das von ihnen ausgehende erhöhte Tumorrisiko.
Analog zu Empfehlungen in der Humanmedizin bezeichnen wissenschaftliche Studien ungesättigte Fettsäuren und das Spurenelement Selen auch in der Ernährung des Hundes als wichtige tumorpräventive Komponenten. Zudem wirken Vitamin C und Vitamin E – Vitamin E ist beispielsweise in beachtlichem Maß in Kürbiskernen oder Kür-

biskernöl enthalten – als Antioxidantien und können im Organismus gegen ein Übermaß an freien Radikalen, die aus vielen karzinogenen Substanzen entstehen, vorgehen und diese unschädlich machen.

Ungesättigte Fettsäuren sowie die Antioxidantien Selen, Vitamin C und Vitamin E sind wichtige Bestandteile der Ernährung in der Prävention und für den Tumorpatienten.

Freie Radikale entstehen während verschiedener Stoffwechselprozesse beständig in jeder Körperzelle, vor allem aber auch in der Interaktion des Organismus mit schädlichen Umwelteinflüssen wie Zigarettenrauch oder UV-Strahlung. Dabei handelt es sich um hochaggressive Sauerstoffmoleküle oder -verbindungen mit einem einzelnen Sauerstoffelektron, das hochaktiv auf der Suche nach einem Bindungspartner ist. Um die eigene Stabilität herzustellen, entreißen diese einzelnen Sauerstoffmoleküle anderen Molekülen Elektronen, um das ihnen fehlende zu ersetzen und tragen daher den treffenden Namen „freie Radikale". Mit diesen unkontrollierten biochemischen Reaktionen können sie großen Schaden anrichten und insbesondere die Struktur von Zellmembranen zerstören, was wiederum zu Veränderungen im Zellgenom führen kann. Daher gehören die freien Sauerstoffradikale zu den Faktoren, die eine Tumorentstehung fördern. Gleichzeitig aber leisten sie bei der Abwehr von mikrobiologischen Eindringlingen und der Vernichtung von Fremdzellen wertvolle Arbeit. Die meisten Organismen jedoch verfügen über weit mehr freie Radikale, als der Körper zu seinem Schutz benötigen würde. Diese Überzahl ist für das karzinogene, also krebsfördernde Potenzial der Sauerstoffradikale verantwortlich.

Einige tiermedizinische Studien belegen, dass die Lebenserwartung von Krebspatienten steigt, wenn ihre Ernährung mit ungesättigten Fettsäuren und Antioxidantien angereichert wird. Die tumorpräventive Wirkung einiger wertvoller ungesättigter Fettsäuren

Ein Übermaß an freien Radikalen beinhaltet ein hohes karzinogenes Potenzial.

basiert auf verschiedenen biochemischen Prozessen. Zum einen bilden derartige Fettsäuren antientzündliche Botenstoffe und senken damit ein tumorförderndes Entzündungsmilieu im Organismus. Zum anderen verhindern sie gleichzeitig die körpereigene Produktion entzündungsfördernder Botenstoffe und wirken so beispielsweise auch schmerzlindernd. Sie unterstützen die Mechanismen der Zellreparatur und haben darüber hinaus zahlreiche weitere positive Auswirkungen auf den Organismus.

Fettsäuren bestehen aus einer Kette von Kohlenstoffatomen und einer Carboxygruppe (–COOH), die sich aus Kohlenstoff, Sauerstoff und Wasserstoff zusammensetzt. Die einzelnen Kohlenstoffatome in der Kette sind chemisch entweder durch Einfach- oder Doppelbindungen verbunden.

Ein Kohlenstoffatom verfügt über vier Bindungsmöglichkeiten mit anderen Atomen. Zwei dieser Arme sind in einer Kohlenstoffkette bereits mit anderen Kohlenstoffatomen verbunden, die beiden anderen binden jeweils an ein Wasserstoffatom. Wenn alle freien Bindungsmöglichkeiten der Kohlenstoffatome in einer Kette mit Wasserstoff besetzt sind, ist die Fettsäure „gesättigt".

Genauso können sich in einer Fettsäure aber auch zwei Kohlenstoffatome doppelt miteinander verbinden, sodass die Fettsäure nicht mehr vollständig mit Wasserstoff gesättigt ist. Die Biochemie spricht jetzt von „ungesättigten Fettsäuren" bzw. von „mehrfach ungesättigten Fettsäuren", sobald mehr als eine Doppelbindung in der Kohlenstoffkette auftreten.

Diese Doppelbindungen stellen jedoch lediglich einen Ersatzweg dar und sind extrem instabil. Sobald ihre Elektronen einer anderen Bindungsmöglichkeit begegnen, beispielsweise einem isolierten Sauerstoffradikal, öffnet sich die Doppelbindung und bindet nun an das Sauerstoffradikal. Durch diesen Prozess der Oxidierung wird das Sauerstoffradikal für andere Zellen, deren Proteine oder Moleküle es angreifen könnte, zwar unschädlich, aber es entstehen neue Oxidationsprodukte mit einem möglicherweise zellschädigenden Potenzial. Für deren Abwehr ist zusätzlich zu den Fettsäuren eine ausreichende Aufnahme von Antioxidantien notwendig, zu denen neben den bereits erwähnten Vitaminen insbesondere auch sekundäre Pflanzenstoffe zählen.

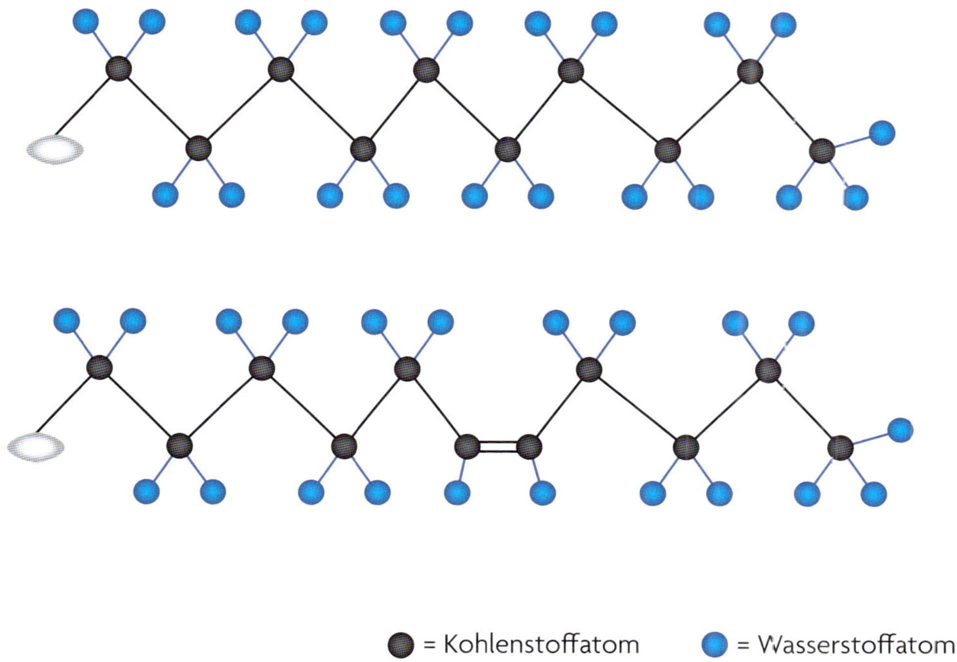

Gesättigte Fettsäure (oben). Ungesättigte Fettsäure mit Doppelbindung zwischen den einzelnen Kohlenstoffatomen (unten).

Fischöl und Lebertran sind wichtige Lieferanten von mehrfach ungesättigten Fettsäuren, vor allem Lachs enthält einen hohen Anteil. Zudem sind diese mehrfach ungesättigten Fettsäuren für Hund und Mensch auch als Nahrungsergänzungsprodukte erhältlich. Vitamine und Zusätze in höheren Dosen können für den Patienten eine wertvolle Unterstützung sein, sich zwischen den Therapietagen aus eigener Kraft gegen den Tumor zu wehren.
Zudem sollten insbesondere in der Ernährung des Tumorpatienten die schneller verdaulichen Kohlenhydrate wie Reis, Nudeln oder Weißmehlprodukte deutlich reduziert werden. Schnell verdauliche Kohlenhydrate stellen auch unmittelbar verwertbare Energie dar und führen damit zu Zuckerspitzen im Kreislauf. Protein hingegen wird im Magen-Darm-Bereich sehr viel langsamer aufgeschlossen und kann somit schrittweise in den Kreislauf gelangen und in Energie umgewandelt

werden. Deshalb führen Proteine zu sehr flachen Zuckerkurven. Zucker ist das bestverwertbare Substrat im Körper und die ideale Grundlage für Tumorwachstum, denn Tumorzellen können Zucker optimal verwerten. Daher sind auch Glucoseinfusionen für Krebspatienten keine geeignete Therapie. Die Ernährung sollte für den Tumorpatienten ähnlich wie für einen Diabetiker immer eine abgeflachte Zuckerkurve sicherstellen.

Spezielle Diäten für den Krebspatienten Hund berücksichtigen diese Ansprüche und weisen eine entsprechende Zusammensetzung auf. Sie enthalten einen hohen Anteil an ungesättigten Fettsäuren sowie antioxidativen Vitaminen und verfügen über einen hohen Proteingehalt, während die Kohlenhydrate reduziert sind. Diese Ernährungskomponenten stellen eine optimale Ergänzung zu einer etablierten Krebstherapie dar.

Leicht verdauliche Kohlenhydrate sollten in der Ernährung des Tumorpatienten deutlich reduziert werden.

Darüber hinaus liegen keine weiteren durch wissenschaftliche Studienergebnisse gesicherten Untersuchungen zur Tumorprävention durch eine geeignete Ernährung beim Hund vor. Umso umfangreicher aber präsentieren sich die zahllosen „Geheimtipps“ und „Wundermittel“ auf diversen Seiten im Internet. Humanmedizinische Untersuchungen zu dieser Thematik benennen insbesondere bestimmte molekulare Bestandteile von Obst und Gemüse, die sogenannten sekundären Pflanzenstoffe, als geeignete Bestandteile einer gezielten Tumorprävention und sprechen ihnen eine potenziell tumorhemmende Wirkung zu. Man kann davon ausgehen, dass die Inhaltsstoffe und Vitamine, auf die die schützende Wirkung von Obst und Gemüse gegen Krebs zurückgeführt wird, beim Hund ähnlich wirken wie beim Menschen. Ob Mensch oder Hund: „Krebszellen mögen keine Himbeeren“*, um einen populären Buchtitel aus diesem Bereich zu zitieren. Die Wiener Ernährungswissenschaftlerin Christine Iben erläutert das Wirkungspotenzial dieser Substanzen: „Die krebshemmende Wirkung von Himbeeren beispielsweise beruht auf der enthaltenen Ellagsäure, die zur Gruppe der Phenolsäuren gehört und auch in Brombeeren, Erdbeeren und Granatapfel enthalten ist. Eine andere Gruppe sogenannter sekundärer Pflanzenstoffe sind die Flavonoide,

* Richard Béliveau, Denis Gingras: Krebszellen mögen keine Himbeeren. Nahrungsmittel gegen Krebs. Das Immunsystem stärken und gezielt vorbeugen. 6. Auflage. München: Goldmann 2010.

von denen es circa 4.000 bis 5.000 verschiedene gibt, darunter viele Blütenfarbstoffe. Das Anthocyan beispielsweise verleiht Blüten und Früchten eine intensive rote oder rotblaue Färbung und ist in großer Menge im Granatapfel enthalten. Diese Substanzen haben sich in verschiedenen Studien als krebshemmend erwiesen, was vermutlich auf ihrer antioxidativen Wirkung basiert, mit der sie gegen sogenannte freie Radikale vorgehen. Eine der wenigen tiermedizinischen Studien in diesem Bereich konnte beispielsweise nachweisen, dass gelboranges Gemüse wie Karotten, Kürbis oder Süßkartoffel das Risiko für ein Blasenkarzinom beim Scottish Terrier, der genetisch für diese Erkrankung prädestiniert ist, signifikant senkt. Auch der Grund dafür, dass frisches Obst besonders wertvoll ist, liegt an einem Antioxidans im Schalenbereich, das das Innere der Frucht schützen soll. Dieses Antioxidans wird aber selber mit der Zeit abgebaut, sodass es immer wertvoller ist, frisches Obst zu verzehren – und Äpfel mit Schale zu essen!"*

Eine uneingeschränkte Übertragung der menschlichen Ernährung auf den Hund aber ist mit großer Vorsicht zu betrachten, denn viele Nahrungsmittel sowie Obst- und Gemüsesorten können vom Stoffwechsel des Hundes nicht verarbeitet werden und im schlimmsten Fall sogar eine toxische Wirkung entfalten! Dies gilt gleichermaßen für zahllose Empfehlungen mit vermeintlich therapeutischer Wirkung auf sogenannter alternativmedizinischer Basis. Darüber hinaus gehören Pilzgifte, mit denen Samen oder Cashewkerne belastet sein können, zu den karzinogenen Stoffen, und der regelmäßige Verzehr von Nahrungsmitteln, die mit diesen Stoffen belastet sind, erhöht die Wahrscheinlichkeit, einen Tumor zu entwickeln.

Barfen schützt nicht vor Krebs!

Auch B.A.R.F. – in der deutschen Übersetzung als biologisch-artgerechte Rohfütterung bekannt – liegt zwar im Trend, ist aber nicht ohne Risiken für den Hund.

Beim Menschen gilt es heute als belegt, dass ein hoher Fleischanteil in der Ernährung die Entstehung verschiedener Tumorerkrankungen begünstigt. Darüber hinaus wurde in zahlreichen Studien eine statistisch eindeutige Korrelation zwischen einem hohem Rindfleischverzehr und dem Auftreten von Darmkrebs nachgewiesen – ein Zusammenhang, der auf bestimmten Viren, die im Rindfleisch vorhanden sind, basieren könnte. Einer viel beachteten tiermedizinischen Studie

* „Sommerfrische am Speiseplan. Obst und Gemüse in der Hundeernährung" – Kerstin Piribauer im Gespräch mit Ao. Univ.-Prof. Dipl. ECVCN Dr. med. vet. Christine Iben (Veterinärmedizinische Universität Wien). mein HAUSTIER – Gesundheitsmagazin für Tiere 3/2019, S. 16 – 18.

zufolge ist die Ernährung mit selbst zusammengestellten Futterrationen mit einem deutlich erhöhten Auftreten von Mammatumoren assoziiert, insbesondere wenn diese einen hohen Anteil von rotem Fleisch wie Rind oder Schwein enthalten.*
Es gibt bisher keinen gesicherten Beweis dafür, dass Barfen unseren vierbeinigen Freund vor einer Krebserkrankung schützt, Rohfütterung kann im Gegenteil gerade beim erkrankten Hund in vielfacher Hinsicht eine zusätzliche Belastung für das Immunsystem darstellen. Viele B.A.R.F.-Futterproben weisen eine überdurchschnittlich hohe Keimbelastung mit mehr als 50.000 lebenden Keimen pro Gramm Fleisch auf, was für einen gesunden Hund im Idealfall noch kein Problem darstellen mag. Ist das Immunsystem aber durch das Alter des Hundes, durch schwerwiegende Erkrankungen oder die Gabe von immunsuppressiven Medikamenten wie beispielsweise Kortison oder beim Tumorpatienten durch eine Chemotherapie geschwächt, dann können auch andere Infektionen vermehrt auftreten. Von daher ist die Fütterung mit ausschließlich gekochten Lebensmitteln in diesen Fällen vorzuziehen.

Hormone als Karzinogene

Hormone gehören zu den wichtigsten Botenstoffen im Organismus und haben beträchtlichen Einfluss auf die unterschiedlichsten Zellaktivitäten. Dabei ist ihre physiologische Wirkung wie beispielsweise in der Wachstumsphase eines Organismus oder im Fortpflanzungszyklus der Hündin immer mit einem verstärkten Zellwachstum verbunden. Die vermehrte Zellteilungsaktivität beinhaltet wieder ein erhöhtes Fehlerpotenzial bei der Transkription des genetischen Codes und der nachfolgenden Proteinproduktion, sodass das hormonelle Geschehen auch über diesen Mechanismus zur Karzinogenese beitragen kann. Die frühen hormonellen Einflüsse sind unverzichtbar für die physiologische Entwicklung der Milchdrüsen der Hündin, aber eine erhöhte Östrogenaktivität erhöht auch die Mutationsrate des Mammagewebes. Diese frühen Zellschädigungen können als Initiation den Grundstein zu einer späteren Tumorerkrankung legen und sich im Laufe einer über Jahre hinziehenden Karzinogenese zu malignen Krebserkrankungen der Milchleiste entwickeln.

* Pérez Alenza D, Rutteman GR, Peña L, Beynen AC, Cuesta P. Relation between habitual diet and canine mammary tumors in a case-control study. J Vet Intern Med. 1998;12(3):132–139. doi:10.1111/j.1939-1676.1998.tb02108.x.

Die Entwicklung des Mammakarzinoms*

Die Onkologie geht beim Mammakarzinom der Hündin von einer mehrstufigen Entwicklung aus, einem „histologischen Kontinuum", in dessen Verlauf sich hyperplastische Knoten, die zunächst keinerlei Malignität aufweisen, zu einem infiltrativ wachsenden Karzinom entwickeln. Als Initiation gilt dabei der hormonelle Einfluss des Östrogens auf die Milchdrüsen der Junghündin. Aus hyperplastischen Vorstufen können sich durch den Einfluss verschiedener Promotoren, bei denen die Sexualhormone eine bedeutende Rolle spielen, benigne Neoplasien oder „In situ"-Karzinome (Karzinome in der Entstehung) entwickeln. Das maligne Karzinom stellt schließlich die Endstufe dieses Prozesses dar.
Eine Vielzahl unterschiedlicher Faktoren, die das Mammakarzinom der Hündin charakterisieren, unterstützt die Annahme einer derartigen Entwicklung:

- Sind bei einer Hündin mehrere Mammatumoren gleichzeitig vorhanden, weisen diese oft eine unterschiedliche Histologie auf und gehören damit verschiedenen Subtypen des Mammakarzinoms an. Deswegen müssen bei multipel auftretenden Mammatumoren auch ALLE Knoten histologisch untersucht werden.
- Auch ein einzelner Mammatumor kann sich sehr heterogen darstellen. Innerhalb eines einzigen Tumors kann es Bereiche unterschiedlicher Dignität und Differenzierung geben.
- Ursprünglich benigne Tumoren können zu malignen Tumoren entarten. Ebenso können sich Karzinome von zunächst niedriger Malignität zu hochgradig malignen Karzinomen entwickeln.
- Je größer der Tumor, desto höher ist die statistische Wahrscheinlichkeit, dass es sich um einen malignen Tumor handelt.
- Hündinnen, bei denen bereits einmal ein benigner oder maligner Mammatumor nachgewiesen wurde, haben ein dreifach höheres Risiko, erneut ein Mammakarzinom zu entwickeln als bisher gesunde Hündinnen.

* nach Dr. med. vet. Martin Kessler: „Karzinom ist nicht gleich Karzinom. Was muss der Praktiker über die Pathologie caniner Mammatumoren wissen?" – Vortrag im Rahmen der 28. VÖK-Jahrestagung. Salzburg, 21. September 2013.

Auch kleine Tumoren der Milchleiste sollten schnellstmöglich entfernt werden! Abwarten ist wie bei jedem Tumor so auch hier der absolut falsche Weg und kann eine ursprünglich gute Prognose für die Hündin entscheidend verschlechtern!

Auch wenn noch viele andere Faktoren in die Entscheidung für oder gegen eine Kastration der Hündin einbezogen werden müssen, so steht ihre vorbeugende Wirkung gegen Mammatumoren in der medizinischen Literatur und Praxis außer Frage. Internationale Studien konnten mehrfach nachweisen, dass der Zeitpunkt der Kastration einen nicht zu unterschätzenden Einfluss auf das östrogenbedingte Auftreten von Mammatumoren hat. Je früher die Kastration erfolgt, beispielsweise nach der ersten oder zweiten Läufigkeit, desto höher ist der Schutz vor späteren Mammatumoren. Ältere Studien, die diesen Zusammenhang aufzeigen, werden heute zwar oft infrage gestellt, konnten aber niemals wirklich widerlegt werden und bestätigen sich zudem in der praktischen Anwendung. Eine spätere Kastration nach mehreren Läufigkeiten bietet keinen signifikanten Schutz mehr gegen das Mammakarzinom.

Den präventiven Charakter einer frühen Kastration in Bezug auf das Mammakarzinom belegt auch eine Studie aus dem Jahr 2013,* die darüber hinaus nachweisen konnte, dass kastrierte Hunde beider Geschlechter eine signifikant höhere Lebenserwartung haben als intakte Hunde. Eine Sterilisation erhöht die Lebenserwartung demnach um 13,8 Prozent bei Rüden und um 26,3 Prozent bei Hündinnen. Dass dieser weitaus höhere Wert bei Hündinnen zum großen Teil dem präventiven Charakter der Kastration gegen den Mammatumor zuzuschreiben ist, ist eine naheliegende Schlussfolgerung. Zudem vergleicht diese Studie die Todesursachen kastrierter und nicht kastrierter Hunde und kommt dabei zu dem im ersten Moment scheinbar widersprüchlichen Ergebnis, dass kastrierte Hunde in der Gesamtheit häufiger an Tumorerkrankungen versterben als unkastrierte. Spezifische Einflüsse der Geschlechtshormone auf die Karzinogenese sind aber bisher nur beim Mam-

* Hoffman JM, Creevy KE, Promislow DE. Reproductive capability is associated with lifespan and cause of death in companion dogs. PLoS One. 2013;8(4):e61082. Published 2013 Apr 17. doi:10.1371/journal.pone.0061082.

matumor nachgewiesen, während der direkte Zusammenhang der Geschlechtshormone mit der Karzinogenese anderer Tumoren molekularbiologisch nicht geklärt ist. Die in dieser Studie epidemiologisch nachgewiesene insgesamt höhere Anzahl an Tumorerkrankungen kann durchaus auch die Folge der signifikant höheren Lebenserwartung und dem damit verbundenen Anstieg des Risikos, eine Tumorerkrankung zu entwickeln, sein. Zudem ist bei der Interpretation derartiger Ergebnisse immer zu beachten: Epidemiologische Studien beweisen wie beim Menschen so auch beim Hund keine Kausalzusammenhänge.
Die Kastration der Hündin als präventive Möglichkeit, eine potenzielle Krebserkrankung der Milchleiste zu verhindern, bleibt auch unter dem Blickwinkel dieser neueren Erkenntnisse eines der schwerwiegendsten Argumente in der kontrovers und zumeist sehr emotional diskutierten Frage nach der Sinnhaftigkeit dieses Eingriffs. Hierbei könnte vor allem der zusätzliche Aspekt einer möglicherweise vorhandenen genetischen Prädisposition für diese Erkrankung in verschiedenen Rassen und Familien als eine weitere Entscheidungsgrundlage für oder gegen eine Kastration in die Überlegung einbezogen werden.

Der Aspekt einer genetischen Prädisposition für das Mammakarzinom, die auf Mutationen in den Tumorsuppressorgenen BRCA1 und BRCA2 basieren könnte, sollte in die Überlegungen zum Für und Wider einer Kastration der Hündin einfließen.

Mit einem zweieinhalbfach erhöhten Risiko für die Entstehung eines Mammatumors behaftet ist zudem die bei Hündinnenbesitzern teilweise noch immer favorisierte Form der Läufigkeitsunterdrückung durch die Anwendung von Medroxyprogesteron (MPA), die hinlänglich bekannte läufigkeitsaufschiebende Spritze. Bereits die niedrig dosierte Verabreichung dieses synthetischen Progesterons führt zu einem signifikant höheren Risiko für das Auftreten von Mammatumoren, von denen zudem mehr als 90 Prozent bösartig sind. Die Entscheidung, dieses Hochrisikokarzinogen zu vermeiden, dürfte nach den diesbezüglichen wissenschaftlichen Erkenntnissen und in einer Zeit, in der die veterinärmedizinische Gynäkologie Alternativen anbieten kann, keinem Hündinnenbesitzer mehr schwerfallen.

Beim Rüden stellt eine Kastration KEINE geeignete präventive Maßnahme gegen Tumorerkrankungen dar.

Anders als bei der Hündin hat die Kastration beim Rüden keinen tumorpräventiven Charakter. Im Gegenteil: Kastrierte Rüden erkranken deutlich häufiger an einem Prostatakarzinom als unkastrierte. Hormonell bedingt entwickelt der unkastrierte Rüde in den weitaus meisten Fällen nur benigne Prostatahyperplasien, die nicht in allen Fällen einer Behandlung bedürfen.

Die Risikofaktoren, die bei unseren Hunden die Wahrscheinlichkeit einer Krebserkrankung erhöhen, lassen sich ähnlich wie beim Menschen zusammenfassen:

- Zahlreiche epidemiologische und zunehmend auch molekulargenetische Studien belegen, dass der Vererbung von Mutationen in wichtigen Tumorsuppressorgenen und den daraus resultierenden **genetischen Prädispositionen** beispielsweise für Lymphome, Mastzelltumoren oder Mammatumoren eine hohe Bedeutung zukommt.
- Die **Umweltbelastungen** und ihre zellschädigenden Wirkungen treffen Mensch wie Tier gleichermaßen. Einigen Karzinogenen, beispielsweise Pestiziden, die im Garten oder in der Landwirtschaft eingesetzt werden, ist der Hund intensiver ausgesetzt als der Mensch.
- **Chronische Entzündungen** schaffen ein optimales Umfeld für die Entwicklung und Vermehrung von Tumorzellen.
- **Chronischer Stress** kann die Arbeit des Immunsystems behindern und damit das Tumorrisiko erhöhen.
- **Übergewicht** erhöht das Erkrankungsrisiko um ein Vielfaches.
- **Hormonell gesteuerte Vorgänge** und insbesondere die Möglichkeiten ihrer Beeinflussung beinhalten oft ein karzinogenes Risiko.

In den seltensten Fällen ist ein Risikofaktor allein für die Entstehung eines Tumors verantwortlich. Es sind die Summe und das Zusammentreffen unterschiedlicher Risiken, die am Ende zum Ausbruch der Erkrankung führen. Es gibt viele Möglichkeiten und Ansätze der Vorbeugung, immer aber gilt: Wo es ein Risiko gibt, gibt es die Chance zur Prävention!

Früherkennung und Nachsorge = sekundäre und tertiäre Prävention

Die Früherkennung ist einer der wichtigsten Faktoren, der über den Erfolg einer Krebstherapie entscheidet. Je früher ein Tumor erkannt wird, desto größer ist die Chance auf eine vollständige Heilung. In diesem Punkt gibt es keinen Unterschied zwischen Human- und Tiermedizin.

Die Vorsorgeuntersuchung sollte daher auch für unseren besten Freund auf vier Pfoten zur Selbstverständlichkeit werden. Zudem gehört die genaue diagnostische Abklärung immer wiederkehrender Symptome zu den wichtigsten Maßnahmen der sekundären Prävention.

Tertiäre Prävention bedeutet effektive Nachsorge nach erfolgter Tumortherapie.

„Irgendwie war er früher lebhafter." – „Ja, da siehst Du, wie die Zeit vergeht. Auch die Hunde werden älter!" – „Und Fressen mag er auch nimmer so, wie ich's gewohnt war." – „Ist ja kein Wunder, dass er keinen Appetit hat, wenn er ganzen Tag nur herumliegt." – „Ja, er schläft jetzt wirklich viel mehr!" – „Du, das ist sicher das Wetter. Wirst sehen, das vergeht…" – Bekannte Dialoge mit den Bekanntschaften auf der Hundewiese, im Wartezimmer des Haustierarztes oder in der täglich besuchten Social-Media-Gruppe! Geht es in diesen Gesprächen eines Tages um den eigenen Hund, sollten wir damit schleunigst keine wertvolle Zeit mehr verschwenden! Die beste Lebensversicherung für den Hund ist ein Tierarzt, der auf der Basis von evidenzbasiertem Wissen, Erfahrung und Empathie für das individuelle Mensch-Hund-Team, das ihm gegenübersteht, die notwendigen Empfehlungen gibt. Er allein kann bei der Ursachenforschung für die Veränderungen, die wir an unserem vierbeinigen Freund beobachten, eine echte Hilfestellung bieten. Darüber hinaus kann die Bereitschaft, die aktuellen diagnostischen Möglichkeiten auszuschöpfen und zum gegebenen Zeitpunkt interdisziplinär zu arbeiten und spezialisierte Fachtierärzte hinzuzuziehen, in der sekundären und tertiären Prävention von entscheidender Bedeutung sein.

Früherkennung ist der Weg zur Heilung!

Früherkennung als sekundäre Prävention

Die Früherkennung einer Krebserkrankung stellt oft eine große Herausforderung dar und erfordert die volle Aufmerksamkeit des Besitzers und des Tierarztes. Gerade die eher unspezifischen Anzeichen, dass „irgendwas nicht stimmt", sind Warnsignale des Körpers und müssen ernst genommen werden. Vermutungen sollten nicht im Raum stehen bleiben, sondern diagnostisch abgeklärt werden. Diese akribische, manchmal auch detektivische Arbeit muss vor allem dann erfolgen, wenn wir bei unserem vierbeinigen Partner ein Symptom der „WARNUNG"* feststellen. Zwar können diese Verdachtsmomente durchaus auch auf harmlose Prozesse und gut behandelbare Erkrankungen hinweisen, aber genauso auf ein bisher unerkanntes Tumorgeschehen zurückzuführen sein.

W **W**arzen und Muttermale, die sich verändern
A **A**nhaltender Husten und Heiserkeit
R **R**egelmäßige Schluck- und Verdauungsbeschwerden
N **N**eu entstandene Knoten der Haut oder Unterhaut, Milchleiste und Hoden
U **U**ngewöhnliches Trinkverhalten und/oder Harnabsatzverhalten
N **N**icht heilende Wunden, auch in der Maulhöhle
G **G**eringe Mengen Blut im Harn oder Kot bzw. Störungen beim Harn- oder Kotabsatz

Wird eine Krebserkrankung frühzeitig erkannt, bestehen auch in der Veterinärmedizin in vielen Fällen optimale Chancen auf eine vollständige Heilung. Die frühe Diagnostik ist der Weg zur Heilung, denn die Möglichkeiten, Krebs erfolgreich zu therapieren, hängen insbesondere von zwei entscheidenden Faktoren ab: zum einen von der Art des Tumors, zum anderen von dem Erkrankungsstadium, in dem der Patient sich befindet. Das größte Potenzial der Onkologie liegt auch heute noch in einem möglichst frühen Zeitpunkt der Diagnosestellung. Noch ist der Tumor klein und kann oftmals allein mit einem chirurgischen Eingriff, der sich an den Gesetzen der onkologischen Chirurgie orientiert, vollständig entfernt werden, sodass der Hund geheilt ist. Diese Frühdiagnostik wird daher auch als sekundäre Prävention bezeichnet.

* Dr. med. vet. Michael Willmann: „Krebs bei unseren Hunden – Wissen hilft Heilen. Informationen für verantwortungsbewusste TierbesitzerInnen" (Vortrag im Rahmen des Seminars „Der ältere Hund – Erkrankungen frühzeitig erkennen & behandeln"), Österreichischer Kynologenverband – ÖKV-Akademie, 18. Oktober 2008.

Früherkennung ist sekundäre Prävention, denn der Tumor ist klein, und der Patient kann oftmals mit einer Operation, die den besonderen Gesetzen der Tumorchirurgie folgt, geheilt werden.

Abwarten ist für Tierbesitzer und Tierarzt heute keine Option mehr. „Es greift sich an wie ein Lipom!" – auch diese Verdachtsdiagnose sollte heute keinesfalls mehr im Raum stehen bleiben, sondern im Idealfall nach einer einfachen und den Hund keineswegs belastenden Untersuchung, der Feinnadelaspirationsbiopsie, über die wir im nachfolgenden Kapitel mehr lesen werden, im Labor verifiziert werden. Natürlich kann sich die gutartige Verdachtsdiagnose bestätigen, aber ebenso kann es sich bei der Veränderung um einen Mastzelltumor, ein Liposarkom oder auch ein sehr weiches malignes Fibrosarkom handeln. Ohne weitere labortechnische Zell- und Gewebeuntersuchungen kann niemand mit Sicherheit sagen, um welchen Tumor es sich handelt.

Werden Mastzelltumoren frühzeitig entfernt, haben sie in vielen Fällen eine günstige Prognose. Vor allem beim Boxer besteht eine rassebedingte Prädisposition für Mastzelltumoren – vorrangig für geringgradig maligne Typen, sodass eine großräumige chirurgische Entfernung dieser kleinen Primärtumoren im frühen Stadium in den weitaus meisten Fällen kurativ ist. Der chirurgische Eingriff ist in diesen Fällen sekundäre Prävention!

In der sekundären Prävention haben Vorsorgeuntersuchungen beim Hund genauso wie beim Menschen einen nicht zu unterschätzenden Stellenwert. Der richtige Zeitpunkt für den Beginn dieser eventuell lebenswichtigen Präventivmaßnahme hängt von der Rasse und vor allem von der Größe des Hundes ab. Bei großen Hunden sollten diese Vorsorgeuntersuchungen bereits in einem Alter von fünf bis spätestens sieben Jahren beginnen, bei kleinen Hunden empfiehlt sich eine regelmäßige Vorsorgeuntersuchung spätestens ab dem achten bis zehnten Lebensjahr. Dabei darf natürlich keinesfalls vergessen werden, dass auch weit jüngere Hunde eine Tumorerkrankung entwickeln können. Diese Vorsorgeuntersuchung sollte eine klinische Untersuchung, ein Blutbild, eine blutchemische Analyse und eine Ultraschalluntersuchung des Bauchraumes umfassen und jährlich wiederholt werden. Zumindest bei einigen Krebserkrankungen ergibt sich daraus die möglicherweise lebensrettende Chance, einen potenziellen Tumor frühzeitig zu erkennen und den Patienten im Rahmen der sekundären Prävention zu heilen.

Nicht alle Tumoren sind an der Körperoberfläche sichtbar. Dennoch gibt es eine Vielzahl von unspezifischen Symptomen, die auf einen möglichen Tumor hinweisen können, wenn sie wiederholt oder regelmäßig auftreten:

- Blutungen/Verstopfungen des Magen-Darm-Traktes
- Durchfall
- Erbrechen
- Neurologische Symptome
- Blutiger Harn
- Nasenausfluss
- Hormonelle Symptome

Insbesondere wenn Symptome im Magen-Darm-Trakt, Nasenausfluss oder blutiger Harn, neurologische oder hormonelle Symptome regelmäßig auftreten, darf die Möglichkeit eines tumorösen Hintergrunds in der Ursachensuche und Diagnostik nicht außer Acht gelassen werden. Leidet ein Hund regelmäßig unter Durchfall, hat er nicht zwingend eine Futtermittelunverträglichkeit entwickelt, sondern die Ursache für dieses chronische oder regelmäßig wiederkehrende Problem könnte auch ein Tumor sein. Ein Symptom wird verdächtig, wenn es über einen begrenzten Zeitraum hinweg mehrfach auftritt. Monatlich wiederkehrende Verdauungsprobleme beispielsweise müssen diagnostisch abgeklärt werden. Mit einer Ausschlussdiät lässt sich eine Futtermittelunverträglichkeit sehr gut nachweisen oder auch ausschließen. Hat der Hund nach einer Ernährungsumstellung weiterhin immer wieder Verdauungsprobleme, ist mit hoher Wahrscheinlichkeit ein organisches Problem die Ursache. Aber auch eine „nur“ durch eine Futtermittelunverträglichkeit hervorgerufene chronische Magen-Darm-Entzündung, die lange unbehandelt bleibt, kann zu einer Krebserkrankung führen. Auch ein Mensch, der regelmäßig an Sodbrennen leidet, trägt wegen der immer wieder in die Speiseröhre zurücklaufenden Magensäure ein deutlich erhöhtes Risiko, ein Speiseröhrenkarzinom zu entwickeln.

Neurologische Symptome, zu denen beispielsweise epileptische Anfälle, das Vestibularsyndrom oder progressiv fortschreitende Lähmungen gehören, bedürfen nach einer neurologischen Untersuchung zumeist einer weiteren bilddiagnostischen Abklärung mittels Magnetresonanztomografie. Tumoren im Zentralnervensystem können hier die Ursache sein.

Andere beim Hund oft bagatellisierte Symptome sind Nasenausfluss oder blutiger Harn. Natürlich kann die Ursache dafür in einer vorübergehenden Infektion liegen. Spätestens bei wiederholtem Auftreten aber sollte die Ursache dieser Symptome diagnostisch genauestens abgeklärt werden.

Auch hormonelle Symptome sind in vielen Fällen mit spezifischen onkologischen Fragestellungen verbunden. Ein Cushingpatient beispielsweise leidet unter einer übermäßigen Cortisolproduktion, die über einen Botenstoff aus der Hirnanhangdrüse, der Hypophyse, gesteuert wird. Die Störung dieses Steuerungsmechanismus ist eine mögliche Ursache für die übermäßige Cortisolproduktion und basiert zumeist auf gutartigen Makroadenomen der Hypophyse. Obwohl es sich dabei um einen benignen Tumor handelt, können dessen zu erwartendes Größenwachstum und der daraus resultierende Druck im Gehirn in fortgeschrittenem Stadium das Zentralnervensystem beeinträchtigen und neurologische Symptome hervorrufen. Eine andere Ursache für die Überproduktion von Cortisol kann ein Nebennierentumor sein, der hier zu einer erhöhten Hormonproduktion führt. Eine Schilddrüsenüberfunktion, die durch die vermehrte Hormonproduktion eines Schilddrüsenkarzinoms ausgelöst wird, tritt bei Hunden eher selten auf, da Schilddrüsentumoren des Hundes zumeist hormonell inaktiv sind. Der Hodentumor des Rüden hingegen zählt zu den hormonell aktiven Tumoren und kann nicht nur bei intakten Rüden auftreten. Insbesondere bei Rüden ohne physiologischen Hodenabstieg neigen die im Bauchraum verbliebenen Hoden zur Entartung und sollten daher unbedingt entfernt werden. Hodentumoren gehören wie die Eierstocktumoren der Hündin zu den Östrogen produzierenden Tumoren. Zu den Symptomen zählen daher insbesondere beim Rüden unübersehbare Merkmale einer Feminisierung: Unter dem Einfluss des weiblichen Hormons Östrogen verändert sich sein Haarkleid, und auch die Zitzen werden größer.

Tumorkontrolle als tertiäre Prävention

Konnte dank frühzeitiger Diagnose eine erfolgreiche Therapie durchgeführt werden, kommt auch der Nachsorge für den Patienten, der tertiären Prävention, wesentliche Bedeutung zu. Eine gezielte Nachsorge im Anschluss an eine onkologische Behandlung ist unumgänglich. Wichtigstes Ziel dieser tertiären Prävention ist zu verhindern, dass der Tumor sich erneut im Organismus ausbreitet. Mögliche Rezidive zu kontrollieren und gegebenenfalls frühzeitig zu erkennen, ist die Aufgabenstellung der tertiären Prävention im Anschluss an eine onkologische Therapie. Daneben steht der Erhalt der Lebensqualität für den Patienten im Mittelpunkt der unterschiedlichsten therapeutischen Maßnahmen, die von der physiotherapeutischen Mobilisierung des Patienten bis hin zur Verbesserung der Immunabwehr mit sinnvollen komplementärmedizinischen Methoden viele unterschiedliche Ansätze umfassen können. Insbesondere nach einer Chemotherapie sollte das Immunsystem gezielt unterstützt werden, um das Risiko möglicher Sekundärtumoren als Spätfolge zu minimieren.

Die tertiäre Prävention beinhaltet alle Optionen, die das Risiko für eine erneute Tumorentstehung minimieren.

Potenziale der Tumorprävention*

Primäre Tumorprävention – echte Tumorverhütung
Identifizieren und Entfernen von Karzinogenen aus der Nahrungskette und der Umwelt.

Sekundäre Tumorprävention – Krebsfrüherkennung
Patienten in einem frühen Krebsstadium können häufig geheilt werden.

Tertiäre Tumorprävention – Rezidivprophylaxe
Eine Nachsorge soll Rezidive verhindern oder einer Verschlimmerung der bestehenden Erkrankung vorbeugen und eine hohe Lebensqualität sichern.

* Dr. med. vet. Michael Willmann: „Potenzial und Risiken in der Onkologie: Eine objektive Gegenüberstellung". Vet-Journal 02/2012, S. 16 – 22.

Wir fassen zusammen

Prävention bedeutet Vorsorge und beginnt im alltäglichen Leben von Mensch und Hund. Hier gibt es viele Möglichkeiten, bekannte karzinogene – krebserregende – Substanzen und Faktoren zu vermeiden und damit aktiv und bewusst primäre Prävention zu betreiben.

Krebs ist eine multifaktorielle Erkrankung. In den seltensten Fällen ist ein Risikofaktor allein für die Entstehung eines Tumors verantwortlich. Am Ende ist es die Summe vieler einzelner Faktoren, die zum Ausbruch der Krankheit führt.

Angesichts der zahlreichen Rassedispositionen für unterschiedliche Krebserkrankungen könnte der Zucht in der Prävention eine bedeutende Rolle zukommen. Bevor in Zukunft molekulargenetische Testverfahren die Selektion in diesem Bereich eventuell erleichtern werden, ist ein möglichst geringes Inzuchtniveau mit einer vielfältigen genetischen Ausstattung des einzelnen Individuums wahrscheinlich der beste Schutz gegen Tumorerkrankungen.

Zu den großen Risikofaktoren für eine Krebserkrankung gehören Faktoren der Umwelt wie Chemikalien, Viren oder Strahlenbelastung, aber auch Aspekte, die im individuellen Organismus begründet liegen: genetische Prädispositionen, die hormonelle Konstitution des Körpers oder Übergewicht.

Früherkennung ist die Chance zur Heilung! Auch unspezifische Warnzeichen müssen ernst genommen und abgeklärt werden. Regelmäßige Vorsorgeuntersuchungen sollten auch für den Hund in fortgeschrittenem Alter selbstverständlich sein, um einen eventuellen Tumor möglichst frühzeitig zu erkennen und im Rahmen der sekundären Prävention heilen zu können.

Nach einer Tumortherapie kann die tertiäre Prävention wesentlich dazu beitragen, Rezidive zu verhindern oder die Lebensqualität bei einer unheilbaren Erkrankung zu sichern.

Wo es ein Risiko gibt, gibt es die Chance zur Prävention!

4. Diagnose

Die vollständige diagnostische Abklärung einer Tumorerkrankung ist die unverzichtbare Voraussetzung für eine Erfolg versprechende Therapie.

Drei Schritte,

- *eine erste zytologische Einschätzung des Gewebes,*
- *die pathohistologische und gegebenenfalls immunhistologische Analyse des Tumorgewebes sowie*
- *die Feststellung des klinischen Stadiums der Erkrankung, das sogenannte Staging,*

führen zu einer genauen Diagnose und nachfolgend zu einem individuellen Therapieplan, der dem jeweiligen biologischen Verhalten des Tumors, seiner bisherigen Ausbreitung im Organismus und dem Allgemeinzustand des einzelnen Patienten entspricht.

Keine Halbheiten!

Eine genaue Diagnose hat absolut oberste Priorität für den Tumorpatienten! Sie ist die bedingungslose Voraussetzung, um fundierte und richtige Entscheidungen für das Leben des erkrankten Hundes zu treffen und eine optimale Therapie zu planen. Selbst wenn die therapeutischen Möglichkeiten gering sein sollten, unterstützt die Sicherheit einer genauen Diagnose immer die eigene Akzeptanz jeder verantwortungsbewussten Entscheidung im Interesse des Hundes.

Die diagnostischen Möglichkeiten einer Tumorerkrankung haben in den vergangenen Jahren auch in der Tiermedizin bedeutende Fortschritte gemacht und geben heute jedem betroffenen Patienten die Chance auf eine individuelle, genau auf seine Erkrankung und seine Gesamtsituation abgestimmte Therapie. Angesichts des Potenzials der modernen Onkologie gibt es für die vagen Vermutungen „wahrscheinlich war es ein Tumor" – „man hätte sicher nichts mehr tun können" keine medizinische Begründung oder Rechtfertigung mehr! Daran ändert auch die traurige Tatsache, dass man diese Worte noch immer allzu oft hören muss, absolut nichts.

Diagnostik als einzig verantwortbare Entscheidungsgrundlage

Die ersten grundlegenden diagnostischen Möglichkeiten stehen jedem Hundebesitzer und seinem Begleiter beim Haustierarzt zur Verfügung. Zellentnahmen oder Gewebebiopsien offensichtlicher Hautveränderungen, die in der Folge labordiagnostisch genau untersucht werden, können am Beginn der Diagnostik bereits viele Fragen beantworten. Ein Blutbild kann Hinweise auf eine eventuell vorliegende Tumorerkrankung geben, und auch die bildgebende Diagnostik bietet in vielen Fällen die Möglichkeit, eventuelle Veränderungen an den inneren Organen rechtzeitig zu erkennen und weitere diagnostische Schritte einzuleiten, wenn die Notwendigkeit dafür besteht.

Ohne vollständige Diagnose kann niemand eine verantwortbare Entscheidung treffen – weder für eine Therapie noch für die Euthanasie.

Lässt sich bei unserem Hund eine Gewebezubildung ertasten oder wird eine Hautveränderung sichtbar, ist es Zeit zum Handeln. Abwarten und Beobachten bedeuten für unseren vierbeinigen Partner ein unkalkulierbares Risiko. Im Interesse des Patienten muss immer die Entscheidung für einen zeitnahen Tierarztbesuch und gegebenenfalls eine genaue diagnostische Abklärung fallen. Wir müssen handeln, und zwar jetzt, denn unser Hund verdient keine Halbheiten!

Drei Teilschritte führen zu einer Entscheidungsgrundlage, auf deren Basis die notwendigen weiteren Schritte und schließlich die Therapien geplant werden können. Einer ersten Gewebeeinschätzung folgt gegebenenfalls eine genaue Gewebediagnose, und am Ende steht das sogenannte Staging: Dabei wird mit unterschiedlichen, auf den jeweiligen Tumor abgestimmten labordiagnostischen und bildgebenden Verfahren die aktuelle Ausbreitung der Tumorzellen im Organismus und damit das Krankheitsstadium des Patienten bestimmt. Nur eine vollständige Diagnostik, die das veränderte Gewebe genau charakterisiert und an deren Ende umfassende Informationen über eine eventuelle Ausbreitung der Erkrankung im gesamten Organismus stehen, kann einen adäquaten Therapieplan und eine sinnvolle Therapieentscheidung für den betroffenen Hund nach sich ziehen – auf Basis einer soliden Einschätzung der Prognose für den individuellen Patienten.

Um am Ende der diagnostischen Maßnahmen eine sinnvolle Therapieentscheidung zu treffen, müssen die folgenden Fragen vollständig beantwortet sein:

- Um welchen Tumor handelt es sich?
- Wie groß ist der Primärtumor?
- Gibt es Metastasen?
- Gibt es Komplikationen durch allgemeine Symptome, die eventuell auf den Tumor zurückzuführen sind (paraneoplastische Symptome)?
- Wie ist der Allgemeinzustand des Patienten?

Prognose und Überlebenszeit

Jede Entscheidung für oder gegen eine Therapie ist mit der Frage nach der zu erwartenden Überlebenszeit des Patienten verbunden, denn die an die mediane Überlebenszeit geknüpfte Prognose ist der wichtigste statistische Gradmesser, um die Effizienz und den Erfolg unterschiedlicher Therapien zu vergleichen. Obwohl diese Prognose für jeden Besitzer eines erkrankten Hundes zweifellos ein beherrschendes Thema ist, ist eine pauschale und für jeden Patienten verbindliche Antwort unmöglich. Die Überlebenszeit des einzelnen Patienten hängt von unzähligen individuellen Faktoren ab: vom Stadium der Erkrankung selbst, von eventuellen anderen Grunderkrankungen, von der allgemeinen körperlichen und nicht zuletzt auch psychischen Disposition des vierbeinigen Patienten. Eine individuelle Prognose kann somit – wenn überhaupt – nur in einer umfassenden Betrachtung der speziellen Gesamtsituation für den jeweiligen Einzelfall gestellt werden.
Standardprognosen der medizinischen Literatur, die selbstverständlich Grundlage für die tierärztliche Arbeit sind, basieren auf statistischen Angaben zur Überlebenszeit. Dieses Wissen ist für den Tierarzt und insbesondere für die tiermedizinische Forschung ein ebenso wichtiges wie unersetzliches Instrument, um die Wirksamkeit und Effektivität unterschiedlicher Therapieformen miteinander zu vergleichen und so zu einer sachlich fundierten Empfehlung für den Patienten zu gelangen. Diese Standardprognosen sagen aber nichts über den einzelnen Patienten in seiner individuellen Situation aus. Hier kann die Realität vollkommen anders aussehen – in die eine oder auch in die andere Richtung. Für eine Therapieentscheidung ist die zu erwartende statistische Überlebenszeit ein entscheidendes Maß, für den einzelnen Patienten und seinen Besitzer aber dürfen diese Angaben keinesfalls zu Missverständnissen führen! Der damit unvermeidbar verbundene psychische Druck würde die – für die Überlebenszeit so unverzichtbare! – Lebensqualität entscheidend mindern und könnte die Überlebenszeit so vielleicht sogar verkürzen.
Dass die ursprüngliche tierärztliche Prognose und die dann tatsächlich noch gemeinsam verbrachte Lebenszeit im Empfinden des Besitzers scheinbar oft weit auseinander liegen, hat noch einen anderen Grund: Der oftmals verwendete Begriff der „mittleren Überlebenszeit" ist eine missverständliche Übersetzung der Fachsprache, wo zumeist von einer „medianen Überlebenszeit" die Rede ist. Die mathematische Berechnung dieser statistischen Angabe basiert nicht auf der mittleren, im Sinne von durchschnittlicher Überlebenszeit aller Patienten, die ja erst berechnet werden könnte, wenn alle Patienten einer entsprechenden Studie ver-

storben sind, sondern sie gibt den Zeitpunkt an, an dem 50 Prozent der in eine Studie integrierten Patienten verstorben sind. Somit beinhaltet der Wert der medianen Überlebenszeit keinerlei Angabe dazu, wie lange die anderen 50 Prozent überleben. Ein einfaches Rechenbeispiel zeigt den bedeutenden Unterschied: Wenn sechs Hunde an einer Studie teilnehmen, können sich beispielsweise folgende Überlebenszeiten ergeben:

Hund 1	→	1 Monat
Hund 2	→	3 Monate
Hund 3	→	3 Monate
Hund 4	→	6 Monate
Hund 5	→	7 Monate
Hund 6	→	10 Monate

Die mediane Überlebenszeit beträgt in dieser Gruppe drei Monate, denn zu diesem Zeitpunkt war die Hälfte der Patienten verstorben. Die durchschnittliche Überlebenszeit dieser Gruppe hingegen liegt bei fünf Monaten – und auch dieser Wert wurde von der Hälfte der Hunde teils deutlich überschritten, von der anderen Hälfte teils bei Weitem nicht erreicht.

Trotz vergleichbarer Diagnose kann eine Krankheit sehr unterschiedlich verlaufen. Statistische Daten sind in Medizin und Forschung unverzichtbar, aber ihre Aussagekraft für den individuellen Einzelfall darf niemals überschätzt werden.

Entzündlich oder tumorös? FNAB ermöglicht erste Antworten

Am Beginn jeder Diagnostik steht die Frage, ob es sich bei den auffälligen Gewebeveränderungen überhaupt um ein tumoröses Geschehen handelt oder ob eventuell ein entzündlicher Prozess die Ursache ist. Dieser erste diagnostische Schritt erfolgt durch eine Gewebeeinschätzung mittels Feinnadelaspirationsbiopsie (FNAB).

Handelt es sich um einen entzündlichen oder tumorösen Prozess? Das ist die erste Frage, die sich angesichts einer neu entstandenen Umfangsvermehrung oder Hautveränderung bei unserem Hund stellt und die eine zytologische Untersuchung innerhalb kürzester Zeit beantworten kann. Im Idealfall liegt das Ergebnis dieser Untersuchung innerhalb weniger Stunden vor. Die dafür notwendigen Zellen werden im Regelfall mit einer Feinnadelaspirationsbiopsie, kurz FNAB genannt, entnommen. Dazu führt der Tierarzt eine dünne Nadel in das verdächtige Gewebe ein, um über einen Saugmechanismus Zellmaterial für die nachfolgende Arbeit im Labor zu gewinnen. Das ist eine sehr einfache Untersuchungsmethode, die vor allem bei Veränderungen im Bereich der Haut für den Patienten absolut unbelastend ist und zu einem schnellen ersten Ergebnis führt.

Bei einer optimalen Feinnadelaspirationsbiopsie (FNAB) werden zumeist drei Proben aus dem verdächtigen Gewebe entnommen – im Idealfall aus verschiedenen Regionen und Richtungen und nicht aus dem Zentrum der Umfangsvermehrung, wo nekrotische Prozesse die Aussagekraft des Ergebnisses negativ beeinflussen könnten.

Die Feinnadelaspiration ermöglicht eine erste zytologische Einschätzung des Gewebes, ob es sich um neoplastische, also tumoröse, oder um entzündliche Veränderungen handelt. Dabei stehen die Eigenschaften der einzelnen Zellen im

Mittelpunkt der Betrachtung: Anhand unterschiedlicher Kriterien erfolgt eine Beurteilung, ob das Zellbild eher für einen Tumor oder eine Entzündung charakteristisch ist. Für eine umfassende Gewebediagnose reicht dieses Verfahren nicht aus! Vor allem im Hautbereich treten aber immer wieder Umfangsvermehrungen auf, bei denen nicht von vornherein klar ist, ob es sich tatsächlich um einen malignen Tumor handelt oder vielleicht nicht doch um eine Reaktion des Organismus auf eine Injektion, eine unbemerkt gebliebene Mikroverletzung oder ein gutartiges Tumorgeschehen, das oft keiner Behandlung bedarf. Gibt die Feinnadelaspiration Hinweise auf eine Entzündung, muss diese natürlich auch entsprechend behandelt werden. Ist der Verdacht einer Neoplasie gegeben, dann folgt als nächster Schritt eine Gewebebiopsie, die eine genaue Gewebediagnose ermöglicht und die entscheidenden tumorbiologischen Fragen beantwortet.
Die Feinnadelaspiration ist nicht nur eine einfache, sondern auch eine weitestgehend risikofreie Untersuchungsmethode für den Patienten. Das Risiko, mit einer Feinnadelaspiration oder auch mit einer eventuell nachfolgenden Gewebebiopsie eine Metastasierung hervorzurufen, bewegt sich – abhängig vom Tumor und seiner Lokalisation – in sehr engen Grenzen und geht in vielen Fällen gegen null. Eine Feinnadelaspirationsbiopsie der Lymphknoten ist ohne nennenswertes Risiko durchführbar und als unmittelbar notwendiger diagnostischer Schritt bei einem geschwollenen Lymphknoten unverzichtbar. Auch im Bereich der Haut besteht keinerlei Risiko in Zusammenhang mit einer Feinnadelaspirationsbiopsie, zumal der Stichkanal im Falle der Diagnose eines malignen Tumors in der anschließenden Operation ohnehin mit entfernt wird.

Die Feinnadelaspirationsbiopsie stellt bei allen Umfangsvermehrungen der Haut eine absolut risikofreie Untersuchung dar und ist für die verantwortungsbewusste Planung eines eventuell nachfolgenden chirurgischen Eingriffs unverzichtbar! Insbesondere der Mastzelltumor zeigt in einer korrekt durchgeführten Feinnadelaspirationsbiopsie bereits ein eindeutiges und nahezu unverwechselbares Verhalten und Zellbild. Damit ist diese zytologische Untersuchung eine unersetzliche Planungsgrundlage für die nachfolgende chirurgische Entfernung des Tumors.

Besteht bei einem Hund nach einer Ultraschalluntersuchung der begründete Verdacht auf ein Tumorgeschehen im Bauchraum – eine gastrointestinale Neoplasie –, kann auch hier zunächst eine Feinnadelaspirationsbiopsie durchgeführt werden. Vor einer Leber- oder Milzbiopsie müssen die für die Blutgerinnung wesentlichen Parameter im Blut kontrolliert werden. Darüber hinaus muss – wie bei jedem anderen Eingriff auch – die Narkosefähigkeit des Patienten sichergestellt sein. Humanmedizinischen Studien zufolge liegt das Risiko, durch eine Biopsie im Bauchraum eine Metastasierung hervorzurufen, bei etwa einem Prozent. Bei bestimmten Verdachtsdiagnosen und Organen ist dennoch Vorsicht geboten. Während Feinnadelaspirationsbiopsien aus Milz und Leber an großen Kliniken ohne nennenswerte Risiken durchgeführt werden können, wäre eine Punktion der Harnblase mit unkalkulierbaren Risiken verbunden. Wird bei einem Patienten beispielsweise ein Harnblasentumor vermutet, darf *keinesfalls* von außen eine Feinnadelaspiration durchgeführt werden. Bestätigt sich die Verdachtsdiagnose und handelt es sich bei dem Tumor um ein Übergangszellkarzinom der Harnblase, würden mit dieser Untersuchung mit hoher Wahrscheinlichkeit Metastasen in die Bauchdecke geraten. Eine genaue Kenntnis der Tumorbiologie ermöglicht dem behandelnden Tierarzt eine realistische Einschätzung der möglichen Risiken in diesem Bereich der Diagnostik.

Bildgebende Befunde allein stellen in der Onkologie keine fertige Diagnose dar, sondern müssen immer durch eine Gewebeprobe abgesichert werden. Erst die Gewebediagnose bietet die verlässlichen Informationen, um welche Erkrankung und gegebenenfalls um welchen Tumor es sich handelt.

Der Mammatumor der Hündin ist eine der wenigen Indikationen für die chirurgische Entfernung eines Tumors ohne vorangegangene Gewebeeinschätzung bzw. -diagnose. Zwar kann die Feinnadelaspirationsbiopsie auch hier dazu dienen, eventuelle Differenzialdiagnosen wie einen Mastzelltumor, ein Lipom oder eine dermatologische Problematik auszuschließen, ein Mammatumor sollte aber aufgrund des „histologischen Kontinuums“ und des daraus resultierenden Risikos, dass auch benigne Tumoren im Laufe der Karzinogenese zu malignen Karzinomen entarten können, bei der Hündin immer vollständig chirurgisch entfernt werden.

Es ist durchaus möglich, dass ein erstes, mittels Feinnadelaspirationsbiopsie gewonnenes Zellbild für die zytologische Untersuchung im Labor aus den unterschiedlichsten Gründen einmal nicht auswertbar ist. Diese Situation aber ist sicher kein Grund, sich in der diagnostischen Aufarbeitung entmutigen zu lassen. Betrifft diese Problematik die inneren Organe, wird eine spezialisierte Klinik unterschiedliche alternative Wege vorschlagen, um diagnostisch zu einem sicheren Ergebnis zu kommen. Im Bereich der Haut kann die Feinnadelaspirationsbiopsie in vielen Fällen einfach wiederholt werden. Kleinste, erst wenige Millimeter große tastbare Umfangsvermehrungen mögen zwar manchmal eine Herausforderung für eine repräsentative Zellentnahme sein, aber beispielsweise durch eine Gewebeentnahme mittels Stanzbiopsie kann auch hier am Ende ein aussagekräftiger Befund stehen. Die Aussage „*wahrscheinlich* ein Mastzelltumor" hat keinen diagnostischen Wert und bedarf in jedem Fall einer weiteren Abklärung. Bleiben vage Vermutungen, dass es sich bei den nachgewiesenen Veränderungen um „irgendeinen Krebs" handelt, im Raum stehen, so ist das für den betroffenen Hund keine Basis für eine spezifische und erfolgreiche Therapie, sondern im schlimmsten Fall ein ungerechtfertigtes und vielleicht sogar absolut unnötiges Todesurteil! In all diesen Fällen ist Abwarten keine Option.

Bei sichtbaren Hautveränderungen oder tastbaren Umfangsvermehrungen am Körper des Hundes gibt es zu einer zeitnahen und korrekten diagnostischen Abklärung keine verantwortbare Alternative. Die Veränderung zu beobachten, ist der denkbar schlechteste Rat und der absolut falsche Weg, der letztlich zu einem unkalkulierbaren Risiko für den Hund werden kann.

Die Gewebediagnose: Entscheidungsgrundlage für alle weiteren Schritte

Die Gewebediagnose ist die zentrale Entscheidungsgrundlage für alle weiteren Schritte: die eventuell noch notwendigen diagnostischen und die therapeutischen. Die Gewebediagnose charakterisiert den Tumor hinsichtlich seines Herkunftsgewebes, seines aktuellen biologischen Verhaltens und seines Malignitätsgrads. All diese Informationen werden im pathohistologischen Befund zusammengefasst und ausführlich beschrieben. Dieser Bericht des Pathologen ist das wichtigste Dokument für den Onkologen, um das biologische Verhalten des Tumors zu beurteilen und auf dieser Basis alle weiteren labor- und bilddiagnostischen sowie therapeutischen Schritte zu planen.

Hat die Gewebeeinschätzung mithilfe der Feinnadelaspiration ergeben, dass es sich bei der untersuchten Umfangsvermehrung um tumoröses Gewebe handeln könnte, folgt als zweiter Schritt eine genaue Gewebediagnose. Das Material für diese weiterführende Untersuchung kann je nach Ergebnis der Feinnadelaspirationsbiopsie entweder in einer nachfolgenden Gewebebiopsie oder direkt durch eine chirurgische Entfernung des Tumors gewonnen werden, die für den betroffenen Patienten möglicherweise bereits kurativ sein kann. Voraussetzung für diesen Idealfall ist, dass das zytologische Ergebnis auf repräsentativem und gut beurteilbarem Zellmaterial einer Feinnadelaspirationsbiopsie basierte und den Tumor verlässlich bestätigen konnte. So kann beispielsweise ein mittels Feinnadelaspirationsbiopsie bestätigter Mastzelltumor, der zumeist ein sehr eindeutiges zytologisches Bild zeigt, oft bereits nach dieser Untersuchung großzügig und mit ausreichendem Sicherheitsabstand zum gesunden Gewebe chirurgisch entfernt werden. Das gesamte bei der Operation entnommene Gewebe wird im Anschluss pathohistologisch untersucht, um mehr über das biologische Verhalten zu erfahren und weitere eventuell notwendige therapeutische Schritte zu planen. Ob das Ziel einer kurativen Entfernung erreicht wurde, kann der Chirurg allein nach der Operation nie mit Sicherheit sagen. Erst die pathohistologische Untersuchung des Gewebes und eine Beurteilung der Schnittränder auf Tumorfreiheit sowie der Abstand des Tumors zum gesunden Gewebe können diese Frage abschließend beantworten.

Ob es sich um Tumoren der Haut, der Unterhaut, der Knochen, eines Muskels oder eines inneren Organs handelt: Sobald eine genaue und eindeutige Gewebediagnose vorliegt, kennt der Onkologe das biologische Verhalten dieses Tumors und weiß um seine Eigenschaften sowie sein eventuelles Potenzial, Metastasen zu bilden. Dieses Wissen ist die Grundlage für die Planung weiterer diagnostischer Schritte, die Aufschluss über die Ausbreitung des Tumors im Körper des Patienten geben und damit das Stadium seiner Erkrankung feststellen. In einzelnen Fällen ist es durchaus sinnvoll, bereits nach der ersten Gewebeeinschätzung mittels Feinnadelaspirationsbiopsie oder beim Verdacht auf einen Tumor mit der Stadiumssuche zu beginnen. Dies ist beispielsweise beim Mammatumor der Hündin der Fall: Hier wird vor dem chirurgischen Eingriff standardmäßig die Lunge geröntgt, um eventuell bereits vorliegende Fernmetastasen im Lungengewebe auszuschließen. Oft aber beginnen die spezifischen Untersuchungen des Stagings erst nach dem Ergebnis der genauen pathohistologischen Gewebeuntersuchung, denn Einsatz und Auswahl der notwendigen Untersuchungen orientieren sich am biologischen Verhalten des nachgewiesenen Tumors und an seinen spezifischen Metastasierungswegen.

Das Ergebnis der pathohistologischen Untersuchung einer entnommenen Gewebeprobe ist die Voraussetzung für die Planung aller weiteren Schritte der Diagnostik und Therapie.

Den pathohistologischen Befund verstehen

Wenn die Proben der Gewebebiopsie oder das vollständige chirurgisch entnommene Material im pathohistologischen Labor angekommen sind, beginnt dort in detektivischer Kleinarbeit einer der wichtigsten Teile der Tumordiagnostik. Das Gewebe wird für die Untersuchung zunächst in Formalin eingelegt. Anschließend wird es in einen Paraffinblock eingeschmolzen, der jahrzehntelang aufgehoben und immer wieder auch für Forschungszwecke verwendet werden kann. Von diesen Präparaten lassen sich mikrometerdünne Scheibchen herunterschneiden, einzelne Zelllagen, die auf einen Objektträger aufgelegt werden und dort anhaften. Nun werden die Zellen durch bestimmte Färbetechniken sichtbar gemacht und können beschrieben werden.

Der wichtigste Hinweis für die Identität eines Tumors ist nicht seine Lokalisation oder das Organ, dem er entnommen wurde, sondern entscheidend ist, aus welchen Zellen und Gewebearten der Tumor sich ursprünglich entwickelt hat. Organe sind ein Zusammenschluss unterschiedlicher Zelltypen und enthalten unter anderem Drüsen- und Schleimhautzellen, Bindegewebe, Blut- und Lymphgefäße. So können in ein und demselben Organ vollkommen unterschiedliche Tumorerkrankungen entstehen. Ein Milztumor kann beispielsweise als Hämangiosarkom von den Bindegewebszellen der Blutgefäße in der Milz ausgehen oder eine solide Ausbildung eines Lymphoms sein. Beim Mammatumor der Hündin handelt es sich zumeist um vom Drüsengewebe ausgehende epitheliale Karzinome, manchmal aber auch um den hochaggressiven Mischtumor eines Karzinosarkoms, das über den epithelialen Ursprung hinaus auch aus Bindegewebszellen hervorgegangen ist.

Für die Identität eines Tumors ist nicht das Herkunftsorgan, sondern das Ursprungsgewebe entscheidend.

Darüber hinaus stellen sich viele weitere Fragen: Wie sind diese Zellen geformt? Welche Struktur haben sie? Welche Veränderungen sind in den Zellkernen erkennbar? Wie schaut die Gesamtarchitektur dieses Zellverbands aus? Typische Verfärbungen ermöglichen dem Pathologen in der labortechnischen Bearbeitung eine genaue Beschreibung des Zellbilds und der Gewebearchitektur.

Der Pathologe erkennt maligne Tumorzellen vor allem an ihrer unregelmäßigen Form und Größe, ihren vergrößerten Zellkernen und an einem erhöhten Anteil von Zellen im Gewebe, die sich gerade in Teilung befinden.

Anschließend wird der Tumor im sogenannten Grading – der Begriff leitet sich aus der englischen Sprache ab und bedeutet Einteilung – weiter beschrieben. Hier wird insbesondere der Differenzierungsgrad des Tumors beurteilt: Der Pathologe bestimmt damit den Grad der Abweichung des Tumorgewebes von einer normalen Gewebestruktur und kann so zugleich eine Aussage zur Malignität des Tumors treffen. Entscheidende Fragen in diesem Zusammenhang sind unter anderem auch die Zellteilungsrate, die die Intensität der Zellteilung und damit die Aktivität und Wachstumsgeschwindigkeit des Tumors beschreibt, sowie das Potenzial des Tumors zu infiltrativem Wachstum und zur Metastasierung. Anhand all dieser Faktoren wird der Tumor im Grading als geringgradig oder hochgradig maligne eingestuft. Dieser Malignitätsgrad des Tumors ist nicht zu verwechseln mit dem klinischen Stadium der Erkrankung oder der Ausbreitung des Tumors im Organismus! Diese Fragestellungen werden im Staging beantwortet.

Die vollständige Gewebediagnose des Pathologen beinhaltet die Charakterisierung des Tumors sowie eine Aussage über den Grad der tumorösen Entartung und damit über das maligne Potenzial der Tumorzellen.

Die Differenzierung des tumorösen Gewebes und die entsprechende Graduierung eines Tumors gehören zu den wichtigsten Fragestellungen in der Tumordiagnostik. Diese Differenzierungen sind immer im Vergleich zum gesunden Ursprungsgewebe des Tumors zu verstehen und beschreiben, wie weit das Tumorgewebe sich von diesem bereits entfernt hat.

Wir erinnern uns: Der gesamte Organismus ist aus verschiedenen hoch spezialisierten Gewebearten aufgebaut, was generell einen hohen Differenzierungsgrad der Zellen bedingt. So unterscheiden sich die Zellen des Herzmuskels zum Beispiel unverwechselbar von Nervenzellen oder Darmepithelzellen. Auch gesundes Muskelgewebe ist ein ganz spezifisch strukturiertes Gewebe, das die Muskelkontraktion sicherstellt und somit auch aus hochdifferenzierten Zellen besteht, die sich in dieser Form an keiner anderen Stelle des Organismus finden. Ähnliches gilt für das Drüsengewebe und seine Zellen. Jede Körperzelle hat eine bestimmte Aufgabe, für die sie spezialisiert und somit differenziert ist.

Ist das Tumorgewebe hochdifferenziert und somit noch gut als spezifisches Gewebe, beispielsweise als Muskel- oder Drüsengewebe, erkennbar, lässt es sich seinem Ursprungsgewebe leicht zuordnen. Der Pathologe spricht in diesen Fällen von einem gut differenzierten Tumor mit einem niedrigen Malignitätsgrad. Das Tumorgewebe schaut seinem Ursprungsgewebe sehr ähnlich, verfügt noch über dessen Charaktereigenschaften und ist somit als geringgradig maligne einzustufen.

Verliert das Tumorgewebe aber im Laufe der Karzinogenese an Differenzierung, werden seine Zellen irgendwann einmal keinem Ursprungsgewebe mehr zuordenbar sein. In diesem Stadium erkennt der Pathologe nur mehr runde Zellen, die keinen spezifischen Charakter mehr haben und die als anaplastisches Tumorgewebe beschrieben werden. Anaplastisch bedeutet, dass das Tumorgewebe keinerlei Differenzierung mehr aufweist und aus hochmalignen Krebszellen besteht. Der Pathologe kann somit zunächst auch keine Angaben dazu machen, aus welchem Ursprungsgewebe dieser Tumor sich entwickelt hat. Diese sogenannten entdifferenzierten anaplastischen Zellen sind immer Teil eines hochmalignen Tumorgeschehens.

Entdifferenzierte anaplastische Tumorzellen sind keinem Ursprungsgewebe mehr zuzuordnen und hochgradig maligne. Gut differenzierte Tumorzellen hingegen sprechen für ein geringgradig malignes Verhalten des Tumors.

Spricht der Pathologe aber nur mehr von anaplastischen Zellen, bleiben für den Onkologen wesentliche Fragen bezüglich der Biologie dieses Tumors offen. Der Tumor ist eindeutig sehr aggressiv, aber ohne das Wissen, von welchem Gewebe und welcher Zellart das Tumorgeschehen ausgeht, sind keine genaueren Aussagen zu seinem biologischen Verhalten und einer eventuellen Ausbreitung im Organismus möglich. Um weitere Informationen zu bekommen, arbeitet der Pathologe nun mit verschiedenen Antikörpern, die unterschiedliche Gewebearten markieren. Spezifische Oberflächenmarker ermöglichen dabei auch in diesem Stadium noch genaue Informationen über das Ursprungsgewebe des Tumors. Die Zellen eines epithelialen Tumors beispielsweise tragen an der Oberfläche bestimmte Rezeptoren, an die ein Antikörper, der epitheliales Gewebe markiert, binden kann. So markiert der Pathologe das Gewebe bei anaplastischen Zellen zunächst einmal auf Verdacht mit diesem Antikörper. Ergibt sich dabei ein positives Ergebnis und der Antikörper bindet, ist eine wesentliche weitere Information gegeben: In diesem Fall läge ein epithelialer Tumor vor. Dieses Wissen hilft dem Onkologen in den folgenden diagnostischen Schritten und vor allem in der Planung der Therapie grundlegend weiter.

Spezifische Oberflächenproteine der Tumorzellen, die mithilfe von Antikörpern markiert werden, geben in der immunhistochemischen Untersuchung Auskunft über das Herkunftsgewebe des Tumors.

Eine genaue Interpretation des pathohistologischen Befundes ist nach jeder Gewebeuntersuchung unerlässlich und von hoher prognostischer Bedeutung für den Patienten. Beim Mammakarzinom der Hündin werden beispielsweise zahlreiche maligne Subtypen beschrieben. Darüber hinaus werden verschiedene Malignitätsstufen dieses Tumors unterschieden. Entscheidend für die Zuordnung ist der Grad der fortschreitenden Entdifferenzierung des Tumorgewebes.

Mastzelltumor – wie bösartig ist er?

Der Mastzelltumor ist beim Hund die häufigste Neoplasie der Haut und wurde im pathohistologischen Befund noch vor einigen Jahren als Grad 1, 2 oder 3 eingestuft.
Die drei Grade standen jeweils für ein unterschiedliches biologisches Verhalten des Tumors. Als Grad 1 definierte man geringgradig maligne Tumoren, die lokal auf den Primärtumor begrenzt bleiben, als Grad 3 wurden hier hochmaligne Formen des Mastzelltumors mit dem Potenzial zur Metastasierung bezeichnet. Bei Grad-2-Mastzelltumoren hingegen gab es auf die für die weitere onkologische Therapie entscheidende Frage, ob der Tumor metastasieren kann oder nicht, oft nur eine unklare Antwort.
Seit 2011 gibt es für den Mastzelltumor eine neue Einteilung, die nur noch zwei Grade unterscheidet: Grad 1 (low grade) für gut differenzierte und damit gering maligne Tumoren und Grad 2 (high grade) für weniger differenzierte Tumoren mit höherer Malignität.
So können offene Fragen, die sich früher insbesondere hinsichtlich eines Mastzelltumors Grad 2 stellten, im pathohistologischen Befund eindeutiger beantwortet werden. Bei einem Low-Grade-Mastzelltumor ist demnach von einem nicht metastasierenden Primärtumor auszugehen, während ein High-Grade-Mastzelltumor das Potenzial zur Metastasierung trägt und es möglicherweise weiterer diagnostischer und gegebenenfalls therapeutischer Schritte bedarf.

Genaue Lymphomdiagnostik sichert optimale Therapie

Die Tiermedizin bietet heute viele weitere labordiagnostische Methoden, um Tumoren genauestens zu klassifizieren. Einen wichtigen Beitrag in diesem Zusammenhang leistet die Flowzytometrie (Durchflusszytometrie), ein modernes labortechnisches Verfahren zur Zellanalyse. Diese Technik ermöglicht genaue Aussagen zur Typisierung der untersuchten Zellen und ist insbesondere in der Diagnostik von Lymphomen von großer Bedeutung, denn mit dieser Methode können die verschiedenen Unterarten eines Lymphoms genauestens charakterisiert und bestimmt werden. Lymphome entstehen aus der Entartung der Lymphozyten, einer Zellgruppe, die zu den weißen Blutkörperchen gehört. Diese spezialisierten Immunzellen entwickeln sich physiologisch zunächst im Knochenmark und gelangen dann als unreife Zellen in den Organismus, um in anderen lymphatischen Organen, beispielsweise in den Lymphknoten oder in der Milz, schließlich zu unterschiedlichen Subtypen heranzureifen, die verschiedene physiologische Aufgaben im Organismus wahrnehmen und sich entsprechend voneinander unterscheiden. Jeder dieser Subtypen kann in jeder Phase seiner Entwicklung entarten, was zu rund 40 verschiedenen Arten von Lymphomen führt, die jeweils ein individuelles biologisches Verhalten zeigen und damit auch zu sehr unterschiedlichen Krankheitsverläufen führen. Damit gibt es natürlich auch keine fixe Standardtherapie für *das* Lymphom, sondern die optimale Therapie richtet sich nach dem Subtyp, aus dem das jeweilige Lymphom entstanden ist. Einige rechtfertigen leichtere Therapieansätze, andere benötigen bereits im frühen Stadium eine aggressive Therapie. Nur wenn der behandelnde Tierarzt – und Lymphome gehören im Sinne des Patienten ausnahmslos in die Hände eines onkologischen Fachtierarztes! – genau weiß, welcher der verschiedenen Subtypen bei diesem individuellen Patienten vorliegt, kann er die richtige und angemessene Therapie auswählen, die sich eben am Subtyp und darüber hinaus am Erkrankungsstadium des jeweiligen Hundes orientiert. Die diagnostische Aufarbeitung des Lymphoms umfasst damit über eine erste Blutuntersuchung und die bildgebende Diagnostik hinaus zunächst die zytologische oder pathohistologische Untersuchung eines befallenen Lymphknotens.

Eine genaue Gewebeuntersuchung ist unverzichtbar für die Diagnostik und bietet die einzig gesicherte Möglichkeit, den Subtyp des Lymphoms genau zu identifizieren. Der Pathologe beurteilt dazu in einem ersten Schritt die Struktur des Zellverbands, das Aussehen der Zellen, ihre Größe und ihre Teilungsaktivität. In einem zweiten Schritt erfolgt dann mittels flowzytometrischem Verfahren die entscheidende Typisierung der Zellen. Jetzt weiß der behandelnde Onkologe, welcher Subtyp bei diesem bestimmten Lymphompatienten vorliegt und kann die entsprechenden Therapiemöglichkeiten zur Diskussion stellen.

Die Lymphozyten schauen trotz ihrer vielen verschiedenen Subtypen in der pathohistologischen Gewebeuntersuchung zunächst nahezu vollkommen identisch aus, und der Pathologe kann die entscheidende Frage nach dem Subtyp des Lymphoms jetzt noch nicht beantworten. Da aber alle Zelltypen im Immunsystem des Organismus unterschiedliche Aufgaben übernehmen und somit auch über ein unterschiedliches Kommunikationssystem verfügen, tragen sie auch verschiedene Rezeptoren an der Zelloberfläche, die auf molekularer Ebene sehr gut voneinander unterscheidbar sind. B-Lymphozyten beispielsweise tragen spezifische B-Zell-Rezeptoren, T-Lymphozyten spezifische T-Zell-Rezeptoren. Diese Moleküle lassen sich mit entsprechenden Antikörpern markieren und in der Flowzytometrie bestimmen.

In der Flowzytometrie werden mit verschiedenen fluoreszierenden Antikörpern die Oberflächenmoleküle der einzelnen Zellen dargestellt. Daraus ergeben sich Informationen über bestimmte Eigenschaften und Funktionen der Zellen. Diese Oberflächenmoleküle werden auch als CD-Moleküle bezeichnet, als „Cluster of Differentiation“.

In seiner physiologischen Form ist ein Lymphknoten anatomisch sehr strukturiert aufgebaut: Die Zellen ordnen sich rund um ein Zentrum, einen Follikel, an. Sie werden durch Bindegewebe zusammengehalten und über Blutgefäße versorgt. In einem tumorösen Lymphknoten hat sich diese Struktur aufgelöst. Übrig geblieben ist nur mehr ein diffuses Lymphozytenbild ohne jegliche sinnvolle Architektur. Vor der flowzytometrischen Untersuchung eines Lymphknotens müssen zunächst Reste von eventuell noch vorhandenem Bindegewebe und die roten Blutkörperchen aus dem zu untersuchenden Zellmaterial entfernt werden, sodass zur Charakterisierung in der Flowzytometrie nur noch die weißen Blutkörperchen mit den lymphozytären Zellen des Tumors übrig bleiben. Diese werden nun mit unterschiedlichen Antikörpern konfrontiert, die ihrerseits jetzt an den jeweiligen für sie passenden Rezeptor an der Oberfläche der Lymphozyten binden. In der anschließenden Messung wird ermittelt, in welchem Ausmaß die verschiedenen Antikörper an die Rezeptoren der Tumorzellen gebunden haben. Für die Interpretation der so entstehenden Muster der Antigenexpression bedarf es großer Erfahrung. Vereinfacht gesagt: Wird in diesem Verfahren beispielsweise ein hoher Prozentsatz T-Zellen sichtbar, handelt es sich um ein T-Zell-Lymphom, werden vermehrt B-Zellen nachgewiesen, liegt ein B-Zell-Lymphom vor. Diese Analyse ermöglicht somit letztlich eine klare Aussage darüber, welcher Subtyp bei dem betreffenden Lymphompatienten vorliegt. Diese genaue Klassifizierung eines Lymphoms ist an onkologisch spezialisierten Tierkliniken Standard und für die Therapie sowie die Prognose des Patienten von wesentlicher Bedeutung. Mehrere klinische Studien haben gezeigt, dass beispielsweise T-Zell-Lymphome auch bei adäquater Therapie eine sehr viel schlechtere Prognose haben als B-Zell-Lymphome, was auf unterschiedliche zelluläre Mechanismen zurückzuführen ist.

Die pathohistologische Untersuchung und eine Immunphänotypisierung mittels Flowzytometrie ermöglichen gemeinsam eine genaue Klassifikation des Lymphoms. Die Gesamtheit dieser Ergebnisse führt am Ende zur Planung einer adäquaten Therapie.

Die Flowzytometrie ist über das Lymphom hinaus auch bei anderen neoplastischen Erkrankungen des blutbildenden Systems ein wertvolles diagnostisches Instrument und wird auch zur Unterscheidung verschiedener Typen von Leukämie eingesetzt: Hier beantwortet die Flowzytometrie beispielsweise die Frage, ob der Patient an einer akuten lymphatischen oder einer akuten myeloischen Leukämie, die von unterschiedlichen Typen der Leukozyten ausgehen, erkrankt ist.

Leukämien sind bösartige Erkrankungen des blutbildenden Systems, die bereits im Knochenmark entstehen und bei denen es zu einer unkontrollierten Vermehrung der weißen Blutkörperchen (Leukozyten) kommt. Zu den Leukozyten gehören neben den Lymphozyten auch die Granulozyten und die Monozyten. Dabei geht die akute lymphatische Leukämie von den Vorläuferzellen der Lymphozyten aus, die akute myeloische Leukämie von denen der Granulozyten und Monozyten. Erste diagnostische Hinweise auf eine Leukämie können sich bereits im Rahmen einer einfachen Blutuntersuchung zeigen.

Mutationsanalysen: die genetischen Wurzeln des Tumors

Je genauer ein Tumor beschrieben und klassifiziert ist, desto spezifischer und individueller kann die Therapie angepasst werden. Auch in der Tiermedizin sind zunehmend Mutationsanalysen möglich, die in der Humanmedizin längst zum diagnostischen Standard gehören.

Der Stand der Humanmedizin lässt sich zunehmend auch auf die Tiermedizin übertragen: „Im Moment steht die Krebsmedizin an der Schwelle eines fundamentalen Umbruchs. Es ist denkbar, dass das Kategorisierungsprinzip auf der Basis der Ursprungszelle in Zukunft durch ein anderes System abgelöst oder zumindest ergänzt wird, das auf die Welt der Gene und Moleküle bezogen ist. Schon heute ist bei bestimmten Krebsformen die Einbeziehung dieser dritten [molekularen] Beobachtungsebene unverzichtbar, um eine korrekte Therapieentscheidung treffen zu können. Manchmal ändert die An- oder Abwesenheit eines einzigen Eiweißmoleküls nicht nur die Prognose eines Tumors, sondern auch die komplette Behandlungsstrategie. (...) Zur Zeit wandelt sich die Pathologie zur molekularen Pathologie und Pathogenetik und bedient sich zunehmend auch der Techniken, die in den Labors der Grundlagenforscher entwickelt wurden."*

* Martin Bleif: KREBS – Die unsterbliche Krankheit. Stuttgart: Klett-Cotta 2013, S. 276.

Eine Mutationsanalyse zeigt, welche genetischen Veränderungen in der Zelle für das Wachstum des Tumors verantwortlich sind. Auf der Basis dieses Wissens kann eine weit genauere prognostische Aussage für den Patienten getroffen werden, vor allem aber zeigen Mutationsanalysen frühzeitig, welche der heute in der Tiermedizin verfügbaren spezifischen zielgerichteten Therapien wirksam sein werden und somit sinnvoll eingesetzt werden können. Auch wenn dieser Themenbereich sich in der Veterinärmedizin noch weitgehend auf den universitären Forschungsbereich beschränkt, wird in vielen Labors beim Mastzelltumor heute bereits standardmäßig mit Mutationsanalysen gearbeitet. Dies kann wesentlichen Einfluss auf die Therapie haben und wäre beispielweise für einen Patienten relevant, dem ein Mastzelltumor chirurgisch entfernt wurde, den der Pathologe anschließend als hochgradig maligne klassifiziert hat. Auch wenn im Körper dieses Patienten noch keine Metastasen gefunden wurden, trägt er dennoch ein erhöhtes Risiko dafür und benötigt eine Nachbehandlung, denn die Tumorzellen können bereits über den ursprünglichen Primärtumor hinaus irgendwo im Organismus mikroskopisch kleine Metastasen, sogenannte Mikrometastasen, gebildet haben. Metastasen sind erst ab einer bestimmten Größe in der bildgebenden Diagnostik nachweisbar und können zu einem Zeitpunkt, an dem sich beispielsweise die Lunge im Röntgen oder auch in der Computertomografie noch frei von Tumorzellen zeigt, dennoch als (noch) nicht darstellbare Mikrometastasen vorhanden sein.

Lungenmetastasen sind in der Computertomografie in einem früheren Stadium darstellbar als auf einem Röntgenbild. Die Computertomografie kann Lungenmetastasen bereits in einer Größenordnung von ein bis zwei Millimetern nachweisen, im Röntgenbild hingegen werden diese Metastasen erst ab einer Größe von sieben bis neun Millimetern sichtbar. Mikrometastasen unter einer Größe von einem Millimeter sind mit diesen Mitteln der bildgebenden Diagnostik aktuell nicht darstellbar.

Um das potenzielle Risiko von Mikrometastasen auszuschließen, benötigt ein von einem hochgradig malignen Mastzelltumor betroffener Patient eine systemische Therapie. Gerade beim Mastzelltumor stellt sich nun die Frage, ob dazu zielgerichtete Medikamente der jüngsten Generation wirksam eingesetzt werden können. Ohne Mutationsanalyse lässt sich vor Beginn der Therapie keine Aussage darüber treffen, ob ein spezifisch gegen eine bestimmte Mutation gerichtetes Medikament bei diesem Mastzelltumor wirken wird oder nicht. Wenn die für das Wachstum dieses Tumors verantwortlichen Mutationen an einer Stelle des Zellgenoms sitzen, auf die dieses zielgerichtete Medikament keinen Einfluss hat, dann wird die gesamte Therapie wirkungslos bleiben. Wurde aber vor Beginn der Therapie eine Mutationsanalyse durchgeführt, lässt sich bereits jetzt genau sagen, ob das zielgerichtete Medikament auf diesen Mastzelltumor wirken wird und sein Einsatz bei diesem Hund damit sinnvoll ist oder nicht.

Mutationsanalysen eines Tumors werden auch in der Tiermedizin zunehmend eingesetzt, um eine spezifische Therapie zu ermöglichen und über den Einsatz zielgerichteter Medikamente zu entscheiden. Richtet sich die traditionelle Tumortherapie in erster Linie nach dem Ursprungsgewebe der Zellen, so kommt bei den neuen immunologischen Therapieformen den genetischen Veränderungen der Zelle die entscheidende Bedeutung zu.

Metastasensuche im Staging

Spätestens im Anschluss an die Gewebeanalyse erfolgt als dritter Schritt der Tumordiagnostik die Bestimmung des klinischen Stadiums, also die Frage, wie weit die Erkrankung des individuellen Patienten fortgeschritten ist. Dieses sogenannte Staging ist ein ebenso wesentlicher Teil der Gesamtdiagnose wie die Gewebeuntersuchung.

Das Ergebnis der Gewebeuntersuchung liegt vor. Der Onkologe weiß nun, um welchen Tumor es sich handelt, kennt das Ursprungsgewebe sowie den Malignitätsgrad der Neoplasie. Auf dieser Basis kann er jetzt verbindliche Aussagen über das biologische Verhalten des Tumors und über sein Potenzial zur weiteren Ausbreitung im Gesamtorganismus machen.
Unterschiedliche maligne Tumoren bevorzugen entsprechend ihrem biologischen Verhalten verschiedene Orte im Organismus zur Metastasierung.

Primärtumor	Bevorzugter Ort einer Fernmetastasierung
Mammatumoren	Lymphknoten, Lunge
Mastzelltumoren	Milz, Leber
Osteosarkom	Knochenapparat, Lunge
Hämangiosarkom der Milz	Lunge, Leber, Herz, Nieren

Der Einsatz der weiterführenden diagnostischen Mittel richtet sich somit nach dem jeweiligen Tumor und seinem biologischen Verhalten. Auch dieser Schritt der Diagnostik muss also wie so vieles in der modernen veterinärmedizinischen Onkologie individuell geplant werden und ist von der jeweiligen Gewebediagnose abhängig. Ein Osteosarkom beispielsweise bildet in anderen Knochen Metastasen und manifestiert sich darüber hinaus über den Blutweg im Körper, sodass die Tumorzellen letztlich in den Lungenkapillaren stecken bleiben, ins Lungengewebe hineinwachsen und zu Lungenmetastasen führen. Ein Tumor in der Milz geht in vielen Fällen von den Bindegewebszellen der Blutgefäße aus: Diese Hämangiosarkome führen oftmals dazu, dass die Milz dem Druck nicht mehr standhalten kann und eine Blutung im Bauchraum entsteht. Betroffene Hunde kommen oft als Schockpatienten an die Klinik und können – wenn der Besitzer schnell reagiert hat und ein entsprechendes chirurgisches Team zur Verfügung steht – in einer Notoperation gerettet werden. Meist befinden sie sich wenige Tage nach der Operation bereits wieder in einem ausgezeichneten Allgemeinzustand. Stellt sich dann aber bei der pathohistologischen Untersuchung des entnommenen Materials heraus, dass es sich bei dem Milztumor nicht um eine gutartige Veränderung handelte, sondern um ein hochmalignes Hämangiosarkom, so weiß der behandelnde Onkologe um dessen hohe Neigung zur Metastasierung. Bei diesen Patienten muss nach der Operation demnach eine umfassende Stadiumssuche beginnen, um festzustellen, in welchen Regionen der Tumor eventuell bereits Metastasen gebildet hat.

Lymphome breiten sich über das Lymphgefäßsystem im Körper aus. Bei diesen systemischen Tumoren spricht die Onkologie nicht von Metastasierung, sondern von Ausbreitung. Beim Lymphom dienen ein Röntgen der Lunge und ein Ultraschall des Bauchraums somit nicht der Metastasensuche, sondern der Bestimmung des Ausbreitungsstadiums des Tumors.

Die diagnostische Reihenfolge Gewebeeinschätzung – Gewebediagnose – Staging sollte in den weitaus meisten Fällen strikt eingehalten werden. Eine Ausnahme ist beispielsweise das Lungenröntgen, das vor der chirurgischen Entfernung von Mammatumoren standardmäßig durchgeführt wird.

Ziel der Staginguntersuchungen ist eine klare Einordnung des Patienten in ein klinisches Stadium, die anhand standardisierter Verfahren erfolgt und die je nach Tumorart unterschiedlichen Einteilungen und Bezeichnungen folgt. Solide Tumoren, beispielsweise die als greifbare Tumoren erkennbaren Karzinome oder Sarkome, werden dabei anders beschrieben als die systemischen Tumorerkrankungen der Leukämien oder Lymphome.

Je höher das klinische Stadium der Erkrankung eingestuft wird, desto schlechter fällt die Prognose für den Patienten aus und umso höher wird der therapeutische Aufwand.

Staging auch beim Hund nach Vorgaben der WHO

Im Staging solider Tumoren sind drei grundlegende Fragen entscheidend für eine Aussage über das klinische Stadium, das die Erkrankung des Patienten erreicht hat:

- Wie groß ist der Primärtumor?
- Sind lokale Lymphknoten beteiligt bzw. liegen Nahmetastasen vor?
- Sind Fernmetastasen nachweisbar?

Die Lymphknoten übernehmen eine wichtige Filterfunktion für das Immunsystem. Bei lokalen bakteriellen Infektionen beispielsweise verhindern die Lymphknoten, dass Bakterien ins Blut gelangen und eine Sepsis, eine Blutvergiftung, im Organismus auslösen. Wie diese Bakterien oder viele andere Abfallprodukte des Zellstoffwechsels bleiben auch Tumorzellen häufig in diesen effektiven Filterstationen des Organismus hängen und bilden so zunächst eine Lymphknotenmetastase. Daher kommt der Beurteilung der Lymphknoten im Tumorstaging eine zentrale Bedeutung zu.

Um das Stadium der Erkrankung genau zu klassifizieren, greift auch die Tiermedizin auf die standardisierten Vorgaben der Weltgesundheitsorganisation (WHO) zurück und beschreibt das Stadium einer Krebserkrankung bei soliden Tumoren in der Einteilung der TNM-Klassifikation, die den Tumor anhand der oben genannten drei Kategorien beurteilt und entsprechend einordnet:

- **T** steht für die Tumorgröße,
- **N** kürzt den englischen Begriff Nodes (Lymphknoten) ab, gibt die Information, ob bereits regionale Lymphknotenmetastasen vorhanden sind oder nicht, und nennt zugleich deren Anzahl,
- **M** beschreibt, ob Fernmetastasen nachweisbar sind („M1“) oder nicht („M0“).

Aus dieser Gesamtbeurteilung ergibt sich die Einordnung der individuellen Erkrankung in eines der vier klinischen Stadien:

- Stadium I beschreibt eine ausschließlich lokale Erkrankung, die auf den Primärtumor beschränkt ist.
- Stadium II ist eine lokale Erkrankung mit bereits erkennbarer regionaler Ausbreitung.
- Stadium III bezeichnet eine lokale Erkrankung mit extensiver regionaler Ausbreitung.
- Stadium IV steht für die Stadien I bis III mit körperweiten Metastasen (Fernmetastasen).

Demnach würde beispielsweise die Beurteilung „T1N0M0“ besagen, dass es sich um einen kleinen lokalen Tumor handelt, bei dem keine regionalen Lymphknoten befallen sind und auch im gesamten Körper keinerlei Metastasen nachweisbar sind. Diese Erkrankung befindet sich im Stadium I, und mit höchster Wahrscheinlichkeit könnte dieser Patient durch einen chirurgischen Eingriff, der den Gesetzmäßigkeiten der onkologischen Chirurgie folgt, geheilt werden.
Das maligne Lymphom als ein systemischer Tumor folgt einer eigenen Stadieneinteilung in fünf Stufen, die auch hier eine hohe prognostische Bedeutung für den Patienten haben.

Stadien des malignen Lymphoms*

Stadium I: Ein Lymphknoten oder das lymphatische Gewebe eines einzelnen Organs (nicht das Knochenmark) ist betroffen.

Stadium II: Mehrere Lymphknoten einer Region sind befallen.

Stadium III: Die Lymphknoten sind generalisiert vergrößert, das heißt Lymphknoten vor UND hinter dem Zwerchfell sind befallen.

Stadium IV: Die Leber und/oder die Milz sind mit betroffen.

Stadium V: Der Tumor hat sich auch im Knochenmark manifestiert.
Diese fünf Stadien werden nochmals in zwei Substadien unterteilt, denn das individuelle Befinden des Patienten hat immer einen wesentlichen Einfluss auf das klinische Stadium der Tumorerkrankung und nachfolgend auf die Wahl einer für diesen individuellen Patienten optimalen Therapie.

Substadium a: ohne systemische Allgemeinsymptome einer Erkrankung (Patient fühlt sich wohl)

Substadium b: mit systemischen Allgemeinsymptomen der Erkrankung (Patient fühlt sich krank)

* Zusammenstellung nach diversen Informationen der Onkologischen Abteilung der Internen Klinik für Kleintiere der Veterinärmedizinischen Universität Wien.

Eine klinische Untersuchung, ein Blutbild und eine blutchemische Untersuchung, um eventuelle Veränderungen in der Leistungsfähigkeit einzelner Organe zu erkennen, geben wertvolle Hinweise auf das individuelle Allgemeinbefinden des Patienten und haben immer einen wesentlichen Einfluss auf die Beschreibung des klinischen Stadiums einer Tumorerkrankung.

Das individuelle Befinden des Patienten hat immer einen wesentlichen Einfluss auf das klinische Stadium einer Tumorerkrankung und nachfolgend auf die Wahl einer optimalen Therapie.

Die bildgebende Diagnostik

Für die Klassifizierung des Stadiums stehen auch in der Tiermedizin aussagekräftige diagnostische Möglichkeiten zur Verfügung. In erster Linie werden dabei die bildgebenden Verfahren der Röntgenuntersuchung, des Ultraschalls, der Computertomografie oder der Magnetresonanztomografie eingesetzt. Eventuell vorhandene Knochenmetastasen eines Osteosarkoms können heute auch in einer Szintigrafie, einem bildgebenden Verfahren der Nuklearmedizin, nachgewiesen werden. Bei all diesen Möglichkeiten gilt es jedoch stets, den Einsatz dieser Verfahren genauestens abzuwägen und anhand der jeweils aktuellen Fragestellung die richtige und für den einzelnen Patienten sinnvolle Methode auszuwählen. Jedes Verfahren hat sein eigenes spezielles Einsatzgebiet, und im Mittelpunkt aller diesbezüglichen Entscheidungen steht auch hier immer der individuelle Patient. Jede einzelne Untersuchung muss dem biologischen Verhalten des Tumors und dem klinischen Allgemeinbefinden des Patienten entsprechend geplant werden.

Das biologische Verhalten des Tumors und seine bevorzugten Orte einer Metastasierung bestimmen den Einsatz der diagnostischen Mittel im Staging.

Die **Röntgenuntersuchung** ist die älteste Methode der bildgebenden Diagnostik. Röntgenstrahlen erzeugen Schattenbilder, die Strukturen und Organe wiedergeben und die je nach Dichte hell oder dunkel auf dem Röntgenbild erscheinen. Dabei stellen sich dichte Strukturen weiß, Luft hingegen schwarz dar. Bilder, die beim digitalen Röntgen erzeugt werden, sind dabei um ein Vielfaches schärfer als die traditionellen Röntgenbilder auf einem strahlenempfindlichen Film. Eine Röntgenuntersuchung dient in der Onkologie beispielsweise dem Erkennen von Knochentumoren oder Lungenmetastasen, verfügt dabei aber über eine geringere Sensitivität als die ebenso auf Röntgenstrahlen basierende Computertomografie, die beispielsweise Lungenmetastasen bereits in einem sehr viel früheren Stadium darstellen kann.

In der **Ultraschalluntersuchung** erzeugen Schallwellen, die jenseits der menschlichen Hörschwelle liegen, ein Bild, das aus der Umwandlung des Echos von Organen entsteht. Während ein Röntgenbild nur die Umrisse von Organen zeigt, können in der Ultraschalluntersuchung darüber hinaus Struktur und Aufbau des Gewebes genauer beurteilt werden. Eine Ultraschalluntersuchung des Bauchraums (Abdomen) bietet in der Onkologie wertvolle Hinweise, wenn der Verdacht auf einen Tumor an den inneren Organen besteht. Schon im Rahmen einer Vorsorgeuntersuchung können tumoröse Veränderungen so nachgewiesen oder weitgehend ausgeschlossen werden. Ein Milztumor beispielsweise ist am Röntgenbild anhand der veränderten Form und Größe der Milz erst in einem bereits fortgeschrittenen Stadium erkennbar. In der Ultraschalluntersuchung hingegen ist die Struktur der Milz darstellbar, sodass auch kleinere Veränderungen, die noch zu keiner Verformung des Organs geführt haben, sichtbar werden.

Bei der **Computertomografie** (CT) bewegt sich eine Röntgenröhre rund um die zu untersuchende Körperregion. Mittels moderner Computertechnik werden die so entstehenden Bilder des Patienten zu einer dreidimensionalen Ansicht rekonstruiert. Da der Hund sich während dieser Untersuchung nicht bewegen darf, ist für die Computertomografie immer eine Narkose notwendig. Die überlagerungsfreien dreidimensionalen Darstellungen der Computertomografie sind beispielsweise bei der frühzeitigen Diagnose eines Knochentumors unersetzlich, der hier lange bevor er am Röntgenbild sichtbar wird, nachgewiesen werden kann. In der Onkologie kommt der Computertomografie über die Diagnostik hinaus insbesondere bei der Planung einer Strahlentherapie besondere Bedeutung zu.

Die **Magnetresonanztomografie** (MRT), auch Kernspintomografie genannt, erzeugt durch die magnetische Anregung von Wasserstoffmolekülen im Körper schichtweise Abbilder von Organen und Gewebearten. Diese im diagnostischen

Bereich ebenfalls in Narkose durchgeführte Untersuchungsmethode ist vor allem bei neurologischen Fragestellungen bedeutsam und dient in der Onkologie vor allem dem Nachweis von Tumoren im Zentralnervensystem: im Gehirn und im Rückenmark. Bei einem Hirntumor ist mittels der Magnetresonanztomografie oft bereits eine genauere und weitreichendere diagnostische Aussage möglich als allein mit einer Computertomografie.

Die **Szintigrafie** ist eine nuklearmedizinische Methode und kann sowohl diagnostisch als auch therapeutisch eingesetzt werden. In der onkologischen Diagnostik dient dieses Verfahren beim Hund primär dem Nachweis von Metastasen bei Knochentumoren. Im Rahmen dieser Untersuchung wird dem Patienten zunächst intravenös ein radioaktiv markierter Tracer verabreicht, eine Substanz, deren Anreicherung im Knochengewebe pathologische Prozesse anzeigt. Über diesen stoffwechselbedingten Anreicherungsprozess können tumoröse Umbildungsprozesse im Knochengewebe zu einem weit früheren Zeitpunkt sichtbar werden als mit jedem anderen bildgebenden Verfahren. Nachdem sich die Tracersubstanz im Körper verteilt hat, scannt eine Kamera den gesamten Organismus, und die im Bild aufleuchtenden Punkte sind nun ein klarer Hinweis auf eine Metastase. Andere erhöhte Anreicherungen – beispielsweise in Gewebe, das von degenerativ-entzündlichen Prozesses betroffen ist – können in der Interpretation der Bilder zumeist eindeutig zugeordnet werden. Künftig könnte der Ganzkörperscan auch bei anderen Tumorarten eine diagnostische Option für den Nachweis von Metastasen sein.

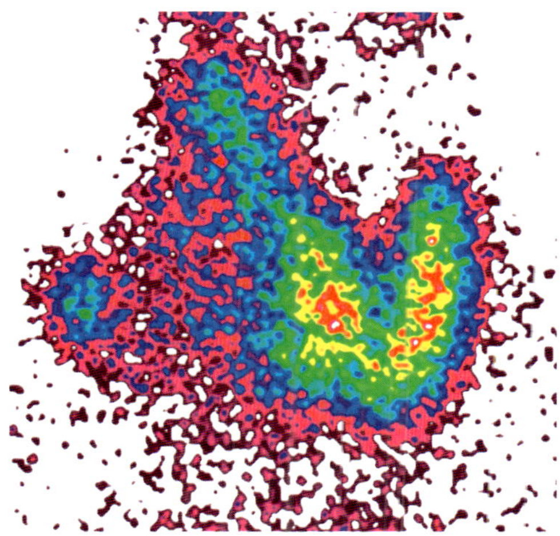

Bei der Szintigrafie, hier an einer menschlichen Schilddrüse, wird die Anreicherung eines radioaktiv markierten Tracers an pathologisch veränderten Zellen sichtbar gemacht.

Beispiel Osteosarkom: Das biologische Verhalten bestimmt die Wahl der diagnostischen Verfahren

Das Osteosarkom metastasiert sehr häufig in andere Knochen. Zudem handelt es sich um einen Tumor mit hämatogener Metastasierung, sodass in erster Linie auch die Lunge von Fernmetastasen betroffen sein kann. Die erste Untersuchung, um das Stadium zu klassifizieren, wäre hier also ein Lungenröntgen. Wird für den Patienten eine Strahlentherapie geplant, kann dieser Befund im Planungs-CT verifiziert werden, um eventuelle sehr kleine Metastasen, die im Röntgenbild noch nicht darstellbar sind, nachzuweisen. Für die Suche nach weiteren Knochenmetastasen ist die Röntgendiagnostik ungeeignet, da kaum jeder einzelne Knochen des Hundes geröntgt werden kann. Stattdessen bietet die Szintigrafie hier eine weitreichende diagnostische Möglichkeit.

Alle Möglichkeiten der bildgebenden Diagnostik sollten immer unter der Prämisse der Sinnhaftigkeit für den einzelnen Patienten geplant werden. Für Osteosarkompatienten beispielsweise ist die Szintigrafie ein wertvolles diagnostisches Mittel.

Spezifische und unspezifische Tumormarker

Der Begriff Tumormarker bezeichnet verschiedene Proteine, Hormone oder Enzyme, die auf die Existenz eines Tumorgeschehens im Organismus hindeuten. Das können beispielsweise Stoffwechselprodukte eines malignen Zellwachstums sein, die in den Blutkreislauf gelangt sind, oder aber auch tumorassoziierte Antigene, die mit immunologischen Diagnoseverfahren nachgewiesen werden können. Darüber hinaus können Veränderungen im Hormonspiegel oder in der Blutchemie des Patienten auf eine Neoplasie hinweisen.

Tumormarker sind Proteine, die auf ein malignes Tumorgeschehen hinweisen können. In der Humanmedizin werden sie zumeist im Rahmen bestimmter Vorsorge-Blutuntersuchungen labortechnisch gemessen, und ihr Nachweis legt gegebenenfalls einen Tumorverdacht nahe. Diagnostisch verwendbare Tumormarker sind bisher nur für wenige Tumoren bekannt und haben sich im tiermedizinischen Bereich noch kaum etabliert.

Spezifische Tumormarker in der tertiären Prävention

Die meisten Tumormarker werden bei Mensch und Tier gleichermaßen erst ab dem Zeitpunkt der Diagnose und vor allem nach einer onkologischen Therapie in regelmäßigen Kontrolluntersuchungen des Patienten eingesetzt.
Wurde beispielsweise bei einem Patienten eine ausschließlich lokale Tumorerkrankung ohne Metastasen diagnostiziert, die durch eine entsprechende chirurgische und onkologische Therapie geheilt oder unter Kontrolle sein sollte, wird dieser Patient dennoch in einem sogenannten Monitoring in regelmäßigen Abständen überwacht. Im Rahmen dieser Routineuntersuchungen werden die entsprechenden Tumormarker gemessen. Bei den spezifischen Tumor-

Tumormarker haben insbesondere im Rahmen der tertiären Prävention eine besondere Bedeutung.

markern sind dies zumeist Botenstoffe, die der Tumor in den Blutkreiskauf abgibt. Nachdem die vollständige Behandlung des Patienten abgeschlossen ist, wird der individuelle Basiswert des Tumormarkers, der in Zusammenhang mit dem Tumor dieses Patienten steht, ermittelt und von nun an regelmäßig kontrolliert. Bei manchen Brustkrebsformen betrifft dies beispielsweise ein bei Mensch und Hund nahezu identisches Antigen: das CEA, das Carcinoembryonale Antigen. Jede Patientin hat einen unterschiedlichen Grundwert, sodass am Ende einer onkologischen Therapie immer der Basiswert der individuellen Patientin genommen werden muss. Wenn sich in der Region des ursprünglichen Tumors keine Hinweise auf eine Neuerkrankung zeigen, dieser CEA-Wert im Monitoring aber plötzlich ansteigt, ist dies der erste und sensibelste Hinweis darauf, dass der Tumor rezidivieren könnte oder dass sich irgendwo im Organismus eine Metastase bildet.

Unspezifische Tumormarker

Auch unspezifische Tumormarker können wertvolle Hinweise auf eine eventuelle Krebserkrankung bieten. Unspezifische Tumormarker sind bestimmte Parameter der blutchemischen Untersuchung und des Blutbildes, für deren Abweichung vom physiologischen Wert eine Neoplasie die Ursache sein könnte.

Beispielsweise kann ein permanent erhöhter Wert der Leukozyten ohne ein nachweisbares Entzündungsgeschehen im Organismus ein Hinweis auf eine paraneoplastische Leukozytose sein, hinter der sich ein Tumor verbirgt. Auch eine auffällige Reduktion der Thrombozyten gilt als unspezifischer Tumormarker. Die Ursache dieser Blutplättchenarmut könnte zwar auch eine Autoimmunerkrankung sein, die dazu führt, dass der Organismus Antikörper gegen seine eigenen Blutplättchen bildet und diese selbst vernichtet, aber Tumoren als eine mögliche Ursache können erst nach einer entsprechenden genauen Untersuchung des Patienten ausgeschlossen werden. Erhöhte Werte der Eosinophilen, einer bestimmten Unterform der weißen Blutkörperchen, können möglicherweise auf einen Mastzelltumor hindeuten. Auch Veränderungen in der Konzentration bestimmter Plasmaproteine wie beispielsweise des Albumins können ursächlich mit einem Tumor zusammenhängen.

Zudem könnte die blutchemische Untersuchung auch den Hinweis ergeben, dass der Organismus über zu viel Kalzium verfügt und bei dem betroffenen Hund eine Hyperkalzämie vorliegt. Auch das ist ein unspezifischer Tumormarker, der bei einigen Tumorarten, bei Adenokarzinomen, aber auch bei Lymphomen oder Osteosarkomen, als paraneoplastisches Symptom auftritt. Zu den unspezifischen Tumormarkern des Osteosarkoms gehört darüber hinaus die alkalische Phosphatase. Dieses Enzym gelangt durch den tumorbedingten Umbau des Knochengewebes verstärkt in den Blutkreislauf, sodass eine Erhöhung auf einen aktiven Knochentumor hindeuten kann. Der Wert der alkalischen Phosphatase kann somit in den meisten Fällen auch als prognostischer Faktor dieser Erkrankung interpretiert werden.

Veränderungen im Blutbild oder in den blutchemischen Werten können als unspezifische Tumormarker in vielen Fällen ein paraneoplastisches Symptom darstellen und einen ersten Hinweis auf eine Krebserkrankung geben. Die Umkehrung aber gilt nicht: Ein vollkommen unauffälliger Blutbefund mit allen Werten im Normbereich ist kein sicherer Beweis dafür, dass der Patient nicht von einer Tumorerkrankung betroffen ist.

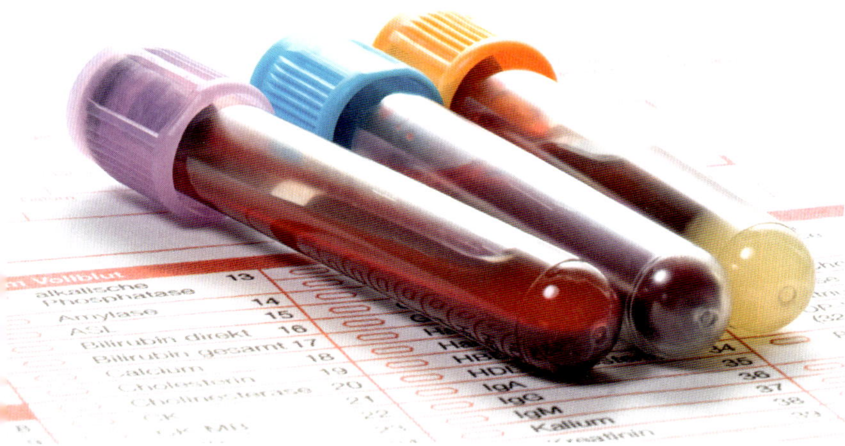

Veränderungen im Blutbild können erste Hinweise auf eine Krebserkrankung geben.

Von Erfahrung, Vertrauen und Visionen

Krankheitsbilder sind so individuell und vielseitig wie das Leben selbst. Auch wenn die modernste Diagnosetechnik, die in der Tiermedizin heute bereits in weiten Teilen humanmedizinischen Standards folgt, zum Einsatz gelangt, kommt der korrekten klinischen Interpretation aller Untersuchungsbefunde durch die behandelnden Tierärzte doch unverändert die höchste Bedeutung zu. Darüber hinaus wird uns morgen wieder eine Vielzahl neuer und verbesserter Möglichkeiten zur Verfügung stehen. Dazu leistet nicht nur die Forschung im Labor wertvolle Beiträge, sondern auch unsere vierbeinigen Patienten selbst können in Zusammenarbeit mit Tierärzten, deren Arbeit gleichermaßen von Erfahrung und Visionen geprägt ist, die Entwicklung neuer diagnostischer Optionen für die Zukunft unterstützen.

Trotz moderner diagnostischer Möglichkeiten in der Veterinärmedizin wird es immer wieder Fälle geben, in denen frühe pathologische Veränderungen im Gewebe auch mit modernster Technik noch nicht darstellbar sind. Zum einen ist eine Mindesttumorgröße notwendig, um eine Umfangsvermehrung tastbar zu machen und sie mit bilddiagnostischen Verfahren darzustellen, zum anderen geht dem tast- und darstellbaren Tumor eine lange Karzinogenese voran, in der erst wenige molekulare Zellveränderungen den Beginn eines Tumorgeschehens, einen Tumor „in situ", darstellen.

Unspezifische Tumormarker richtig deuten

Weisen das Blutbild, die Ergebnisse der blutchemischen Untersuchung oder auch unphysiologische Hormonwerte auf einen pathologischen Prozess im Organismus hin und wurden mögliche andere Erkrankungen ausgeschlossen, können diese unspezifischen Tumormarker die Vermutung eines neoplastischen Geschehens im Körper nahelegen. Trotz negativer Befunde der bildgebenden Diagnostik könnte ein chirurgischer Eingriff mit einer Gewebeentnahme in einigen Fällen nun das Mittel der Wahl sein, denn erst der pathohistologische Befund bietet letztlich Gewissheit über die Beschaffenheit des betroffenen Gewebes. Bestätigt dieser Befund, dass dem Hund im Rahmen dieses Eingriffs hyperplastisches oder präneoplastisch verändertes Gewebe entfernt wurde, konnte der betreffende Hund mit hoher Wahrscheinlichkeit vor einem in Kürze daraus entstehenden malignen Tumor bewahrt werden. Ein unspezifischer Tumormarker, der ein solches Vorgehen rechtfertigt, ist beispielsweise ein um ein Vielfaches erhöhter Östradiolwert bei einer Hündin, die sich nicht im Proöstrus, also in der Phase der einsetzenden Läufigkeit befindet. Werden Östradiolwerte nachgewiesen, die dem Zyklus der Hündin nicht entsprechen und jegliche Normwerte weit übersteigen, und ist ausgeschlossen, dass diese Hündin in ihrem familiären Umfeld die Möglichkeit einer versehentlichen oralen Aufnahme von östrogenhaltigen Präparaten oder Medikamenten hatte, so liegt die Vermutung eines Östrogen produzierenden Tumors nahe.

Aus dem Alltag 1

Eine vierjährige Boxerhündin litt mit erhöhter Temperatur und einem leicht veränderten Gangbild an den typischen Symptomen einer Gebärmutterentzündung, die sich in der Ultraschalluntersuchung geringgradig nachweisen ließ. Auch die Eierstöcke zeigten kaum nennenswerte Auffälligkeiten. So schien zunächst statt einer Operation eine antibiotische Therapie angebracht, die zwar eine geringfügige Verbesserung der Symptome mit sich brachte, aber keinen durchschlagenden Erfolg. In einer weiteren gynäkologischen Untersuchung zeigte sich bei der Hündin ein nahezu östrisches Bild der Vagina, obwohl ihre Läufigkeit erst vier Monate zurücklag und sie sich ihrem individuellen Zyklus entsprechend eigentlich in der hormonellen Ruhephase, im Anöstrus, befinden sollte. Die Bestimmung des Hormonstatus ergab einen 17-fach(!) erhöhten Östradiolwert. Da eine unbemerkte orale Aufnahme östrogenhaltiger Präparate durch die Hündin in diesem Fall ausgeschlossen war, fiel die Entscheidung für eine Ovariohysterektomie (OHE), eine Kastration, bei der Eierstöcke und Gebärmutter entfernt werden. Dass die Operation die richtige Entscheidung für die Boxerhündin war, bestätigte einige Tage später der pathohistologische Befund, der von hyperplastischen Veränderungen der Granulosazellen des Eierstockgewebes sprach: ersten Zellveränderungen, die in diesem Stadium in der bildgebenden Diagnostik nicht dargestellt werden können.

Vertrauen in den „State of the Art“

Erinnern wir uns an Anna, die wir auf den ersten Seiten dieses Buches kennengelernt haben. Der erste vage Hinweis auf ihre Erkrankung war die Erkenntnis, dass das Lebergewebe sich im Ultraschall pathologisch verändert darstellte. Aus onkologischer Sicht wäre dies genug Anlass für eine ganze Reihe sofortiger weiterführender Überlegungen und diagnostischer Maßnahmen gewesen: Primäre Leberneoplasien stellen nicht einmal drei Prozent aller Tumorerkrankungen bei Hunden dar und sind damit sehr selten. Zumeist betreffen sie ältere Hunde im Alter von zehn bis zwölf Jahren. Bei den weitaus meisten tumorösen Veränderungen der Leber handelt es sich um Metastasen von Tumoren anderer Organe und Lokalisationen oder um eine Infiltrierung von Lymphomen. Die klinischen Symptome sind auch hier eher unspezifisch. Blasse Schleimhäute weisen auf eine eventuelle Anämie hin, die unterschiedlichste Ursachen haben kann. Trotz eines typischen Röntgenbefunds bei einer Leberneoplasie sollte die Ultraschalluntersuchung präzisere Hinweise geben können, vor allem Informationen über Lage und Ausbreitung des erkrankten Gewebes. Da aber die bildgebende Diagnostik allein auch hier keine Tumordiagnose darstellt und vor allem keine Hinweise geben kann, ob es sich bei den erkennbaren Veränderungen um entzündliche oder tumoröse Prozesse handelt bzw. an welchem Tumor der betroffene Hund erkrankt ist, wäre der nächste Schritt eine Biopsie des Lebergewebes. Die mit dieser Untersuchung verbundenen Ängste vieler Tierbesitzer sind unbegründet, wenn der Biopsie eine adäquate Vorbereitung des Patienten vorausgeht und die ultraschallgesteuerte Gewebeentnahme von mit dieser Technik vertrauten und erfahrenen Tierärzten durchgeführt wird. Das Vertrauen in eine auf diesem Standard arbeitende Klinik sollte in jedem Fall größer sein als die Angst vor eventuellen Komplikationen.

Vor einer Biopsie der inneren Organe des Bauchraums müssen die Blutgerinnungsparameter in einem aktuellen Blutbild überprüft werden, und selbstverständlich sollte eine Voruntersuchung im Hinblick auf die Narkosefähigkeit des Patienten erfolgen.

Da die Leber zu den Organen des Organismus gehört, die sich ausgesprochen gut regenerieren, können bis zu 85 Prozent des Organs operativ entfernt werden. Computerprogramme können heute das notwendige Restgewebe und die Chancen auf dessen Regenerierung im Vorfeld einer geplanten Operation errechnen. Diese dreidimensionalen Rekonstruktionen aus den Schnittbildern der Computer- und Magnetresonanztomografie stellen bei der Planung des chirurgischen Eingriffs eine wertvolle Hilfe dar. Aufgrund des zu erwartenden hohen Blutverlusts während einer solchen Operation muss in jedem Fall eine Bluttransfusion möglich sein, das heißt entsprechende Blutkonserven müssen bereitstehen.

Neue Wege gehen

Die Tiermedizin befindet sich ebenso wie die Humanmedizin in einem beständigen Prozess der Weiterentwicklung. Untersuchungen, an die gestern noch kaum jemand dachte, sind heute klinischer Alltag, und diagnostische Möglichkeiten, die heute noch als undurchführbar gelten, werden morgen selbstverständlich sein. Ist die medizinische Notwendigkeit gegeben, kann es auch im Interesse eines individuellen Patienten sinnvoll sein, neue Wege zu gehen. Das ist möglich, wenn Tiermediziner mit Weitblick und Visionen, aber auch mit einem untrennbar dazugehörenden Verantwortungsgefühl und Respekt vor dem ihnen anvertrauten Leben auf Tierbesitzer treffen, die bereit sind, zusammen mit ihren vierbeinigen Freunden neue Wege in Offenheit und Vertrauen mitzugehen. Diese Konstellationen können dem betreffenden Patienten oft eine genau auf seine Situation zugeschnittene Diagnostik und Therapie ermöglichen und gleichzeitig ein kleines Stück Zukunft gestalten – eine Zukunft, die für nachfolgende Patienten vielleicht ein entscheidendes Plus an Sicherheit und Lebensqualität bedeuten kann.
Ein vertrauensvolles Miteinander von Tierärzten und Besitzern im Sinne des Patienten kann über die Standardtherapie hinaus ein ebenso visionäres wie verantwortungs- und respektvolles Handeln beinhalten, das nicht nur das individuelle Leben des Patienten schützt, sondern auch die Zukunft der Tiermedizin prägend mitgestaltet.

Aus dem Alltag 2

Ein siebenjähriger Boxerrüde verließ die Augenfachklinik mit der Verdachtsdiagnose eines Irismelanoms. Dieser Tumor hat der Literatur zufolge beim Hund nur ein geringes Metastasierungsrisiko, und mit ein wenig Glück würde der Rüde lebenslang keinerlei Probleme mit diesen Gewebeveränderungen an der Iris haben. Für eine Lasertherapie waren die Veränderungen zu weit fortgeschritten, und eine weitere diagnostische Abklärung durch eine Irisbiopsie wird in der Tiermedizin aktuell auch in standardsetzenden Kliniken nicht angeboten. Die Augen des Rüden sollten in regelmäßigen Abständen kontrolliert werden, um das eventuelle Wachstum des Tumors zu beobachten und vor allem, um den Augendruck zu messen, um das Risiko eines tumorbedingten Glaukoms möglichst gering zu halten. Im schlimmsten Fall müsse das Auge dann chirurgisch entfernt werden, lauteten die Besitzerinformationen, die der gegenwärtigen tiermedizinischen Praxis entsprachen.

Dieser Verdacht auf einen eventuell malignen Tumor mit einem wenn auch geringen, so doch gegebenen Metastasierungsrisiko aber stellt eine Situation dar, die prinzipiell nach einer sicheren diagnostischen Abklärung und einer eventuell nachfolgenden Therapie verlangen würde. Nachdem sich in der Kontrolluntersuchung des Rüden vier Monate nach der ersten Verdachtsdiagnose eine Ausweitung der Irisveränderungen zeigte, fiel entgegen dem Standard die ungewöhnliche Entscheidung für eine Irisbiopsie, die die unabdingbar notwendige Gewebediagnose bringen würde, um eventuell weitere therapeutische Schritte einzuleiten. Diese Irisbiopsie wurde minutiös geplant und mit der fachlichen Unterstützung eines humanmedizinischen Augenchirurgen durchgeführt. Der Eingriff, den der Rüde komplikationslos und ohne jede bleibende Einschränkung überstand, dauerte circa 20 Minuten. Am Ende sprach der pathohistologische Befund von einem „kaninen Melanozytom der vorderen Uvea“, also von einem benignen melanozytären Tumor, der keine weitere Behandlung erforderte.

Wir fassen zusammen

Nur eine vollständige Diagnose kann zu einem Behandlungserfolg führen, der unserem Hund und uns gemeinsame lebenswerte Zeit schenkt – unser Hund verdient keine Halbheiten!

Drei Schritte führen zu einer vollständigen Diagnose und Charakterisierung des Tumors:

1. Gewebeeinschätzung: Tumorös oder entzündlich?
2. Gewebediagnose: Um welchen Tumor handelt es sich?
3. Staging: In welchem klinischen Stadium befindet sich die Erkrankung?

Die Informationen der Gewebediagnose und die Klassifizierung des Stadiums ermöglichen die Entwicklung eines individuellen Therapieplans.

Immunologische Ansätze in der Diagnostik und Mutationsanalysen, die auch in der Tiermedizin in onkologischen Fachkliniken zum Alltag gehören, ermöglichen eine genaue Klassifizierung der Tumoren und damit einen effizienten Therapieplan.

Der bildgebenden Diagnostik kommt sowohl in der Prävention als auch in der Stadiumssuche eine besondere Bedeutung zu. Ein bildgebender Befund allein aber stellt in der Onkologie noch keine Diagnose dar.

Unspezifische Tumormarker können auch in der Tiermedizin frühzeitig wertvolle Hinweise auf ein eventuelles tumoröses Geschehen im Körper des Patienten bieten.

Neben den modernen medizintechnischen Möglichkeiten garantieren Erfahrung der behandelnden Tierärzte und Vertrauen der Patientenbesitzer in deren Arbeit die richtigen Entscheidungen für den Patienten.

Visionen, die über das derzeit Machbare hinausgehen, und die Bereitschaft, neue Wege zu gehen, schützen nicht nur das Leben des individuellen Patienten, sondern unterstützen die Entwicklung neuer Optionen in der tiermedizinischen Diagnostik.

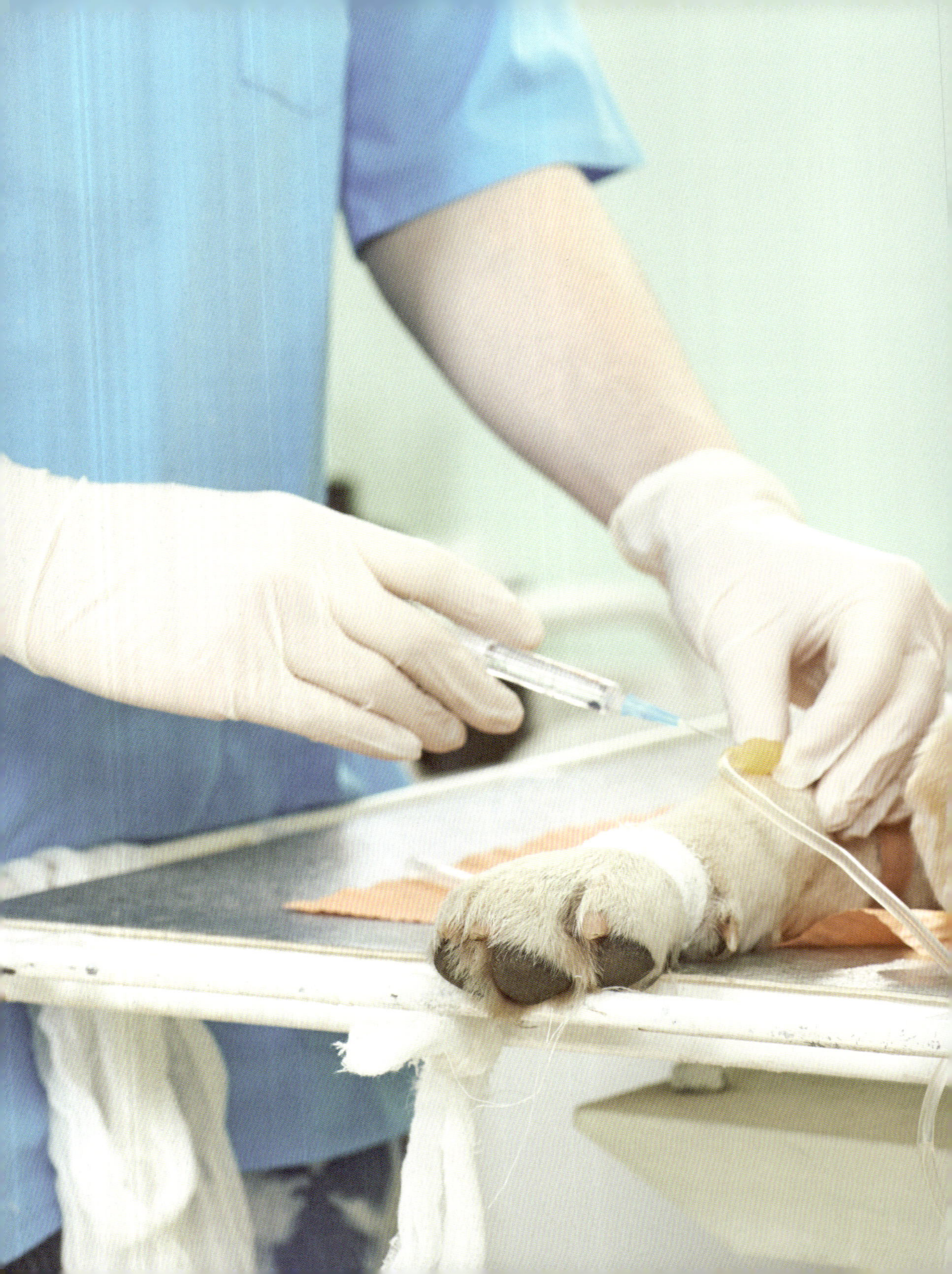

5. Therapie

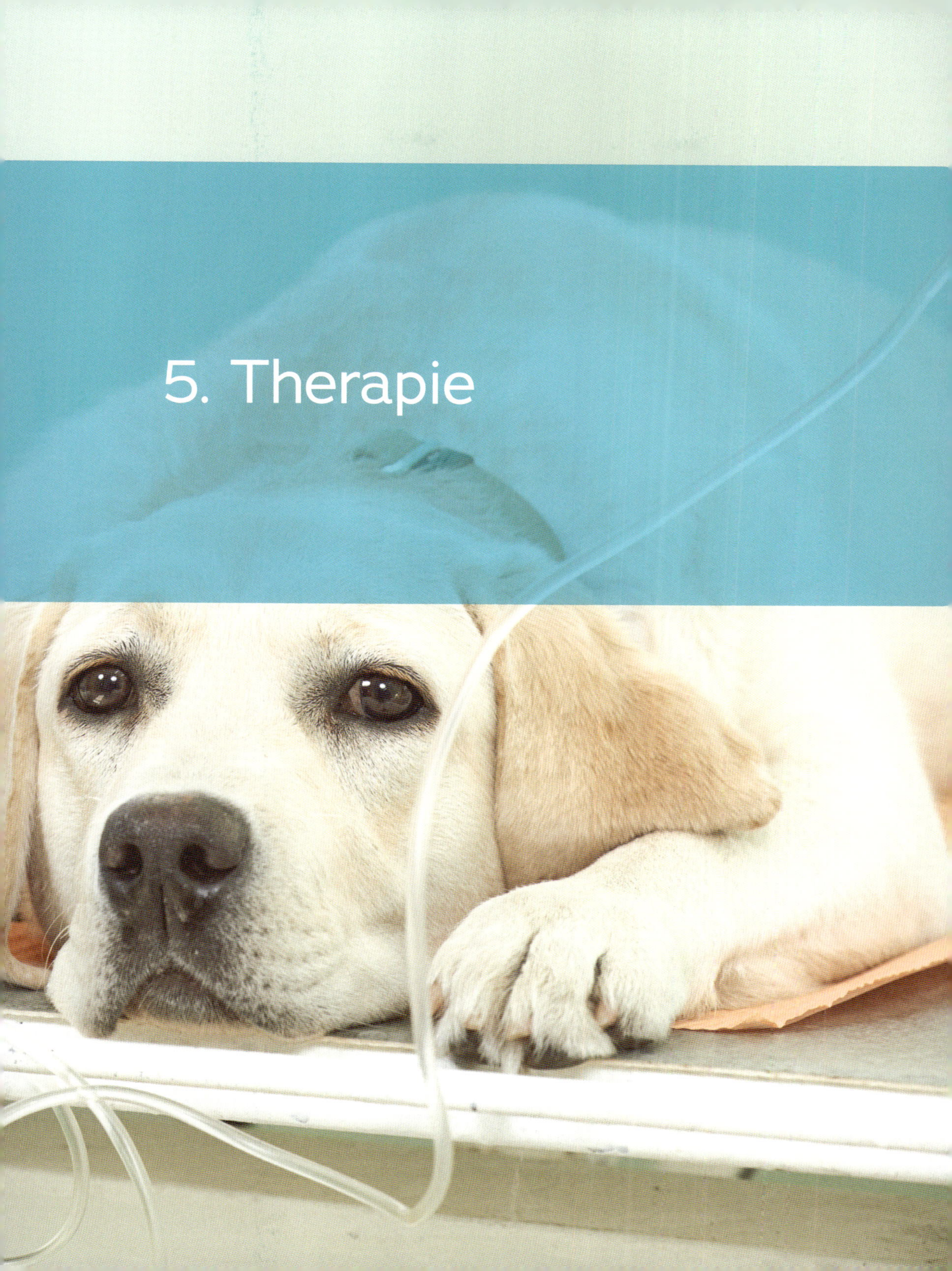

Auf die Frage, was die Tiermedizin heute für einen krebskranken Hund tun kann, gibt es viele Antworten, die echte Lösungsansätze bieten. In Fachkliniken garantiert die fachübergreifende enge Zusammenarbeit zwischen Internisten, Onkologen, Radiologen, Chirurgen und Pathologen nicht nur die notwendige genaue Diagnostik, sondern vor allem auch eine umfassende therapeutische Betreuung für den krebskranken Hund.

Neben den lokalen Therapieformen der Chirurgie und der Strahlentherapie stehen die systemischen Therapien, zu denen die etablierte Chemotherapie ebenso gehört wie neue zielgerichtete Medikamente und spezifische immunologische Therapien, die sich an den jüngsten Entwicklungen der Humanmedizin orientieren.

Die Komplementärmedizin kann diese Primärtherapien ergänzen. Aber der vierbeinige Patient braucht neben der umfassenden Betreuung durch erfahrene Fachtierärzte jetzt vor allem auch eines: seinen Besitzer! Dessen Vertrauen, dessen Zuversicht und dessen Liebe …

Tumortherapie heute

Die zentralen Säulen einer modernen und umfassenden Krebstherapie – die Chirurgie und die Strahlentherapie, die Chemotherapie und die zielgerichteten Therapien – sind in der Tiermedizin heute längst klinischer Alltag und werden in der onkologischen Ambulanz spezialisierter Fachkliniken mit absoluter Selbstverständlichkeit tagtäglich angewandt. Der dennoch oft viel zu voreilig gezogene Schluss „Man kann nichts mehr tun. Machen wir ihm die letzte Zeit so schön wie möglich…“ könnte und sollte längst der Vergangenheit angehören.

Die Operation ist die älteste Form der Krebsbehandlung, aber bei Weitem nicht die einzige. Sie steht in vielen Fällen am Beginn einer Therapie und stellt einen ersten entscheidenden Schritt in der Behandlung des krebskranken Hundes dar. Ihre Zielsetzung reicht dabei von der vollständigen Entfernung des Tumors und damit der Heilung des Patienten bis hin zur palliativen Therapieoption, die Symptome lindert und die Lebensqualität noch einmal erheblich verbessern kann. Die Entscheidung für eine Operation fällt zumeist ganz im Sinne des vierbeinigen Patienten schnell und leicht, insbesondere dann, wenn der Hund jung ist und der Eingriff gute Heilungschancen verspricht. Die Operation stellt aber auch für den alternden Hund in den weitaus meisten Fällen noch eine ebenso adäquate Option dar. Eine an humanmedizinischem Vorbild orientierte Anästhesie und eine optimale intensivmedizinische Betreuung rund um die Operation können in standardsetzenden Kliniken das mit zunehmendem Alter ansteigende Narkoserisiko beträchtlich senken und bieten größtmögliche Sicherheit für den Patienten.

Viele Tumorerkrankungen benötigen freilich auch nach einer erfolgreichen Operation noch eine weiterführende Behandlung, um die Heilung des Hundes oder eine langfristige Kontrolle über das Tumorgeschehen zu erreichen. Hier setzen die Strahlentherapie und die systemischen Therapieformen an, die vielen vierbeinigen Tumorpatienten trotz ihrer Erkrankung eine teils

> Chancen und Risiken der modernen tiermedizinischen Onkologie sind viel diskutiert. Das größte Risiko aber besteht darin, die Chancen *nicht* zu nutzen!

hohe Lebenserwartung bei bester Lebensqualität schenken können. Zumeist sind unvollständige Informationen und übernommene Vorurteile die Gründe dafür, dass diese Möglichkeiten manchen Hunden versagt bleiben. Die ebenso gut gemeinte wie zumeist völlig falsch interpretierte Überzeugung „das tue ich meinem Hund nicht an" wird noch immer tagtäglich zu einem ungewollten Todesurteil für viel zu viele Tumorpatienten. Das oft bemühte Argument, dass manche Therapieformen ja „nur" lebensverlängernd wirken würden, ist in gewisser Weise zweifellos richtig, aber Leben und Lebensqualität zu erhalten ist die Aufgabe jeder Form von Therapie, auch die der antibiotischen Behandlung einer Infektion oder der Operation bei einem Kreuzbandriss.

Die veterinärmedizinische Onkologie verfolgt mit all ihren Therapiemöglichkeiten das Ziel, die Tumorerkrankung zu heilen oder unter Kontrolle zu bringen und die Lebenszeit des Patienten damit entscheidend zu verlängern – bei weitgehend uneingeschränkter optimaler Lebensqualität!

Erfolgreiche Therapie durch Vertrauen, Offenheit und Teamwork

Für unsere vierbeinigen Freunde ist die psychische Belastung, die eine Krebserkrankung für den Menschen bedeuten kann, kein Thema. Der Hund selbst weiß nichts von seinem Tumor. Er sorgt sich nicht um das Morgen, sondern lebt im Hier und Jetzt, genießt den Augenblick, unsere Zuneigung, unser Zusammensein. Seine Erkrankung bereitet ihm keinen Stress, sondern es sind allenfalls unsere Gefühle, unsere Sorgen und unsere Ängste, die ihn verunsichern und seine Lebensqualität durch diesen so wesentlichen psychisch-emotionalen Bereich einschränken können. Für unseren vierbeinigen Partner ist allein die Gegenwart entscheidend, und wenn er den heutigen Tag trotz seiner Erkrankung bei optimalem Wohlbefinden an unserer Seite verbringt, unsere eigene ruhige Sicherheit, die Situation unter Kontrolle zu haben, spürt, dann LEBT er sein verdientes

LEBENSwertes Hundeleben. Vielleicht schenkt ihm die Therapie, für die wir uns gemeinsam mit den behandelnden Onkologen entschieden haben, einige Monate, vielleicht einige Jahre. Das menschliche Zeitgefühl ist der falsche Maßstab für Hunde, in deren Lebenszyklus ein Jahr eine vollkommen andere Dimension hat als im menschlichen Dasein. Befreien wir uns von den negativen Gedanken oder auch Erinnerungen an menschliche Schicksale, die der Begriff Krebstherapie bei uns auslösen mag.

Zweifellos führen oft auch verschiedene Begleitumstände im Umfeld des Patienten dazu, dass ihm die Chance auf eine umfassende Therapie und damit auf ein weiteres lebenswertes Leben verwehrt bleibt. Angemessene Therapien sind zumeist sehr kostenintensiv und stellen natürlich eine nicht zu unterschätzende finanzielle Belastung dar. Gleichzeitig kann der durch materielle Gründe erzwungene Verzicht auf eine adäquate Behandlung des Hundes zu einem höchst belastenden emotionalen und ethischen Problem für den Besitzer werden. Mit der Stellung, die der Hund heute als Familienmitglied in unserem Leben einnimmt, und den fortschreitenden Möglichkeiten der Veterinärmedizin sollte eine umfassende Krankenversicherung für den Hund ebenso selbstverständlich sein wie die heute übliche und gesetzlich vorgeschriebene Haftpflichtversicherung. Auch diese Form der Vorsorge ist Teil unserer Verantwortung für das uns anvertraute Leben.

Hinterfragen wir das zumeist ungenaue Halbwissen, das uns im Internet und auf der Hundewiese begegnet, lösen wir uns von überholten Denkstrukturen, deren Aussagen auch durch beständige Wiederholung nichts an Wahrheitswert gewinnen. Ist es wirklich gerechtfertigt, dass die Angst vor einer kontrollierten und etablierten Therapie größer ist als die vor einem unkontrolliert wachsenden Tumor? Entscheiden wir uns bewusst für eine objektive Betrachtung und Analyse der gesundheitlichen Situation unseres vierbeinigen Freundes! Vor allem lassen wir verunsicherndes Halbwissen und jeder evidenzbasierten Grundlage entbehrende Foren- und Facebook-Ratschläge weit hinter uns und beschäftigen wir uns stattdessen lieber mit dem aktuellen Standard der tiermedizinischen Onkologie. Offen und unvoreingenommen werden wir so die richtige Antwort auf die Frage finden, welche der Optionen, die der behandelnde Onkologe uns und unserem Hund heute anbieten kann, wir im Interesse unseres Hundes annehmen. Machen wir uns mit den Vorteilen und den eventuellen Risiken, den Wirkungen und möglichen Nebenwirkungen der einzelnen Therapien vertraut und seien wir uns bewusst, dass das größte Risiko für das Leben unseres Hundes darin besteht, die diagnostischen und therapeutischen Möglichkeiten der Onkologie *nicht* zu nutzen! Wenn wir uns dann zu einer Therapie entscheiden, die unserem besten Freund LEBEN schenkt, dann muss unsere Kooperation – und dazu gehören drei: unser Hund, unser Tierarzt und wir! – auf einem unbedingten Vertrauensverhältnis basieren. Die wichtigsten Voraussetzungen für eine erfolgreiche Therapie sind

- unsere Offenheit und unser Vertrauen,
- der Lebenswille und die ungebrochene Lebensfreude unseres Hundes,
- das fachliche Können und das Einfühlungsvermögen unseres Tierarztes, den individuellen körperlichen Zustand und die psychische Konstitution unseres Hundes in seiner Gesamtheit – und nichts anderes bedeutet „ganzheitlich“ – richtig zu interpretieren und in die Therapieentscheidungen einzubeziehen.

Eine erfolgreiche Therapie ist Teamwork! Unser Hund, unser Tierarzt und wir müssen dabei offen und vertrauensvoll zusammenarbeiten.

Von der Diagnose zur Therapie

Der Faktor Zeit ist für den Tumorpatienten zweifellos entscheidend. Wird bei einem Hund ein Knoten oder eine Umfangsvermehrung tast- oder sichtbar, so ist keine Zeit zu verlieren, um die Ursache abzuklären. Wir warten nicht ab, sondern handeln! Dennoch: Ein Tumorpatient ist – abgesehen von einigen spezifischen Situationen – normalerweise kein Akutfall, für den in der Notambulanz unmittelbar lebensrettende Maßnahmen ergriffen werden müssen!

Nach der vollständigen Diagnosestellung mit Gewebeuntersuchung und Staging wird ein Therapieplan erstellt, und jede einzelne Behandlungsmöglichkeit wird nun – abhängig von der Gewebediagnose – genauestens geprüft und geplant. Ein Therapiebeginn – dazu gehört auch die chirurgische Entfernung einer Umfangsvermehrung der Haut! – ohne vorherige Gewebeeinschätzung bzw. -diagnose sollte der Vergangenheit angehören.

Gewebediagnose und Staging bieten die grundlegenden Informationen, auf deren Basis ein Therapieplan erstellt wird, der individuell auf den jeweiligen Patienten und seinen Tumor zugeschnitten ist.

Kurative oder palliative, lokale oder systemische Therapie?

Prinzipiell stehen dabei zwei therapeutische Ansätze zur Verfügung: Kann der Patient kurativ behandelt werden, dann ist die Heilung des Hundes oder zumindest eine langfristige, nach Möglichkeit mehrere Jahre umfassende Kontrolle der Tumorerkrankung Ziel der Therapie. Ist die Erkrankung aber bereits in einem fortgeschrittenen Stadium, sodass dieses Ziel kaum mehr erreichbar scheint, zielt ein palliativer Therapieansatz auf den Erhalt bzw. eine deutliche Verbesserung der Lebensqualität des Hundes ab. Palliative Therapien reichen von Maßnahmen, die das Tumorwachstum hemmen, über verschiedenste Möglichkeiten einer Stabilisierung der gesamten körperlichen Konstitution bis hin zu einer effizienten Schmerztherapie. Die Entscheidung, welcher der beiden Wege, der kurative oder der palliative Ansatz, für den jeweiligen Patienten der richtige und machbare ist, hängt von vielen Faktoren ab.

Ziel einer kurativen Therapie ist die Heilung des Patienten oder zumindest eine langfristige Tumorkontrolle. Ziel einer palliativen Therapie ist der Erhalt bzw. eine Verbesserung der Lebensqualität.

Die wichtigste Frage für die Planung einer Therapie ist aus medizinischer Sicht die nach der Ausbreitung des Tumorgeschehens im Organismus. Für den Therapieplan ist es von entscheidender Bedeutung, ob der Patient unter einem lokalen Tumor leidet, der nur ein Organ betrifft – etwa die Haut, die Milz, die Lunge oder die Leber –, oder ob mit der Ausbreitung des Tumors bereits eine systemische Erkrankung vorliegt, bei der wiederum zwei Stufen zu unterscheiden sind: Handelt es sich um eine lokale Metastasierung im Bereich des Primärtumors mit einer auf die regionalen Lymphknoten begrenzten Ausbreitung oder sind bereits Fernmetastasen vorhanden?

Der Therapieplan für einen ausschließlich lokalen Tumor erscheint nahezu simpel: Die lokale Entfernung des Tumors ist im Regelfall eine kurative Therapie. Dafür stehen zwei Möglichkeiten zur Verfügung: zum einen die Chirurgie, zum anderen die Strahlentherapie, die dann als primäre Therapie eingesetzt wird, wenn der Tumor chirurgisch nicht oder nur mit großen Risiken für den Patienten erreichbar ist – beispielsweise bei vielen Hirntumoren.

Geht das Stadium der Erkrankung aber bereits über einen lokalen Tumor hinaus oder ist eine Metastasierung nachweisbar, kann der Patient mit einer lokalen Therapie allein nicht mehr adäquat behandelt werden. Hier kommen die systemischen Therapien zum Einsatz: Die Chemotherapie und zielgerichtete Medikamente gehören in diesen Bereich.

Die heute in der Tiermedizin etablierten Tumortherapien sind die lokalen Therapieformen der Chirurgie und der Strahlentherapie sowie die systemischen Therapieformen der Chemotherapie und der zielgerichteten Therapien, zu denen auch spezifische und unspezifische immunologische Therapien gehören.

Wenn alle diagnostischen Informationen vollständig vorliegen, wird anhand eines sogenannten Therapiealgorithmus ein Therapieplan erstellt. Der pathohistologische Befund, das onkologische Wissen um die Tumorbiologie und die Ergebnisse des Stagings haben im Vorfeld die folgenden Fragen beantwortet:

- Wie groß ist der Primärtumor?
- Konnte der Tumor vollständig entfernt werden bzw. wie hoch ist das Risiko, dass an der Lokalisation des Primärtumors Tumorzellen im Organismus verblieben sind?
- Ist der Tumor hochaggressiv oder weniger maligne?
- Hat der Tumor das Potenzial zur Metastasierung oder liegen bereits Metastasen vor?

Auf der Grundlage dieses Wissens fallen nun die notwendigen Entscheidungen:

- Ist zusätzlich zur Chirurgie eine Strahlentherapie zur lokalen Behandlung notwendig?
- Reicht eine lokale Therapie aus oder benötigt der Patient darüber hinaus eine systemische Therapie?
- Muss die Labordiagnostik weiterführende Fragen nach den spezifischen Mutationen der Tumorzellen beantworten, um eventuell zielgerichtete Medikamente erfolgreich einsetzen zu können?

> **„Krebse haben Temperamente, Persönlichkeiten – Verhaltensweisen. Und biologische Heterogenität verlangt therapeutische Heterogenität; man kann nicht ein und dieselbe Behandlung unterschiedslos auf alle Krebsarten anwenden."***
>
> Siddhartha Mukherjee
>
> * Siddhartha Mukherjee: Der König aller Krankheiten. Krebs – eine Biografie. Aus dem Englischen von Barbara Schaden. Köln: DuMont Buchverlag 2012, S. 219.

Einer der wichtigsten Wegweiser des Onkologen für die Entscheidungsfindung zum Einsatz der unterschiedlichen therapeutischen Möglichkeiten ist der Therapiealgorithmus, ein Diagramm, das die therapeutischen Optionen darstellt und entsprechend den relevanten Fragestellungen zu einem optimalen Behandlungsplan führt. Dabei zeichnet eine übersichtliche schematische Darstellung den Weg der Entscheidungsfindung hin zu einer effizienten und für den Patienten sinnvollen Therapie vor und führt zu logischen und konsequenten therapeutischen Antworten, die der Diagnose folgen.

Neben den Ergebnissen der Gewebeuntersuchung und des Stagings ist der klinische Allgemeinzustand des Patienten immer ein wesentlicher Faktor bei der Entscheidungsfindung für oder gegen eine Therapie. Die Ergebnisse der klinischen Untersuchung, des Blutbildes und der blutchemischen Untersuchung fließen ebenso in alle Entscheidungen ein, wie es die individuelle psychische Konstitution des Patienten und sein soziales Umfeld tun sollten. Eine ganzheitliche Betrachtung des Patienten ist damit keineswegs ein Alleinstellungsmerkmal der sogenannten alternativen Medizin, sondern entgegen vielfacher Annahme integraler Bestandteil jeder individuellen und von Verantwortungsbewusstsein getragenen medizinischen Betreuung.

Die Multimodalitätstherapie

Ein Patient mit einer Tumorerkrankung wird auch in der Tiermedizin heute nur mehr selten mit einer therapeutischen Maßnahme allein behandelt. In vielen Fällen stellt die optimale Therapie eine Kombination aus lokalen und systemischen Therapiemöglichkeiten dar. Chirurgie und Strahlentherapie werden als lokale Therapieformen zur Behandlung eines soliden primären Tumors eingesetzt, auf eventuelle Metastasen haben diese lokalen Maßnahmen aber keinen Einfluss. Um die Ausbreitung des Tumors im Organismus zu verzögern bzw. zu verhindern, bedarf es zusätzlich einer systemischen Therapie. Tumorpatienten mit den entsprechenden Indikationen kann erst mit einer Kombination unterschiedlicher Therapieformen, einer sogenannten Multimodalitätstherapie, nachhaltig geholfen werden. Die einzelnen Komponenten der Therapie werden entsprechend dem biologischen Verhalten des Tumors und dem Krankheitsstadium, in dem der Patient sich befindet, eingesetzt.

Die moderne umfassende onkologische Behandlung ist auch in der Veterinärmedizin heute eine Multimodalitätstherapie.

Wurde der Tumor frühzeitig erkannt und diagnostiziert, kann das Krankheitsstadium des Patienten im Idealfall als T1N0M0 beschrieben werden. Der Hund wurde dem Tierarzt also mit einem kleinen Primärtumor ohne erkennbare Metastasierung vorgestellt. Dieser Tumor wird nun mit einem chirurgischen Eingriff, im Hautbereich beispielsweise mit einer sogenannten En-bloc-Resektion, entfernt, und in vielen Fällen war diese Operation kurativ. Gehört der Hund aber zu den Risikopatienten, deren Tumoren in ihrem biologischen Verhalten eine hohe Neigung zur Metastasierung zeigen, ist die Wahrscheinlichkeit gegeben, dass sein Tumor bereits metastasiert hat – auch wenn im Staging noch keine Metastasen darstellbar waren. In diesen Fällen sollte der Operation eine zusätzliche systemische Therapie folgen: beim höhergradig malignen Mastzelltumor eventuell eine zielgerichtete Therapie, beim oralen Melanom beispielsweise eine immunologische Therapie mit einer Tumorvakzine oder bei vielen anderen Tumoren eine Chemotherapie.

Krebs ist eine komplexe Erkrankung mit vielen verschiedenen Angriffspunkten. Die Kombination unterschiedlicher Therapieansätze im Rahmen einer Multimodalitätstherapie kann im Bedarfsfall, wenn die chirurgische Entfernung des Tumors allein nicht kurativ oder nicht möglich ist, den Behandlungserfolg steigern und ist in vielen Fällen unverzichtbar.

So wie in der Humanmedizin nahezu jeder Tumor mit einer Multimodalitätstherapie behandelt wird, werden die unterschiedlichen Therapieformen heute auch in der Tiermedizin miteinander kombiniert, um eine maximale Wirkung zu erzielen und eine langfristige Tumorkontrolle zu erreichen. Viele humanmedizinische Studien belegen das große Metastasierungsrisiko bei hochmalignen Tumoren, auch wenn zum aktuellen Zeitpunkt in der Diagnostik noch keine Fernmetastasen nachgewiesen werden können. Analog dazu wird heute auch beim Hund zur Behandlung hochmaligner Tumoren vielfach eine zusätzliche Chemotherapie empfohlen. Diese sogenannte adjuvante Chemotherapie hat das Potenzial, eventuell noch nicht nachweisbare Mikrometastasen zu behandeln, sodass die Wahrscheinlichkeit einer späteren Metastasierung deutlich reduziert bzw. die rezidivfreie Zeit verlängert werden kann. Ausschlaggebend für die Entscheidung zu einer derartigen Therapie ist die Belastbarkeit des individuellen Organismus, denn Lebensqualität hat in der Veterinärmedizin immer oberste Priorität.

Die Entscheidung, welche Behandlungsformen in eine Multimodalitätstherapie integriert werden, hängt immer von der Tumorart, vom Stadium der Erkrankung sowie vom Allgemeinzustand des Patienten ab.

Lokale Therapien

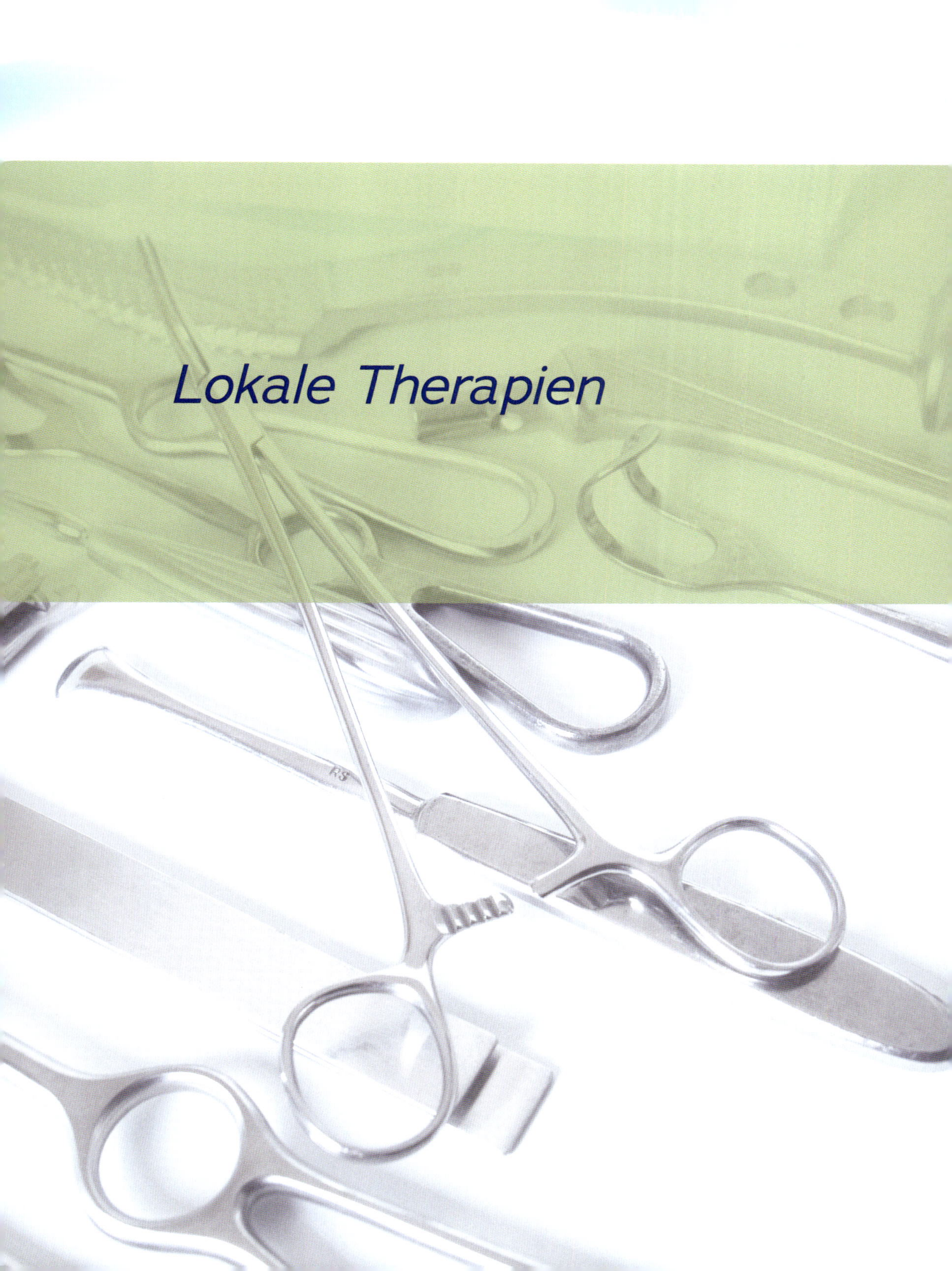

Als lokale Therapiemöglichkeiten einer Tumorerkrankung stehen der Tiermedizin vorrangig die Chirurgie und die Strahlentherapie zur Verfügung. Wenn die Chirurgie aufgrund der Lokalisation des Tumors keine adäquate Therapie sein kann, beispielsweise bei vielen Hirntumoren des Hundes, stellt die Strahlentherapie eine sinnvolle Alternative dar.

Die Chirurgie

Die Chirurgie ist die älteste Form der Tumorbehandlung und sicher auch heute noch die am häufigsten eingesetzte Standardtherapie.

Der Entschluss, einen Tumor operativ entfernen zu lassen, erscheint selbstverständlich und fällt oft relativ leicht. Nicht selten aber ist die Verwunderung groß, wenn beispielsweise ein verhältnismäßig kleiner Hauttumor zu einer umfangreich anmutenden Operationswunde führt. Die onkologische Chirurgie folgt eigenen Gesetzen. Kleiner Tumor – große Wirkung! Das gilt nicht nur für die möglichen fatalen Konsequenzen, einer kleinen Umfangsvermehrung keine Beachtung zu schenken, sondern auch für die scheinbar so übergroß wirkende Operationsnaht, wenn doch „nur“ ein kleiner Hauttumor von wenigen Millimetern Durchmesser entfernt wurde.

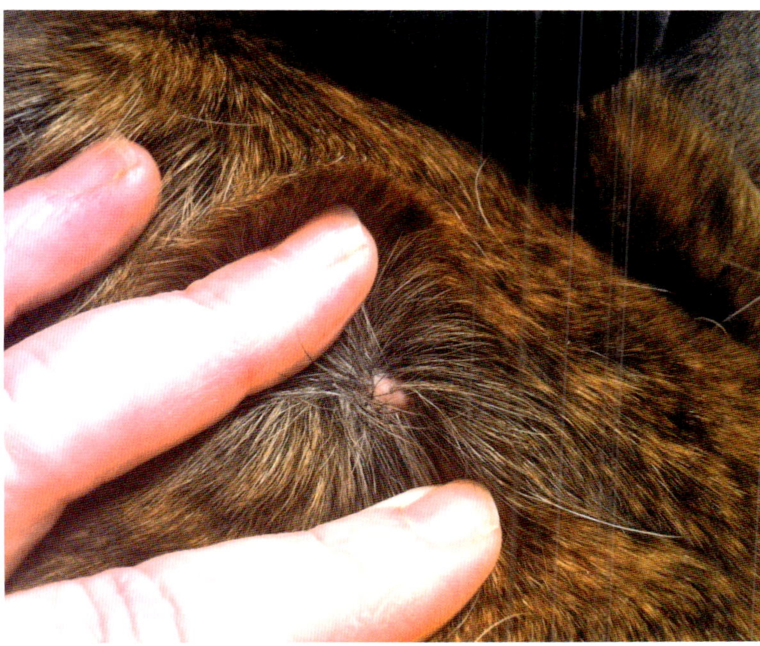

Ein Mastzelltumor mit einem Durchmesser von circa drei Millimetern …

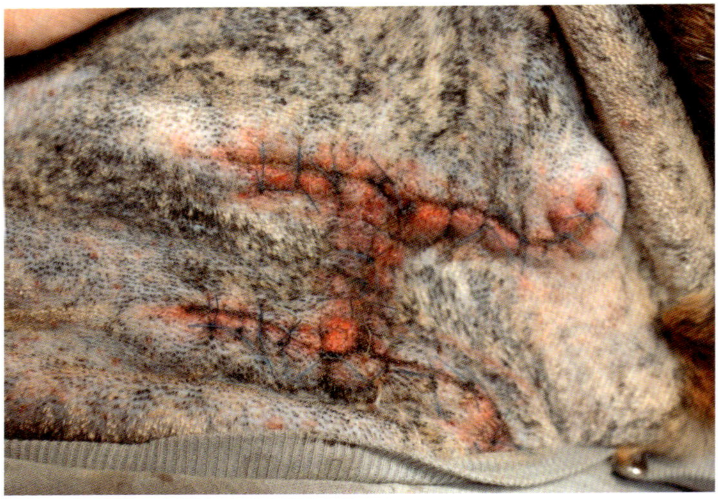

... und die Operationswunde zwei Tage nach der chirurgischen Entfernung des Tumors.

Die so selbstverständlich erscheinende chirurgische Entfernung eines Tumors setzt eine verlässliche Gewebeeinschätzung oder -diagnose voraus. Erst die Ergebnisse einer Feinnadelaspirationsbiopsie oder einer Stanzbiopsie erlauben eine korrekte Planung der Operation, denn das biologische Verhalten des Tumors bestimmt die Größenordnung des geplanten Eingriffs, die sogenannte chirurgische Dosis, die für die möglichst kurative Entfernung des Tumors notwendig ist.

Keine Operation ohne vorherige Gewebeeinschätzung!

Ist die Tumorerkrankung fortgeschritten oder sind innere Organe betroffen, stellen sich weitere Fragen:

- Ist die Operation angebracht bzw. dem Patienten aufgrund seines Allgemeinzustands oder angesichts der Ergebnisse des Stagings noch zuzumuten?
- Welche Alternativen gibt es für den Patienten?
- Ist es eventuell sinnvoll, die Operation durch andere Therapieformen zu ersetzen oder sind über die Operation hinaus weitere Behandlungen notwendig?

Bei fortgeschrittenen Erkrankungen müssen diese Fragen – abhängig von der Lokalisation und der Art des Tumors – vor Beginn der Therapie, also auch vor der chirurgischen Tumorentfernung, beantwortet werden.

Die „chirurgische Dosis“

Wichtigstes Ziel der onkologischen Chirurgie ist die höchstmögliche Sicherheit, dass der lokale Tumor mit der Operation vollständig entfernt wurde und der Pathologe tumorfreie Schnittränder sowie einen möglichst optimalen Sicherheitsabstand zum gesunden Gewebe attestieren kann. Dazu ist in vielen Fällen eine umfangreiche und deswegen oft auch als aggressiv bezeichnete Chirurgie notwendig. Eine Hautveränderung von nur wenigen Millimetern Durchmesser, die in der vorangegangenen Feinnadelaspirationsbiopsie als maligne eingestuft wurde, muss großzügig entfernt werden. Die für den Besitzer oft unerwartet große Operationswunde ist unvermeidlich, denn der tastbare Knoten an der Hautoberfläche stellt nur die Spitze des Eisbergs dar. Unter der Hautoberfläche ist der Tumor mit seinen Ausläufern – wir erinnern uns an die Bildhaftigkeit des Wortes „Krebs“ – infiltrativ in das gesunde Gewebe hineingewachsen, sodass der Chirurg in einer sogenannten En-bloc-Resektion einen großen Gewebeblock herausschneiden muss, um eine vollständige Entfernung des Tumors und zusätzlich einen ausreichenden Sicherheitsabstand zu gewährleisten. In einer En-bloc-Resektion wird über den eigentlichen Tumor hinaus in einem Stück zugleich auch das eventuell von Krebszellen befallene Gewebe in der Umgebung des Tumors entfernt.
Jede Tumoroperation – und sei die Hautveränderung noch so klein – bedarf einer genauen Planung, denn immer steht die Frage nach der sogenannten chirurgischen Dosis im Raum. Wie groß muss der Block, der herausgeschnitten wird, sein? Wie wir schon wissen, hängt dies von den Ergebnissen der Gewebeeinschätzung bzw. -diagnose und vom biologischen Verhalten des Tumorgewebes ab. Wenn der Tumor hochmaligne ist und ein ausgeprägtes infiltratives Wachstum zeigt, ist eine großräumige Entfernung notwendig und unumgänglich. Handelt es sich aber um einen Tumor, der nur begrenzt infiltrativ wächst oder sogar gutartig ist, kann und darf die chirurgische Dosis natürlich auch wesentlich geringer ausfallen. Die Operationswunde ist kleiner und wegen des daraus resultierenden schnelleren Heilungsprozesses weniger belastend für den Patienten. Der „Blindflug“ einer Tumoroperation ohne vorangegangene Zell- oder Gewebeuntersuchung ist niemals ein optimaler Therapieansatz. Der Chirurg muss vor dem Eingriff wissen, um welchen Tumor es sich handelt, und dann – abhängig von dessen biologischem Verhalten – die Operation planen und durchführen. Es ergibt keinerlei Sinn, einen aggressiven Eingriff vorzunehmen und eine Woche später aus dem pathohistologischen Befund zu erfahren, dass ein gutartiger Tumor entfernt wurde. Auf der anderen Seite ist die großzügige Entfernung eines malignen Tumors für den Patienten überle-

benswichtig. Ein laut Feinnadelaspirationsbiopsie mit hoher Sicherheit gutartiger Hauttumor wie beispielsweise ein Basaliom kann mit einem Sicherheitsabstand von maximal einem Zentimeter zum gesunden Gewebe entfernt werden. Handelt es sich aber um einen Mastzelltumor, ist der notwendige Sicherheitsabstand vom Grad des Tumors abhängig. Ein Mastzelltumor Grad 1 verlangt einen geringeren Sicherheitsabstand zum gesunden Gewebe als höhergradige Mastzelltumoren, um von einem kurativen Eingriff ausgehen zu können. Bei den hochmalignen Formen sprechen Studien von einem notwendigen Sicherheitsabstand zum gesunden Gewebe von drei Zentimetern.

Die onkologische Chirurgie wird – abhängig vom Malignitätsgrad des zu entfernenden Tumors – oft zur aggressiven Chirurgie. Bei einem hochmalignen Tumor, der mit seinen Ausläufern stark infiltrierend in das umliegende gesunde Gewebe hineinwächst, sind entsprechende Sicherheitsabstände zum gesunden Gewebe unverzichtbar. Aber einen Tumor ohne vorangegangene Gewebediagnose a priori großzügig zu entfernen, kann sich ebenso als falsch herausstellen, wenn der pathohistologische Befund später einen benignen Tumor attestiert. Die genaue Planung der Operation – ausgehend von einer vorangegangenen verlässlichen Gewebeeinschätzung oder Gewebediagnose – ist unverzichtbar.

Der Sicherheitsabstand

Für Patienten mit lokalen Tumoren, die bisher keine Metastasierung zeigen, ist eine korrekte onkochirurgische Entfernung des Tumors die Chance auf Heilung. Der Therapieplan für diese Hunde besteht aus einer kurativen Operation, bei der der Sicherheitsabstand, den der Chirurg einhält, der Fähigkeit des malignen Tumors zu infiltrativem Wachstum entspricht. In der Pathohistologie werden die Schnittränder des gesamten entfernten Gewebeblocks standardmäßig untersucht, um festzustellen, ob sie frei von Tumorzellen sind. Die entscheidende Frage darüber hinaus aber ist die, ob der Sicherheitsabstand zum gesunden Gewebe eingehalten wurde. Fehlt diese Angabe im pathohistologischen Befund, sollte diese Information unbedingt zusätzlich erfragt werden, denn ein hochgradiger Mastzelltumor in der Haut, der chirurgisch nicht mit dem notwendigen Sicherheitsabstand entfernt werden konnte, ist eine Indikation für eine Multimodalitätstherapie.

Ob ein chirurgischer Eingriff kurativ war, lässt sich auch unmittelbar nach der Operation nicht mit letzter Gewissheit sagen. Erst die Beurteilung des Pathologen wird darüber entscheiden, ob für diesen Patienten eine Nachbehandlung notwendig ist oder nicht. Der Mastzelltumor ist der häufigste Hauttumor des Hundes, bleiben wir also bei diesem Beispiel: Sein diffuses Erscheinungsbild zeigt oft Ausläufer, die in die Unterhaut hineinwachsen und die in der pathohistologischen Untersuchung sehr gut zu sehen sind. Zusätzlich aber zeigen sich in der Gewebeprobe oft vereinzelte Mastzellen, bei denen unsicher ist, ob es sich dabei um eine einzelne physiologische Mastzelle in der Unterhaut oder um eine Tumorzelle handelt. Deswegen ist der Sicherheitsabstand bei der Entfernung dieser Tumoren unbedingt notwendig. Spricht der pathohistologische Befund bei einem Mastzelltumor zwar von tumorfreien Schnitträndern, aber von einem Sicherheitsabstand von vielleicht nur drei Millimetern, ist das definitiv zu wenig. Damit ist in Abhängigkeit von der Aggressivität des Tumorgewebes keine ausreichende Sicherheit gegeben, dass der Eingriff für den Patienten kurativ war. Dies gilt für alle anderen malignen Tumoren in ähnlicher Form.

Je größer der Sicherheitsabstand, desto geringer ist die Gefahr für ein neuerliches Tumorwachstum und desto höher die Chance, dass die Operation für den Hund kurativ ist!
Kann der Pathologe bei einem hochmalignen Tumor mit circa drei Zentimetern Sicherheitsabstand zum gesunden Gewebe einen ausreichend großen tumorfreien Raum nachweisen, ist dieser Patient mit hoher Sicherheit tumorfrei. Die Wahrscheinlichkeit eines Rezidivs liegt hier nur bei sechs Prozent. Diese Prognose aber wird mit abnehmendem Sicherheitsabstand immer schlechter: Bei nur mehr einem Zentimeter Abstand muss man bereits mit einer Wahrscheinlichkeit von 87 Prozent mit einem Rezidiv des Tumors rechnen. Das ist der Grund für die in vielen Fällen notwendige Aggressivität der onkologischen Chirurgie – und leider auch der Grund für die vielen Rezidive nach Operationen, die den Gesetzmäßigkeiten der onkologischen Chirurgie nicht entsprachen.

Neue medikamentöse Therapie statt Operation bei bestimmten Mastzelltumoren

Anfang 2020 wurde in der Europäischen Union ein neues Medikament zur Behandlung von Mastzelltumoren beim Hund, die chirurgisch nicht optimal versorgt werden können und die noch nicht metastasiert haben, zugelassen. Das Medikament bietet eine neue lokale Behandlungsmöglichkeit, wenn der Chirurgie bei Tumoren an bestimmten Lokalisationen, beispielsweise im Bereich des Ellbogens oder des Sprunggelenks, Grenzen gesetzt sind. Die Substanz wird direkt in den Tumor gespritzt und stimuliert dort bestimmte Enzyme, die an der Regulierung von Wachstumsprozessen beteiligt sind. Diese Aktivierung unterbricht die Blutversorgung der Zellen und führt somit zu deren Absterben. Der Tumor wird durch die Injektion zerstört und hinterlässt eine Wunde, die im Normalfall innerhalb einer Woche abheilt. Das Medikament, das seit Sommer 2020 in europäischen Tierkliniken zur Verfügung steht, folgt einem neuartigen Ansatz zur Behandlung von Tumorerkrankungen, den die Veterinäronkologin Dr. Pamela Jones so erklärt: „Das Arzneimittel wirkt primär über die Aktivierung spezifischer Proteinkinase C (PKC), indem es eine lokale Stimulation des Immunsystems bewirkt. Dies führt zur Zerstörung der Tumormasse und der Blutversorgung des Tumors, normalerweise innerhalb von sieben Tagen. Die behandelte Stelle heilt dann rasch bei minimaler Narbenbildung."*

Die „chirurgische Dosis" beim Mammakarzinom

Der Mammatumor ist die häufigste Neoplasie der Hündin, und obwohl heute zahlreiche Behandlungsoptionen zur Verfügung stehen oder Gegenstand der aktuellen Forschung sind, ist die Chirurgie unverändert die Standardtherapie und häufig auch die alleinige Therapie dieser Tumoren. Eine Operation ist aufgrund des biologischen Verhaltens der Mammatumoren für jede betroffene Hündin unumgänglich. Für das inflammatorische Mammakarzinom hingegen stellt die Chirurgie aufgrund der Weiträumigkeit und der besonderen Konstellation der Erkrankung in den meisten Fällen keine adäquate Therapieoption mehr dar.
Auch wenn eine Feinnadelaspirationsbiopsie im Vorfeld der Operation hier in Einzelfällen und bei bestimmten Fragestellungen sinnvoll sein kann, stellt die diagnostische Vorgangsweise beim Mammatumor prinzipiell eine Ausnahme dar: Die Operation erfolgt wegen des biologischen Verhaltens des Mammakarzinoms und des „histologischen Kontinuums" oft ohne vorangegangene genaue Gewebediagnostik. Die Planung des Eingriffs und die Entscheidung über das Ausmaß der Gewebeentnahme, der Resektion, müssen dennoch für jede Patientin individuell festgelegt werden und erfordern ein hohes Maß an Erfahrung. Anzahl, Größe und Lokalisation der Tumoren sind wesentliche Entscheidungskriterien.
Bei der chirurgischen Entfernung eines Mammatumors werden verschiedene Resektionsebenen** unterschieden:
Nodulektomie → Ein einzelner Knoten innerhalb des Drüsengewebes wird entfernt.
Einfache Mastektomie → Der gesamte betroffene Drüsenkomplex wird entfernt.
Diese beiden Eingriffe haben eher diagnostischen denn kurativen Charakter. Ergibt der pathohistologische Befund im Anschluss an die Operation einen beni-

* Markteinführung des ersten pharmazeutischen Tigilanol-Tiglat-Produkts; www.ots.at/presseaussendung/OTS_20200428_OTS0016/qbiotics-kommerzialisiert-mit-markteinfuehrung-von-stelfonta-erstes-pharmazeutisches-tigilanol-tiglat-produkt [Abruf: 31. 8. 2020].

** nach Dr. med. vet. Martin Kessler: „Immer die ganze Leiste oder nur den Tumor? Operatives Vorgehen bei Milchleistentumoren des Hundes" – Vortrag im Rahmen der 28. VÖK-Jahrestagung. Salzburg, 21. September 2013.

gnen Tumor, so hatte der Eingriff ebenso kurativen wie auch präventiven Charakter, denn mit der Entfernung des gutartigen Tumors wurde eine mögliche Weiterentwicklung hin zu einem malignen Karzinom verhindert. Diese chirurgischen Eingriffe können auch dann noch als kurativ betrachtet werden, wenn der Durchmesser eines malignen Tumors weniger als 0,5 Zentimeter betrug und mit der Diagnose „komplexes Adenokarzinom" der Malignitätsstufe 1 zugerechnet wurde. Gehört der Tumor aber der Malignitätsstufe 2 oder einer höheren Stufe an, haben Nodulektomie und einfache Mastektomie nur noch diagnostischen und keinerlei therapeutischen Charakter mehr. Alle Karzinome, deren Malignitätsgrad über das komplexe Adenokarzinom hinausgeht, erfordern dann eine chirurgische Nachbehandlung in einer weiteren Operation.

Regionale Mastektomie → Die vorderen oder hinteren drei Komplexe werden entfernt. Der regionale Lymphknoten in der Achselhöhle wird nur dann zusammen mit den vorderen Komplexen herausgenommen, wenn er tastbar ist. Die hinteren Komplexe hingegen werden immer gemeinsam mit dem Lymphknoten im Leistenbereich entfernt. Für eine Gesamtbeurteilung des Gewebes, eine Einschätzung über den Erfolg der Operation und damit der Prognose für die Hündin sollte immer das gesamte entnommene Gewebe zur pathohistologischen Untersuchung übergeben werden. Auch entnommene Lymphknoten müssen in jedem Fall pathohistologisch untersucht werden. Fehlen diese Untersuchungsergebnisse, gibt es keine Grundlage für eine sinnvolle weitere Therapieplanung oder eine fundierte Prognose für die Patientin.

Radikale Mastektomie → Die komplette Milchleiste inkl. des Lymphknotens im Leistenbereich und gegebenenfalls auch des Lymphknotens im Achselbereich auf einer Seite wird entfernt. Diese Operationsmethode ist nicht nur bei multiplen Tumoren notwendig, sondern auch in vielen anderen Fällen sinnvoll, denn sie stellt die umfassendste Prävention gegen das erhöhte Risiko einer Neubildung von Tumoren dar.

Beidseitige radikale Mastektomie → Bei diesem chirurgischen Verfahren wird auf beiden Seiten die komplette Milchleiste inkl. der Lymphknoten entfernt. Um einen komplikationslosen Heilungsprozess sicherzustellen, erfolgt die Entfernung der zweiten Milchleiste zumeist im Abstand von sechs bis acht Wochen nach der ersten Operation.

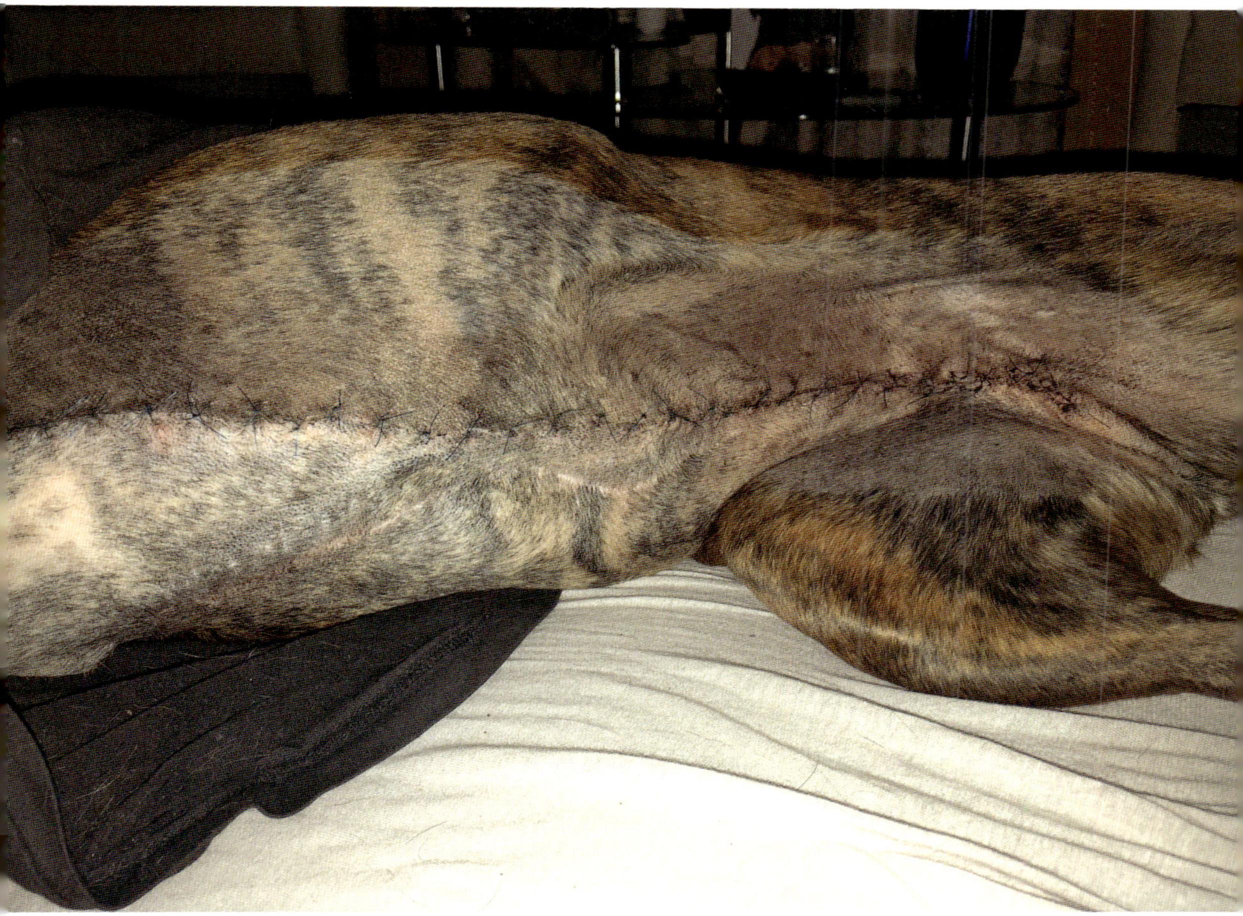

Natürlich hinterlässt eine radikale Mastektomie eine große Operationswunde. Werden aber die notwendigen Sicherheitsmaßnahmen nach der Operation – absolute Ruhigstellung der Patientin, konsequentes Verhindern von Belecken oder sonstigem Bearbeiten der Wunde im Idealfall durch einen Ganzkörperbody und regelmäßige Wundkontrolle – kompromisslos eingehalten, sollten sich auch keinerlei Wundheilungsprobleme ergeben.

Minimalinvasive Eingriffe in der Tumorchirurgie

Ähnlich wie in der Humanmedizin helfen heute auch in großen tiermedizinischen Kliniken modernste Operationstechniken der minimalinvasiven Chirurgie, den notwendigen Eingriff für den Patienten so schonend wie möglich zu gestalten. Wir haben gesehen, dass in weiten Bereichen der Tumorchirurgie groß angelegte, bisweilen aggressiv erscheinende Eingriffe notwendig sind. Dennoch stellt die minimalinvasive Form der Laparoskopie zumindest für einige Operationen im Bauchraum auch für den Tumorpatienten eine effiziente und schonende Möglichkeit dar. Die kleinen, oft nur gut einen Zentimeter langen Schnitte, durch die die endoskopische Optik und die chirurgischen Instrumente in den Körper eingeführt werden, gaben diesen minimalinvasiven Operationstechniken den Beinamen „Schlüssellochchirurgie". Dabei werden die Bilder aus dem Inneren des Körpers in mehrfacher Vergrößerung auf einen Bildschirm übertragen, und die Arbeit des Chirurgen, die Beurteilung des Operationsfeldes und die Führung der Instrumente orientieren sich ausschließlich an diesen Bildern. Der Einsatz dieser Operationstechniken in der onkologischen Chirurgie ist von der Größe des Tumors und seiner Lokalisation abhängig. Ein Vorteil endoskopischer Eingriffe besteht insbesondere darin, dass die Lymphknoten im Bauchraum dank der optischen Vergrößerung optimal beurteilt werden können. Zudem kann das Endoskop in Bereiche vordringen, die sonst kaum erreichbar sind, und gewährleistet damit einen umfassenden Überblick über die gesamte Bauchhöhle. Nebennierentumoren als Ursache des Cushing-Syndroms können von hoch spezialisierten Chirurgen beispielsweise laparoskopisch in dieser schonenden Art und Weise entfernt werden.

Grenzen der Tumorchirurgie

Eine Tumoroperation war dann kurativ, wenn der Tumor vollständig entfernt wurde und in der pathohistologischen Untersuchung ein ausreichender Sicherheitsabstand zum gesunden Gewebe nachgewiesen werden konnte.

Stellt der Pathologe aber fest, dass der Tumor an einer Stelle sehr nahe an die Grenze des Präparats reicht und kein ausreichender Sicherheitsabstand zum gesunden Gewebe vorhanden ist, gibt es zwei Möglichkeiten der Nachbehandlung: zum einen erneut chirurgisch, zum anderen – wenn die Grenzen der Chirurgie erreicht sind – strahlentherapeutisch. Aus den verschiedensten Gründen erweist es sich für den Chirurgen oft als problematisch, den notwendigen Sicherheitsabstand zum gesunden Gewebe, insbesondere in die Tiefe hinein zu gewährleisten. Dann kann eine adjuvante Strahlentherapie das Tumorbett sterilisieren und eventuell noch vorhandene restliche Tumorzellen entfernen. Manchmal liegt der Tumor auch in chirurgisch nur schwer oder gar nicht zugänglichen Bereichen. Diese Problematik stellt sich natürlich vor allem im Gesichts- oder Schädelbereich, obwohl beispielsweise in der Kieferchirurgie auch in der Tiermedizin heute bereits mit medizinisch und optisch sehr guten Ergebnissen operiert werden kann. Wenn der Tumor aber aufgrund seiner Lokalisation chirurgisch nicht oder nicht vollständig entfernt werden kann, stellt die Strahlentherapie eine weitere Option für die lokale Behandlung eines Tumors dar. Wurde der Tumor zudem als hochmaligne eingestuft, kann der Patient darüber hinaus von einer systemischen Therapie profitieren, um eventuell vorhandene, aber in der bildgebenden Diagnostik noch nicht nachweisbare Mikrometastasen zu behandeln.

Selbst im Bereich des Gehirns gibt es Tumorarten und -lokalisationen, die der Chirurg noch erreichen kann. Meningeome beispielsweise, die häufig bereits bei Hunden im jugendlichen oder mittleren Alter auftreten, gehen von den Hirnhäuten aus und liegen somit sehr oberflächlich. Wird dieser Tumor mit einem chirurgischen Eingriff und einer nachfolgenden Strahlentherapie behandelt, ist er ähnlich wie beim Menschen im Regelfall heilbar. Auch ein Hypophysentumor, ein Tumor der Hirnanhangdrüse, kann mit gutem Erfolg operativ behandelt werden. Beim Hund erfolgt dieser Eingriff zumeist über das Gaumendach. Natürlich sind derartige neurochirurgische Eingriffe immer mit einem beträchtlichen Aufwand verbunden und setzen einen spezialisierten und erfahrenen Chirurgen voraus. Der Großteil der Hirntumoren des Hundes aber wird strahlentherapeutisch behandelt, womit auch ohne invasiven Eingriff sehr viel Lebenszeit und Lebensqualität gewonnen werden kann.

Wenn ein Tumor aufgrund seiner Lokalisation nicht chirurgisch entfernt werden kann, steht dem Patienten mit der Strahlentherapie eine weitere effektive Behandlungsmethode zur Verfügung.

Die Strahlentherapie

Die Strahlentherapie ist auch in der Tiermedizin ein wichtiger Bestandteil der Multimodalitätstherapie und damit eine unverzichtbare Säule einer umfassenden onkologischen Behandlung. Sie wird an Universitätskliniken und einigen spezialisierten onkologischen Fachkliniken insbesondere bei Tumoren eingesetzt, die chirurgisch nicht oder nur unvollständig entfernt werden können.

Die Strahlentherapie ist für viele Hundepatienten eine effiziente und zielführende Behandlungsform. Sie kann als alleinige Therapie eingesetzt werden oder nach einer Operation als Teil einer Multimodalitätstherapie den Therapieerfolg für den Patienten entscheidend verbessern. Die Strahlentherapie ermöglicht in vielen Fällen eine langfristige lokale Tumorkontrolle und kann in einem kurativ ausgerichteten Einsatz die Lebenserwartung entscheidend verlängern. Aber auch palliative Ansätze der Bestrahlung können bei fortgeschrittenen Tumorerkrankungen zu einer Verbesserung der Lebensqualität führen.

Strahlentherapie als lokale Tumorbehandlung

Wo die Grenzen der Chirurgie erreicht sind, kommt die Strahlentherapie zum Einsatz. Somit gehören Hirntumoren und andere Neoplasien des Zentralnervensystems ebenso wie Tumoren im Bereich des Gesichtsschädels, vor allem des Oberkiefers, zu den Hauptindikationen dieser Therapieform. Darüber hinaus kann die Strahlentherapie auch bei Tumoren an den Gliedmaßen indiziert sein, wenn infiltrativ wachsende Tumoren an diesen Lokalisationen aufgrund der anatomischen Verhältnisse des Körpers chirurgisch nur durch eine Amputation zu entfernen wären. In einigen Fällen kann die Strahlentherapie somit eine Alternative zu diesem Eingriff darstellen. Bei einem höhergradigen Mastzelltumor im Mittelarmbereich beispielsweise kann der notwendige Sicherheitsabstand von zwei bis drei Zentimetern oftmals nicht eingehalten werden oder würde für den Hund die Amputation der Pfote bedeuten. Hier wäre die Strahlentherapie neben den neuen medikamentösen Ansätzen bei diesem Tumor möglicherweise eine sinnvolle Alternative, wenn schwerwiegende Gründe wie andere Grunderkrankungen der Gelenke gegen diese Operation sprechen oder das Management der Situation durch den Besitzer nicht machbar ist.

Auch wenn der pathohistologische Befund nur einen sehr kleinen Sicherheitsabstand zwischen Tumor und Schnittrand beschreibt, die Chirurgie aber ihre Grenzen erreicht hat und die Tumorlokalisation keine weitere großräumige operative Entfernung des Tumors ermöglicht, sollte im Anschluss an die Operation eine Strahlentherapie erfolgen.
Wie für alle anderen Therapieformen, so gilt auch für die Strahlentherapie, dass die Sinnhaftigkeit ihres Einsatzes nicht verallgemeinert werden kann, sondern von der jeweiligen Tumorart und ihrer Zellteilungsrate abhängig ist: Einige Tumoren wie beispielsweise Mastzelltumoren oder lokalisierte Lymphome sind besonders strahlensensitiv, andere weniger.

Therapieziel bestimmt Strahlendosis

Die Strahlendosis richtet sich zum einen nach der Zielsetzung der Therapie und nach der Größe des Tumors bzw. nach der Menge des verbliebenen Restgewebes und zum anderen nach der Strahlenempfindlichkeit des Tumors. Diese Sensitivität ist vom biologischen Verhalten des Tumors abhängig, sodass eine vorangegangene genaue Gewebediagnose auch hier unverzichtbar ist, wenn die Anatomie der Tumorlokalisation dies zulässt. Biopsietechniken für Hirntumoren gehören in der Tiermedizin allerdings noch nicht zum Standard, sondern befinden sich erst in der Entwicklung. In der Diagnostik von Hirntumoren kommt einer genauen neurologischen Untersuchung zur Lokalisation der Neoplasie und nachfolgend der bildgebenden Diagnostik zentrale Bedeutung zu.
Die individuelle Gesamtstrahlendosis wird vor Beginn der Behandlung für jeden einzelnen Patienten berechnet und dann in einer möglichst schonenden Aufteilung in mehreren Einzelbestrahlungen, die in der medizinischen Fachsprache als Fraktionen bezeichnet werden, verabreicht. Je höher die Anzahl der Fraktionen ist, desto schonender ist die Therapie für das den Tumor umgebende gesunde Gewebe.

- Soll die Strahlentherapie einen *kurativen Ansatz* verfolgen, wird sie mit dem Ziel geplant, alle Tumorzellen zu zerstören. Eine kurative Strahlentherapie erstreckt sich mit 16 Fraktionen über mehrere Wochen.
- Eine *adjuvante Strahlentherapie* kann der Operation folgen, um eventuell im angrenzenden Gewebe verbliebene Tumorzellen zu beseitigen.
- Genauso kann eine *neoadjuvante Strahlentherapie* einer Operation vorausgehen, um den Tumor vor dem chirurgischen Eingriff zu behandeln. Diese Vor-

gangsweise kann einen aufgrund seines Umfangs zunächst inoperablen Tumor verkleinern und damit eine Operation als chirurgische Therapie ermöglichen.
- Eine *palliative Strahlentherapie* verfolgt vorrangig das Ziel einer optimierten Lebensqualität und dient beispielsweise beim Osteosarkom der Schmerzkontrolle.

Die Bestrahlungen erfolgen in einer für den Hund schonenden Kurznarkose. Diese ist notwendig, da eine exakte und ruhige Lagerung des Patienten während der Bestrahlung unabdingbare Voraussetzung für den Erfolg der Therapie ist.

Indikationen für eine Strahlentherapie als primäre Therapie oder als Teil einer Multimodalitätstherapie*

Tumor	Therapie
Hauttumoren Fibrosarkome Mastozytome	Chirurgie/Strahlentherapie/ Chemotherapie
Knochentumoren Osteosarkom	Chirurgie/Strahlentherapie/ Chemotherapie
Tumoren der Maulhöhle Plattenepithelkarzinom orales Melanom	Chirurgie/Strahlentherapie/ Chemotherapie
Gehirntumoren Meningeom Gliome Hypophysenmakrotumoren	Strahlentherapie/Chirurgie
Tumoren der Nasenhöhle Adenokarzinome Chondrosarkome	Strahlentherapie/Chirurgie

* Kleintieronkologie der Vetmeduni Vienna; www.vetmeduni.ac.at/de/interne-kleintiere/dienstleistungen/ambulanzen/onkologie/ [Abruf: 31. 8. 2020].

Die Technik hinter der Therapie

Die für die Tumorbehandlung notwendige Strahlendosis wird in der Maßeinheit Gray (Gy) angegeben, benannt nach dem britischen Physiker und Begründer der Radiobiologie Louis Harold Gray.

In der Medizin wird die therapeutische Strahlung heute mittels hochenergetischer elektronischer Beschleunigung von Photonen oder Elektronen erzeugt. Auch für vierbeinige Patienten stehen mit den sogenannten Linearbeschleunigern für die Strahlentherapie modernste Geräte zur Verfügung. Die Strahlung ist nur auf die kurze Zeit der Therapie begrenzt und wird exakt für diesen Bedarfszeitraum hochenergetisch erzeugt. Im Anschluss an die Therapie ist keinerlei Strahlung mehr vorhanden.

Ein Linearbeschleuniger funktioniert ähnlich wie eine Batterie, bei der es eine positive und eine negative Elektrode gibt, umgeben von einer Trägersubstanz, die den Strom transportiert und weiterleitet. Diese fließende Hochenergie, die im Linearbeschleuniger um ein Vielfaches beschleunigt werden kann, erzeugt die Strahlung für den therapeutischen Einsatz. Die Bestrahlung des Patienten erfolgt entweder mit Gammastrahlen, die auch als Photonenstrahlen bezeichnet werden, oder mit Elektronenstrahlen. Beide werden im Linearbeschleuniger mittels elektrisch hergestellter Beschleunigung von Photonen- oder Elektronenteilchen erzeugt. Die Gammastrahlen bestehen aus ungeladenen Elementarteilchen, den Photonen, die Materie besonders gut durchdringen können. Die Elektronenstrahlen hingegen bestehen aus negativ geladenen Elementarteilchen, den Elektronen. Ihre Wechselwirkung mit der Materie ist wesentlich stärker, sodass sie über eine geringere Durchdringungskraft verfügen als die Gammastrahlen.

Sowohl Gamma- als auch Elektronenstrahlen verfügen über genügend Energie, chemische Verbindungen aufzubrechen: Dabei werden einzelne Moleküle aus ihrem Verbund isoliert und nachfolgend zerstört, sodass Strahlen ihren zellschädigenden Einfluss in der Tumortherapie vor allem über eine Zerstörung von DNA-Molekülen ausüben. Der gleiche Mechanismus ist andererseits auch für die karzinogene Wirkung von Strahlen verantwortlich, wenn die von ihnen verursachten DNA-Brüche zu zellschädigenden Mutationen und Veränderungen der Chromosomen führen. Die therapeutische Wirkung der Strahlen basiert darauf, dass die DNA-Brüche zu irreparablen Schäden der Tumorzellen führen und diese schließlich absterben lassen.

Wirkungsmechanismus über Sauerstoffradikale

Der Erfolg einer Strahlentherapie hängt von der Zellteilungsrate im Tumorgewebe ab. Mit der Geschwindigkeit des Zellwachstums ist also auch hier wieder das biologische Verhalten des Tumors das entscheidende Kriterium, ob der Einsatz dieser Therapie für den einzelnen Patienten sinnvoll ist oder nicht. Die Strahlentherapie greift ähnlich wie die Chemotherapie vorrangig die Zellen an, die sich gerade in Teilung befinden. Je höher die Zellteilungsrate im Tumor ist, desto erfolgreicher wirkt die Therapie.

Das therapeutische Medium der Strahlentherapie ist die sogenannte Streustrahlung. Diese entsteht, wenn die linear beschleunigten Teilchen auf den Tumor treffen. In diesem Moment des Auftreffens werden die Strahlen abgelenkt – ähnlich wie ein Lichtstrahl, der auf einen Spiegel trifft – und teilen sich in die sogenannte Streustrahlung auf, die nun das eigentlich toxische Element für die Zellen erzeugt: Die Streustrahlung spaltet die Wassermoleküle des Organismus, der zu einem sehr hohen Prozentsatz aus Wasser besteht, und aus dem Wassermolekül H_2O entsteht ein Sauerstoffradikal O^+, ein positiv geladener Sauerstoff.

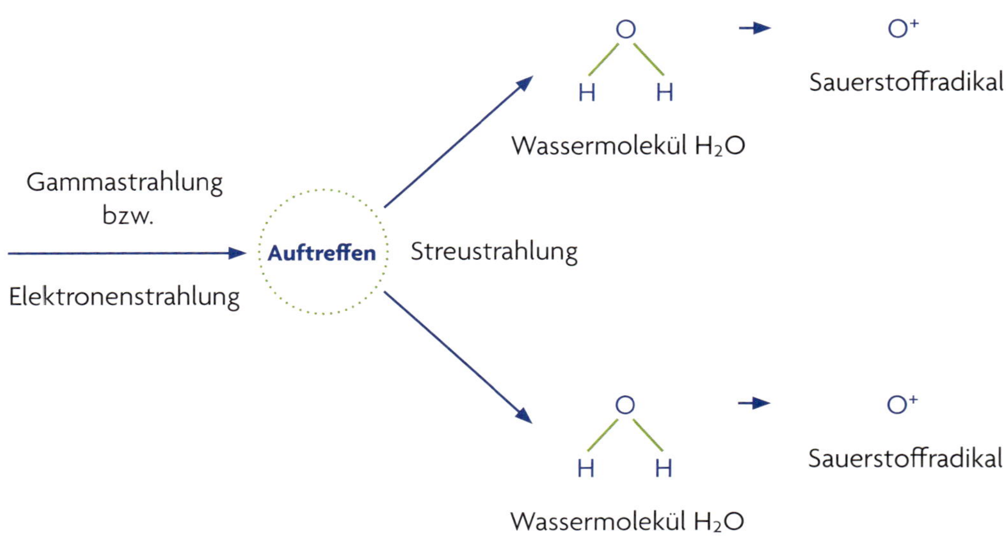

Diese Sauerstoffradikale sind hochaggressiv, verursachen auf den Chromosomen DNA-Brüche und üben so eine toxische Wirkung auf das genetische Material der Zellen aus. Ist ihr Erbgut zerstört, kann sich die Tumorzelle nicht mehr teilen und wird in den geplanten Zelltod geführt.

Durch die Bestrahlung des Tumors mit Gamma- oder Elektronenstrahlen werden Sauerstoffradikale freigesetzt, deren toxische Wirkung zum geplanten Zelltod, zur Apoptose der Tumorzellen führt. Tumorzellen reagieren aufgrund ihrer hohen Zellteilungsrate sehr viel sensibler auf diese Sauerstoffradikale als gesundes Gewebe. Daher hängt die Strahlenempfindlichkeit eines Tumors in erster Linie von dessen Zellteilungsrate ab: Je mehr Zellen sich in Teilung befinden, desto sensibler reagiert der Tumor auf diese Sauerstoffradikale.

Gesundes Gewebe wird geschont

Eine hohe Zellteilungsrate garantiert immer auch eine besondere Sensibilität für die Strahlentherapie. Das gilt für die erwünschte zelltoxische Wirkung auf den zu behandelnden Tumor ebenso wie hinsichtlich der Nebenwirkungen, die vor allem dort auftreten, wo die physiologische Zellteilung im Organismus am höchsten ist. Eine hohe Zellteilungsrate führt immer zu einem besonders hohen toxischen Potenzial der Sauerstoffradikale. Dabei kann gesundes Gewebe die Sauerstoffradikale allerdings weit besser abwehren und verfügt zudem über effektiver funktionierende Reparationsmechanismen als neoplastisch verändertes Gewebe. Da es sich bei der Strahlentherapie aber um eine lokale Therapie mit lokal begrenzter Wirkung auf den Tumor handelt, bleiben auch die Nebenwirkungen auf das lokale Bestrahlungsfeld begrenzt und betreffen bei den meisten Patienten in erster Linie die Haut.

Wir haben gesehen, dass mittels Linearbeschleuniger Gamma- und Elektronenstrahlen erzeugt werden können. Beide folgen dem gleichen Wirkungsmechanismus, werden in der Tumortherapie aber unterschiedlich eingesetzt, denn beide Strahlenarten verfügen über unterschiedliche Fähigkeiten, das Körpergewebe zu durchdringen. Die Elektronenstrahlen bestehen aus extrem winzigen Teilchen, die beim Eindringen in das Gewebe entsprechend gebremst werden. Daher werden sie beispielsweise zur Bestrahlung oberflächlicher Hauttumoren eingesetzt. Elektronenstrahlen können nur bis zu einer maximalen Tiefe von zwei Zentimetern in den Organismus eindringen und schonen daher das tiefer unter der Haut liegende Gewebe. Zudem nimmt die Strahlenintensität mit der Tiefe des durchdrungenen Gewebes kontinuierlich ab. Da diese Strahlen somit in keine tiefer liegenden Gewebsschichten eindringen können, werden dort auch keine zelltoxischen Sauerstoffradikale erzeugt. Für einen Hauttumor stellt diese Form der Strahlentherapie eine sehr schonende Behandlungsform dar. Gammastrahlen hingegen werden vom Gewebe des Organismus nicht abgebremst und können daher den kompletten Körper durchdringen.

Der gezielte Einsatz von Gamma- bzw. Elektronenstrahlen trägt entscheidend zur maximalen Schonung des gesunden Gewebes bei.

Darüber hinaus gibt es weitere Möglichkeiten, gesundes Gewebe während der Strahlentherapie zu schonen. Soll ein Tumor im Brustkorb, im Bauchbereich oder am Skelett bestrahlt werden, muss die hochenergetische Gammastrahlung eingesetzt werden, damit die Strahlung und ihre maximale therapeutische Dosis den Tumor überhaupt erreichen. Auf ihrem Weg zu den Tumorzellen durchdringen die Strahlen natürlich auch gesundes Gewebe, das jetzt prinzipiell den gleichen toxischen Einflüssen ausgesetzt wäre wie der Tumor. Um diesen Effekt auf ein mögliches Minimum zu reduzieren, wird die notwendige Gesamtdosis der Strahlentherapie mehrfach aufgeteilt (fraktioniert).

Entscheidend für den therapeutischen Erfolg der Strahlentherapie ist, dass die errechnete notwendige Strahlendosis den Tumor vollständig erreicht. 100 Prozent der errechneten Strahlendosis müssen im Tumor aufeinandertreffen. Da der Tumor aber nicht nur aus einer, sondern aus mehreren verschiedenen Richtungen bestrahlt und die Strahlendosis damit aufgeteilt wird, ist das den Tumor umgebende gesunde Gewebe nicht mit diesen 100 Prozent belastet. Ein Hirntumor beispielsweise wird auch in der Tiermedizin aus mehreren verschiedenen Richtungen bestrahlt. Der gemeinsame Zielort der Strahlen ist der Tumor. Dort treffen sie zusammen und addieren sich dabei auf 100 Prozent, während das umliegende gesunde Gewebe bei beispielsweise vier Bestrahlungsrichtungen nur mit jeweils 25 Prozent der Gesamtdosis belastet wird. So wird das gesunde Gewebe im Umfeld des Tumors maximal geschont.

Je weiter die Gesamtstrahlendosis aufgeteilt, das heißt fraktioniert wird – in Einzelbestrahlungen ebenso wie in mehrere Bestrahlungsrichtungen –, desto schonender wird die Therapie für das den Tumor umgebende gesunde Gewebe.

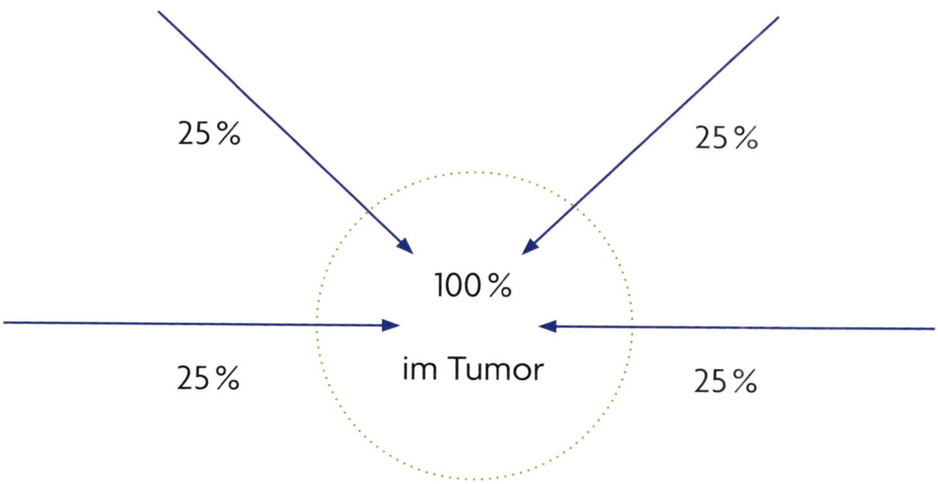

Ein Tumor weist generell eine ungleichmäßige dreidimensionale Gestalt auf. Im Rahmen der Therapieplanung vor einer üblichen Strahlentherapie wird von diesem sehr unförmigen Tumor eine exakte dreidimensionale Rekonstruktion erstellt, um alle Regionen dieses Tumors möglichst gleichmäßig zu bestrahlen. Eine optimale Verteilung der Strahlen soll dann garantieren, dass die geplante Dosis zwar das gesamte Tumorgewebe erreicht, gleichzeitig aber das umliegende gesunde Gewebe nicht zerstört.

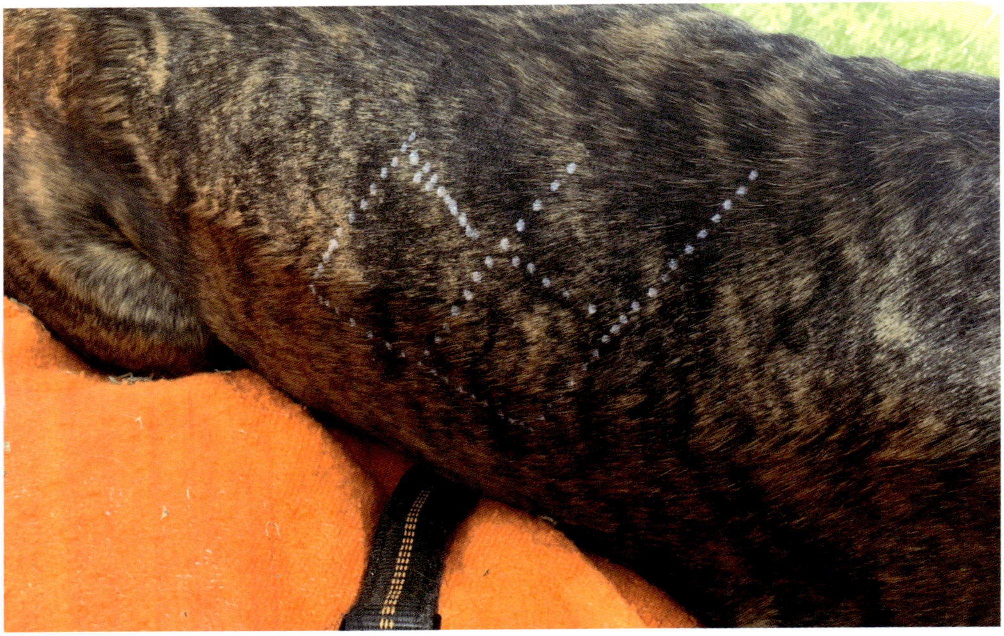

Diese Markierung dient der Vermessung und Positionierung des Patienten im Linearbeschleuniger. Damit ist sichergestellt, dass der Patient zu jeder Bestrahlungseinheit (Fraktion) exakt gleich gelagert wird.

Um diesen effektiven Schutz des gesunden Gewebes zu gewährleisten, bedarf die Strahlentherapie immer einer computergestützten Planung. Mithilfe der bildgebenden Verfahren wird eine dreidimensionale Rekonstruktion des Tumors erstellt und sein Volumen errechnet. Auf Basis dieser Informationen erfolgt dann die Berechnung der für jeden Patienten individuell festzulegenden Strahlendosis, um alle Regionen des Tumors optimal therapeutisch abzudecken. Genauso wie in der Chirurgie wird der Tumor auch in der Strahlentherapie inklusive eines Sicherheitsabstands behandelt. Diese Berechnungen stellen sicher, dass 100 Prozent der therapeutischen Wirkung auf den Tumor treffen, während eine entsprechende Fraktionierung der Gesamtdosis das umliegende Gewebe bestmöglich schont. In Regionen, in denen nur mehr ein Bruchteil der Strahlenintensität auf das Gewebe trifft, wird keine therapeutische Wirkung und damit auch keine unerwünschte Nebenwirkung mehr erreicht.

In der computergestützten Planung einer Strahlentherapie werden das Tumorvolumen zuzüglich des notwendigen Sicherheitsabstands und die dementsprechende Strahlendosis errechnet. Darüber hinaus wird in dieser Planungsphase die gewebeschonende Fraktionierung der Gesamtdosis bestimmt.

Nach dieser genauen Planungsphase erfolgt die eigentliche Therapie, die nur das Gewebe angreift, das auch der Chirurg entfernen würde. Die Strahlentherapie bleibt eine lokale Behandlung. In der Humanmedizin beträgt die Gesamtdosis einer Strahlentherapie bis zu 80 Gy, beim Hund werden mit den etablierten Protokollen für eine kurativ ausgerichtete Therapie 52 Gy bis 60 Gy eingesetzt. Um diese Gesamtdosis zu erreichen, wird bei diesem Therapieansatz 16 Tage lang jeweils mit einer Teildosis bestrahlt. Je weiter die Gesamtdosis fraktioniert wird, desto schonender ist die gesamte Therapie für den Organismus. Mit dieser Vorgangsweise kann die Toxizität der Strahlentherapie für das gesunde Gewebe deutlich reduziert werden. Am Ende der Therapie summieren sich die Einzelfraktionen und ergeben als sogenannte Summationsdosis die in der Planung errechnete notwendige Gesamtdosis. Damit ist die maximale Wirkung der Strahlentherapie am Ende des zwei- bis dreiwöchigen Behandlungszyklus erreicht. Im Gegensatz zur systemisch wirkenden Chemotherapie kann bei der nur lokal wirkenden Strahlentherapie die Gesamtdosis innerhalb eines engen Zeitraums verabreicht werden. Mit der Summe der einzelnen Bestrahlungen ist das Therapieziel in sehr kurzer Zeit erreichbar.

Da die vollständige Dosis der Strahlentherapie erst am Ende des gesamten Behandlungszyklus erreicht ist, treten eventuelle Nebenwirkungen in den weitaus meisten Fällen auch erst nach Beendigung der eigentlichen Therapie auf. Die maximalen Nebenwirkungen zeigen sich ebenso wie die maximale Wirkung erst, wenn 100 Prozent der errechneten Gesamtdosis auf den Tumor eingewirkt haben. Auf gesundes Gewebe, das keiner schnellen Zellteilung unterliegt, hat die strahlentherapeutische Dosis nur wenig toxische Wirkung. Die Nebenwirkungen belasten vorrangig das Gewebe, das auch physiologisch eine hohe Zellteilungsrate aufweist, beispielsweise Schleimhäute oder den Magen-Darm-Trakt. Diese Bereiche werden im Rahmen der Therapieplanung und durch einen flexiblen Umgang mit den Bestrahlungsrichtungen so weit wie möglich umgangen. Dies ist bei vielen Tumorlokalisationen gut und problemlos umsetzbar, bei einigen ist es schwieriger. Die Nebenwirkungen einer Strahlentherapie aber bleiben immer lokal auf den Bereich des Körpers begrenzt, der bestrahlt wurde.

Da sich die Gesamtdosis aus der Summe der Einzelbestrahlungen ergibt, erreicht die Strahlentherapie ihre maximale Wirkung am Ende der gesamten Therapie. Erst zu diesem Zeitpunkt werden bei den meisten Patienten auch Nebenwirkungen sichtbar.

Nebenwirkungen für geschenktes LEBEN

Die häufigste Nebenwirkung einer Strahlentherapie ist die solare Dermatitis, eine Art Sonnenbrand. Dieses Hautproblem kann sich am Ende der Therapie bei empfindlichen Hunden entwickeln. Hunde, die über einen hohen Pigmentanteil in der Haut verfügen, sind dabei ebenso wie dunkelhäutige Menschen unempfindlicher als Individuen mit einem geringeren Melaninanteil in der Haut. Kommt es als Folge der Strahlentherapie zu einer derartigen solaren Dermatitis, muss diese über einen Zeitraum von ein bis zwei Wochen selbstverständlich behandelt werden. Sicher empfindet auch der Hund einen Sonnenbrand als unangenehm und erliegt nur allzu leicht der Versuchung, sich an der betroffenen Hautstelle zusätzlich selbst zu schädigen – genauso wie der Mensch, der die sich lösende Haut immer wieder entfernt. Der Hund geht dabei naturgemäß wesentlich unvorsichtiger vor, und der Besitzer muss jetzt unbedingt verhindern, dass er sich unbeaufsichtigt beispielsweise längere Zeit kratzen oder am Boden reiben kann. Dabei würde der vierbeinige Patient sich eventuell selbst einen massiven Hautschaden zufügen, der nicht notwendig ist und durch geeignete Schutzmaßnahmen zu verhindern gewesen wäre.

Solare Dermatitis, sozusagen ein Sonnenbrand, und kurzzeitige Schleimhautentzündungen sind die häufigsten Nebenwirkungen der Strahlentherapie.

Aufgrund ihrer hohen Zellteilungsrate ist die Schleimhaut im Maul-, Nasen- und Rektalbereich besonders empfindlich, sodass an diesen Körperregionen auch die stärksten Nebenwirkungen einer Strahlentherapie zu beobachten sind. Beispielsweise kann das Analbeuteladenokarzinom, ein Tumor, der biologisch unter anderem durch ein starkes infiltratives Wachstum charakterisiert ist, chirurgisch oft nicht ausreichend entfernt werden. Kommt bei diesen Patienten nach der Chirurgie die Strahlentherapie zum Einsatz, können dabei immer auch Nebenwirkungen im Schleimhautbereich auftreten, die vorübergehend entsprechend behandelt werden müssen. Werden Nasentumoren oder Tumoren im Ober- oder Unterkieferbereich wie beispielsweise ein Fibrosarkom im Gaumenbereich bestrahlt, ist es unvermeidbar, dass die Maulhöhle und deren Schleimhaut einem Teil der Strahlendosis ausgesetzt sind. An diesen hochsensiblen Bereichen können durch die Strahlentherapie hervorgerufene Schleimhautentzündungen bei einigen Patienten ein Problem darstellen, das akut durchaus in massiver Form auftreten kann, das aber auch sehr schnell vorübergeht! Dennoch ist das für den Hund eine unangenehme Situation – vergleichbar mit dem Gefühl beim Menschen, wenn die Zunge verbrannt ist. Möglicherweise stellt der vierbeinige Patient die Nahrungsaufnahme vorübergehend vollkommen ein. Diese schwierige Phase kann in seltenen Fällen bis zu einer Woche anhalten, und eventuell muss die Ernährung dann einige Tage lang über eine Sonde bzw. einen Katheter erfolgen, mit dem die Maulhöhle umgangen werden kann. Eine derartige Phase ist vor allem für das Empfinden des Besitzers dramatisch und natürlich auch für den Hund belastend, aber sie ist nach wenigen Tagen vorüber!

Das Wissen, mit einer Therapie ein für den Patienten sinnvolles Ziel zu erreichen, rechtfertigt die Akzeptanz einer kurzzeitigen schwierigen Phase. Nach einem vorübergehenden Tief stehen der Hund und sein Mensch am Ende vor geschenktem LEBEN!

Eine weit weniger belastende Nebenwirkung, die nach einer Strahlentherapie regelmäßig zu beobachten ist, ist der Haarverlust im Bestrahlungsbereich. Oft verändert sich dabei eine zunächst rosa gefärbte in eine komplett schwarze Haut. Dieser Prozess ist beispielsweise mit den Veränderungen vergleichbar, die Hunde mit chronischer Hautentzündung an den Innenseiten der Schenkel oder am Bauch zeigen und die in dieser Form vielen Hundebesitzern bekannt sind. Diese Veränderungen bilden sich vier bis sechs Monate nach Abschluss der Strahlentherapie zumeist vollständig zurück. Die Haut hat sich wieder normalisiert, eventuell sind ein paar Pigmentflecken übrig geblieben. Unabhängig von der Fellfarbe des Hundes beginnen schließlich weiße Haare nachzuwachsen. Auch ein Hund mit schwarzem Fell hat im Strahlenbereich hinterher einen weißen Fleck, was aber ausschließlich eine optische Veränderung darstellt. Ähnlich wie beim Altersergrauen hängt dies mit dem geringeren Pigmentanteil im Haarschaft zusammen. Dieser physiologische Alterungsprozess wird durch die Strahlentherapie – lokal begrenzt – sozusagen frühzeitig ausgelöst.

Auch wenn die wirklich gravierenden Nebenwirkungen einer Strahlentherapie wie eine mit einem Sonnenbrand vergleichbare solare Dermatitis oder eine Maulschleimhautentzündung nach ein bis spätestens zwei Wochen abklingen und diese Episoden damit der Vergangenheit angehören, verlangen diese Nebenwirkungen natürlich nach einer adäquaten Behandlung mit entzündungshemmenden und schmerzstillenden Medikamenten.

Bei jeder Haut- oder Schleimhautentzündung ergibt sich zusätzlich das Risiko einer bakteriellen Infektion der betreffenden Region. Die Maulhöhle des Hundes ist physiologisch hochgradig bakteriell besiedelt, und eine Maulschleimhautentzündung zieht oft eine sekundäre bakterielle Infektion nach sich. Auch diese kann mit einer kurzzeitigen antibiotischen Therapie effizient behandelt werden.

Derzeit wird die Strahlentherapie in der Tiermedizin als eine lokale Therapie mit lokaler Zelltoxizität eingesetzt. Ein systemischer Ansatz der Strahlentherapie ist in der Tiermedizin trotz erster Studien zu dieser Thematik heute noch eine Zukunftsvision. Dennoch können beispielsweise Patienten mit lokal fortgeschrittenem Lymphom durchaus neben einer chemotherapeutischen Behandlung von einer zusätzlichen lokal begrenzt eingesetzten Strahlentherapie profitieren.

Systemische Therapien

Zu den systemischen Therapien gehören die Chemotherapie sowie die heute auch in der Tiermedizin verfügbaren zielgerichteten Therapien. Diese Behandlungsformen kommen dann zum Einsatz, wenn eine lokale Therapie allein keine Heilungschancen gewährleisten kann. Dies ist der Fall, wenn

- *der Primärtumor zwar vollständig chirurgisch entfernt wurde, aber ein hohes Risiko besteht, dass sich bereits Mikrometastasen gebildet haben,*
- *der Primärtumor bereits nachweisbare Metastasen an anderen Organen gebildet hat*
- *oder es sich um eine den gesamten Körper betreffende Tumorerkrankung wie Lymphome oder Leukämien handelt.*

Eine systemische Erkrankung, die den vollständigen Organismus betrifft, bedarf einer systemischen Therapie, die auch im gesamten Körper wirkt.

Die Chemotherapie

Die Chemotherapie ist in der Tiermedizin seit vielen Jahren etabliert und bei zahlreichen Tumoren eine höchst effiziente systemische Behandlungsmöglichkeit für vierbeinige Tumorpatienten. Sie leistet wertvolle Dienste für das Leben unserer an Krebs erkrankten Hunde und ist aus der modernen Veterinäronkologie nicht mehr wegzudenken.

Die Chemotherapie hat unbestritten hohe lebenserhaltende Potenziale. Dennoch stehen oft ausschließlich die im humanmedizinischen Bereich schwerwiegenden Nebenwirkungen im Mittelpunkt der subjektiven Wahrnehmung. Auch heute noch sagen viele Tierbesitzer allein aus dieser Erfahrungswelt heraus, dass eine Chemotherapie für ihren Hund niemals in Frage käme – ungeachtet der Tatsache, dass eine Chemotherapie in der Tiermedizin unter eigenen Voraussetzungen und vollkommen anderen Gesetzmäßigkeiten abläuft. Aber systemische Krebserkrankungen wie beispielsweise das maligne Lymphom oder Leukämie können nur mit einer systemischen Therapie sinnvoll und zielführend behandelt werden. In einer sachlich-pragmatischen Auseinandersetzung mit der Thematik erkennt man schnell die unverzichtbaren Potenziale, die diese Therapieform auch für den vierbeinigen Krebspatienten bietet. Klare und für jeden leicht nachvollziehbare medizinische Begründungen zeigen, warum eine Reduzierung der chemotherapeutischen Dosis im tiermedizinischen Bereich zwingend notwendig ist und die Nebenwirkungen deshalb hinsichtlich ihrer Intensität mit denen in der Humanmedizin nicht vergleichbar sind. Internationale Studien belegen zudem, dass chemotherapeutische Behandlungen in der veterinärmedizinischen Onkologie nur bei weniger als fünf Prozent der Patienten schwerwiegende Nebenwirkungen zur Folge haben.* Oft können die eventuell zu erwartenden Nebenwirkungen bereits durch geeignete Präventivmaßnahmen vermieden werden.

Die in der Chemotherapie verwendeten Medikamente sind die sogenannten Zytostatika. Der Begriff, der aus dem Altgriechischen stammt und so viel wie „Zellen anhalten" bedeutet, bezeichnet den Mechanismus der Therapie, die genauso wie die Strahlentherapie das Zellwachstum hemmen bzw. die Zellteilung verhindern soll. Die Chemotherapie aber beschränkt sich dabei nicht mehr nur auf den lokalen Tumor, sondern als systemische Behandlungsform erreicht sie die Krebszel-

* MacDonald V. Chemotherapy: managing side effects and safe handling. Can Vet J. 2009;50(6):665–668.

len im gesamten Organismus des Patienten. Somit wird die Chemotherapie in erster Linie auch bei systemischen Tumorerkrankungen wie beispielsweise Lymphdrüsenkrebs oder Leukämie eingesetzt, aber auch bei Tumoren mit einem hohen Metastasierungsrisiko. Diese Metastasen können im Körper bereits nachweisbar sein oder aber aufgrund des biologischen Verhaltens des diagnostizierten Tumors als noch nicht nachweisbare Mikrometastasen mit hoher Wahrscheinlichkeit vermutet werden.

Eine Chemotherapie beim Hund ist aus zwingenden Gründen weit niedriger dosiert als beim Menschen. Daher sind die Nebenwirkungen für unsere vierbeinigen Partner auch wesentlich geringer und nicht mit denen in der Humanmedizin vergleichbar.

Somit können einer Chemotherapie sehr unterschiedliche Zielsetzungen zugrunde liegen, die nach der vollständigen Diagnosestellung der Tumorerkrankung VOR Beginn der Therapie genau definiert und festgelegt werden müssen.

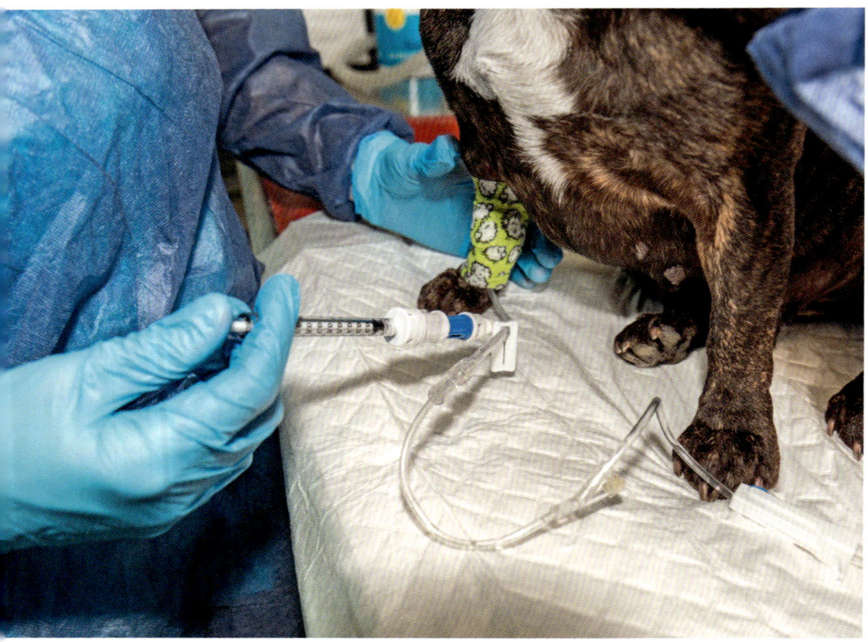

Eine ambulante Chemotherapie erfordert neben einzelnen Sicherheitsmaßnahmen auch eine besondere Ausbildung aller an der Durchführung Beteiligten und wird daher nur in spezialisierten Tierarztpraxen und -kliniken angeboten.

- Ziel einer **kurativen Chemotherapie** ist die Heilung des Patienten bzw. eine langfristige Tumorfreiheit.
- Eine **adjuvante – ergänzende – Chemotherapie** reduziert das Risiko von Tumorrezidiven, indem nach einer operativen Entfernung des Tumors nicht mehr oder noch nicht darstellbare Krebszellen oder Mikrometastasen eliminiert werden. Im Rahmen einer Multimodalitätstherapie wird neben der lokalen Behandlung des Tumors durch eine umfassende chirurgische Entfernung und eine eventuelle zusätzliche Strahlentherapie oft eine adjuvante Chemotherapie empfohlen, um den Therapieerfolg in seiner Gesamtheit zu verbessern.
- Eine **palliative Chemotherapie** schließlich wird bei nicht heilbaren Erkrankungen eingesetzt, um tumorbedingte Symptome zu lindern, die Lebensqualität zu erhalten und möglicherweise zu verbessern und die Überlebenszeit somit eventuell noch deutlich zu verlängern.

Bei all diesen unterschiedlichen Zielsetzungen und den sich daraus ergebenden Fragen nach Einsatz und Umfang der Therapie steht die Lebensqualität des Patienten immer im Vordergrund. Sachliche Information, Offenheit und Vertrauen in die behandelnden Fachtierärzte sind die entscheidenden Faktoren, um eventuelle eigene Bedenken zu hinterfragen, um aus wissenschaftlicher Sicht unbegründete Zweifel zurückzustellen und um die Chancen, die diese Therapieform für das Leben unseres Hundes bietet, zu erkennen. Wir werden auf den folgenden Seiten sehen, warum die Lebensqualität eines Hundes durch die Chemotherapie in den weitaus meisten Fällen nur minimal, wenn überhaupt beeinträchtigt ist. Die Entscheidung für eine Chemotherapie ist eine Entscheidung FÜR den Hund, denn eine unter optimalen Bedingungen geplante und durchgeführte Chemotherapie in der Tiermedizin bedeutet

- KEINE oder maximal eine geringe Beeinträchtigung der Lebensqualität,
- KEIN hohes Risiko für den Patienten,
- aber eine sehr gute Tumorkontrolle über einen beachtlichen Zeitraum hinweg!

Ziel der tiermedizinischen Chemotherapie ist, dem Hund Lebenszeit zu schenken – bei höchster Lebensqualität!

Einsatz und Indikationen einer Chemotherapie*

Systemische Tumorerkrankungen	Multizentrische Lymphome, Multiple Myelome, chronische lymphatische Leukämie, metastasierender Mastzelltumor usw.
Adjuvante Therapie	Nach oder vor (neoadjuvant) einer chirurgischen Entfernung des Tumors und/oder einer Strahlentherapie, um die Heilungsrate zu erhöhen oder die Voraussetzungen für eine vollständige Entfernung des Tumors zu schaffen.
Multimodalitätstherapie	Als Teil einer Kombination verschiedener Therapien, um das Therapieziel mit größtmöglicher Sicherheit zu erreichen.
Palliative Therapie	Eine Heilung des Patienten ist nicht mehr möglich, aber mit einer palliativen Chemotherapie – beispielsweise, wenn Lungenmetastasen nachgewiesen wurden – kann in manchen Fällen eine Verbesserung der Lebensqualität erreicht werden.

Der Zellteilungszyklus

Zellteilung ist ein beständiger Prozess in jedem lebendigen Organismus, der durch verschiedene Stimulationsfaktoren ausgelöst wird und in mehreren Phasen abläuft: Der Teilungsprozess beginnt mit der mehrstufigen Synthesephase (S-Phase), während der der Chromosomensatz der Zelle verdoppelt wird. Mit der Mitosephase (M-Phase), die aus Kernteilung (Mitose) und Zellteilung besteht, ist der Zellteilungszyklus abgeschlossen. Zwischen S- und M-Phase liegen jeweils die Wachstumsphasen (G1- und G2-Phase), während der sich die Zelle auf den nachfolgenden Prozess, die Chromosomenverdopplung bzw. die Kernteilung, vorberei-

* Zusammenstellung nach diversen Informationen der Onkologischen Abteilung der Internen Klinik für Kleintiere der Veterinärmedizinischen Universität Wien.

tet. Einige Zellen treten zu Beginn der G1-Phase auch in eine Ruhephase (G0-Phase) ein, in der sie – abhängig von ihrer jeweiligen Funktion für den Organismus – einige Tage oder auch mehrere Jahre verbleiben. Diese Zellen, die sich in der G0-Phase aktuell nicht in Teilung befinden, treten physiologisch erst auf ein bestimmtes Signal hin gegebenenfalls wieder in den Teilungszyklus ein.

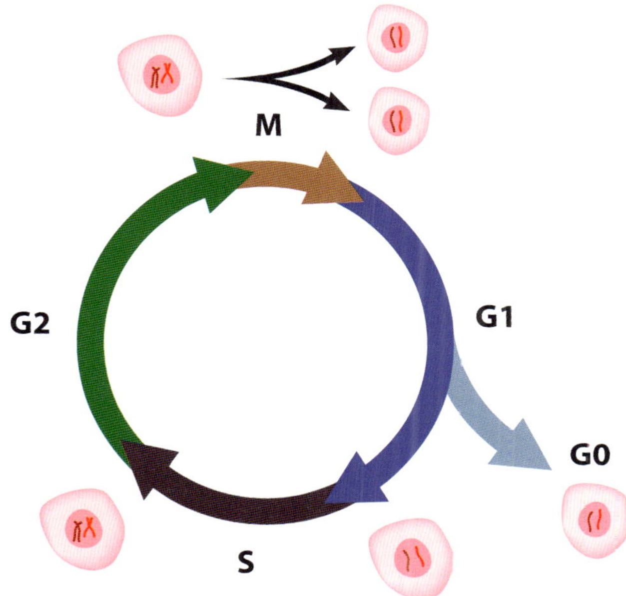

Wirkungsmechanismus führt zum geplanten Zelltod

Die Chemotherapie zielt ebenso wie die Strahlentherapie auf den geplanten Zelltod ab und arbeitet dabei mit unterschiedlichen Substanzen, deren zytotoxische Wirkung die Tumorzellen abtötet. Dabei kommen verschiedene Mechanismen zum Einsatz, die allerdings nur in Zellen wirksam werden können, die sich aktuell in Teilung befinden oder sich auf die Zellteilung vorbereiten. Befindet sich eine Zelle in der sogenannten Ruhephase, bleibt sie von der Chemotherapie unberührt. Auf alle Zellen, die sich nicht in Teilung befinden, hat die Chemotherapie keinen Einfluss und bleibt wirkungslos – und nebenwirkungsfrei.

Die Chemotherapie wirkt ausschließlich auf Zellen, die sich in Teilung befinden oder sich auf den Teilungsprozess vorbereiten. Die eingesetzten Medikamente, die Zytostatika, hemmen die Zellteilung und verhindern damit die Vermehrung von Zellen.

Der Zellteilungsmechanismus einer Tumorzelle unterscheidet sich zwar nicht grundlegend von dem aller anderen Körperzellen, aber Krebszellen teilen sich schneller und öfter als die meisten anderen Zellen im Organismus und sind somit durch die Chemotherapeutika um ein Vielfaches angreifbarer als gesunde Zellen. Darüber hinaus lassen die defekten DNA-Reparatursysteme in Tumorzellen, die oft bereits einen entscheidenden Beitrag zur Entstehung des Tumors leisteten, die gleichen Zellen jetzt auch empfindlicher und anfälliger auf die DNA-schädigenden Substanzen der Chemotherapie reagieren.

Trifft die Chemotherapie auf eine Zelle, die sich aktuell in Teilung befindet, kommt es zu einem geplanten Absterben dieser Zelle. Dies ist ein wesentlicher Aspekt der Abgrenzung einer chemotherapeutischen Wirkung von einer Nekrose, wie sie etwa nach einer Verbrennung entsteht, oder einem Gewebezerfall, der beispielsweise durch Alkohol hervorgerufen werden kann. Der Neuaufbau nekrotischen Gewebes oder eine entsprechende Narbenbildung bedeuten für den Organismus eine große Herausforderung. Die Chemotherapie aber leitet durch das Signal an die Zelle, sich nicht mehr teilen zu dürfen, den geplanten Zelltod ein. Das bedeutet, dass die Zelle keineswegs spontan in sich zusammenbricht, sondern dass die gesamten Stoffwechselvorgänge in der Zelle reduziert werden. Ähnlich wie im physiologischen Vorgang beginnt dieser Prozess mit der sogenannten Kernpyknose: Der Zellkern schrumpft in sich zusammen, was als Anzeichen des bevorstehenden Zelltods für die Zelle sogleich eine Art „Selbstmordkommando" darstellt. Anschließend löst sich die Zelle von der äußeren Membran her auf und wird schließlich von den sogenannten Fresszellen des körpereigenen Immunsys-

Die Chemotherapie leitet einen geplanten Zelltod ein, der dem Organismus weniger Probleme bereitet als eine Nekrose, wie sie beispielsweise bei Brandverletzungen, großflächigen Entzündungen oder verschiedenen Hauterkrankungen auftritt. Dieser wesentliche Aspekt der Chemotherapie wird nur selten thematisiert und kann dabei doch ein bedeutendes Kriterium bei der Entscheidung für oder gegen diese Therapie sein. Das Bewusstsein, dass eine lokale Verbrennung oder auch eine größere Verletzung dem Hund teils schwerwiegendere Probleme bereiten kann als eine Chemotherapie, die zahlreiche Tumorzellen zerstört, könnte die Entscheidung für diese Therapie und damit für den Hund oftmals erleichtern.

tems aufgenommen und abgebaut, phagozytiert wie es in der Fachsprache heißt. Dieser geplante Zelltod, den die Chemotherapie initiiert, ist für den Organismus wesentlich schonender als jede Nekrose und läuft unter zellbiologisch streng geregelten Bedingungen ab.

Wirkung in verschiedenen Phasen des Zellteilungszyklus

Verschiedene chemotherapeutische Zytostatika verfügen über unterschiedliche Mechanismen, die in den einzelnen Phasen der Zellteilung wirksam werden können. Chemotherapeutische Protokolle setzen im Rahmen der Polychemotherapie verschiedene Zytostatika ein, um an den unterschiedlichen Synthesephasen des Zellteilungszyklus anzusetzen und mit einer Behandlung möglichst viele der in Teilung befindlichen Zellen zu erreichen.
Der Zellteilungszyklus kann bereits zu Beginn der S-Phase chemotherapeutisch gezielt gestoppt werden, indem die Chemotherapeutika die Verdopplung der Chromosomen verhindern. Dieser Mechanismus greift am frühestmöglichen Punkt in den Teilungsprozess ein. Zur Verdopplung der Chromosomen muss die Doppelhelix der DNA in zwei Stränge aufgespalten werden, denn nur dann kann sie abgelesen werden und als Vorlage für den neu zu bildenden komplementären zweiten DNA-Strang dienen.

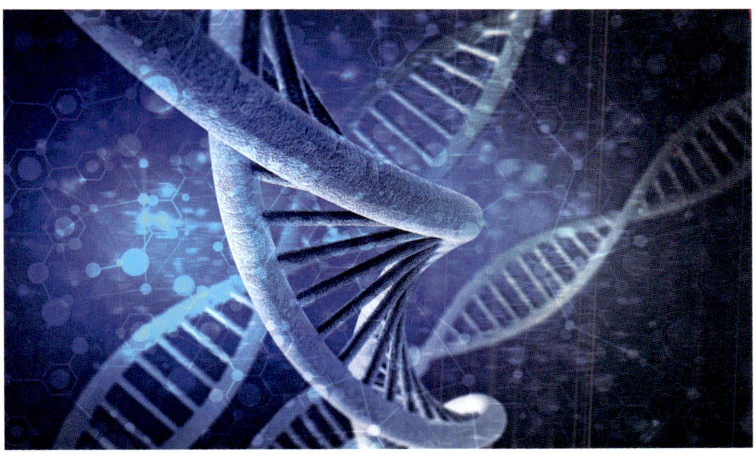

Die Doppelhelix der DNA. Ihre beiden Stränge müssen sich am Beginn eines letztlich erfolgreichen Zellteilungszyklus voneinander trennen.

Nur wenn die ursprünglichen beiden Stränge der Doppelhelix sich voneinander trennen, kann in diesem Verdopplungsprozess, den die Fachsprache als Replikation bezeichnet, ein neuer DNA-Strang produziert werden. Die Aufspaltung der DNA, die den Aufbau des zweiten Strangs ermöglicht, ist Voraussetzung für ihre Neubildung. Hier setzt die chemotherapeutische Wirkung sogenannter Disulfidbrücken an, denn wenn diese chemischen Bindungen die beiden Stränge der Doppelhelix aneinanderketten, können die Stränge ihre für die Zellteilung unabdingbare Trennung nicht mehr vollziehen. Diese Disulfidbrücken entstehen durch einen chemischen Prozess, der durch entsprechende Zytostatika initiiert wird. Disulfidbrücken sind auch im alltäglichen Leben absolut präsent: Der Vergleich mag überraschen, aber beispielsweise arbeitet auch der Friseur mit Disulfidbrücken, um Dauerwellen zu festigen. Dabei werden die Haare mit einer Lösung bearbeitet, die Disulfidbrücken zwischen den einzelnen Haaren aufbaut, sodass diese miteinander verbunden und formstabil bleiben. Das gleiche passiert im Zellkern: Wenn die beiden Stränge der Doppelhelix durch Disulfidbrücken miteinander verbunden sind, können sie sich nicht mehr voneinander trennen und die Informationen können nicht mehr abgelesen werden. Der gesamte Zellteilungsprozess wird damit gestoppt, und die Zelle geht in die Apoptose, den geplanten Zelltod.
Andere Chemotherapeutika entfalten ihre Wirkung in der zweiten Stufe der S-Phase und stoppen die Zellteilung, indem diese als Spindelgifte bezeichneten Zytostatika die Bildung der für die Zellteilung notwendigen Spindelapparate verhindern. Die bekanntesten und ältesten Wirkstoffe dieser Gruppe sind die Vincaalkaloide, jahrhundertealte Medikamente, die den Prozess der Zellteilung unterbrechen und somit letztlich verhindern. Vincaalkaloide sind Spindelgifte, die schon die Inka verwendeten. Sie wussten bereits zur Hochblüte ihrer Kultur zwischen dem 13. und 16. Jahrhundert in Südamerika um die zelltoxische Wirkung dieser pflanzlichen Substanzen.

Die in der Chemotherapie eingesetzten Spindelgifte Vinblastin und Vincristin sind pflanzliche Naturstoffe, die der Rosafarbenen Catharanthe, dem Madagaskar-Immergrün, entstammen. Sie gehören wie die chemischen Substanzen zu den hochwirksamen Zytostatika.

Zu dem Zeitpunkt, an dem die Spindelgifte aktiv werden, hat der Zellkern bereits zwei Chromosomensätze gebildet. Die Zelle ist mit dieser Dopplung für die Teilung vorbereitet. Die Spindelgifte aber verhindern jetzt die Aufteilung der Chromosomen, denn der dafür notwendige Spindelapparat kann durch ihren Einsatz nicht gebildet werden. Damit ist der Prozess der Zellteilung gestoppt, und die Zelle geht in dieser Phase in den geplanten Zelltod.

In chemotherapeutischen Protokollen werden zumeist mehrere verschiedene Zytostatika eingesetzt, deren Wirkungsmechanismen in unterschiedlichen Phasen des Zellteilungszyklus ansetzen. So erreicht die Therapie einen wesentlich größeren Anteil der in Teilung befindlichen Zellen und ist daher deutlich effizienter. Medikamente, die wie beispielsweise die Spindelgifte den Zellteilungsprozess selbst unterbrechen, werden dabei gegebenenfalls auch mit Substanzen kombiniert, die in der G1-Phase ansetzen und die Produktion von Nukleotiden, den Bausteinen der DNA, hemmen. Die für deren Produktion notwendigen biochemischen Reaktionen werden verhindert, sodass der für den Zellteilungsprozess unverzichtbare Nachschub dieser Bausteine zur Bildung der neuen DNA-Stränge ausbleibt.

Die Kombination unterschiedlicher Zytostatika, die in verschiedenen Phasen des Zellteilungszyklus wirksam werden, kann den Erfolg einer Chemotherapie deutlich erhöhen.

Auf Zellen, die sich in der Ruhephase, der sogenannten G0-Phase, befinden, bleibt die Chemotherapie wirkungslos. Eine Zelle, die sich nicht auf ihre Teilung vorbereitet oder in Teilung befindet, kann chemotherapeutisch nicht erreicht werden.

Im Organismus finden sich verschiedene Gewebearten wie beispielsweise Nervenzellen oder Muskelzellen, die sich nicht regelmäßig regenerieren. Dies führt auch bei den Tumoren, die auf diese Ursprungsgewebe zurückgehen, zu einer niedrigen Zellteilungsrate, sodass eine Chemotherapie bei diesen Tumorerkrankungen nur eine eingeschränkte Wirksamkeit entfalten kann.

Der Erfolg einer Chemotherapie hängt immer entscheidend davon ab, wie viele Tumorzellen sich zum Zeitpunkt der Therapie in Teilung befinden. Die Onkologie weiß anhand des biologischen Verhaltens der unterschiedlichen Tumoren, mit welchen Zellteilungsraten im jeweiligen Fall zu rechnen ist. Auch die vorangegangene Gewebeuntersuchung und der Befund des Pathologen geben eine Antwort auf die Frage, wie schnell sich die Zellen dieses individuellen Tumors teilen bzw. wie viel Prozent sich aktuell in Teilung oder in Vorbereitung auf die Teilung befinden. Nur diese teilungsaktiven Zellen können mit der Chemotherapie erreicht werden. Beim malignen Lymphom liegt der Anteil der Zellen, die in einer einzelnen Therapiesitzung erreicht werden, besonders hoch. Beim Adenokarzinom oder einem anderen Drüsentumor, dessen Zellen sich nur langsam teilen, erreicht die Chemotherapie hingegen nur wenige Prozent der Zellen und ist damit wesentlich weniger erfolgreich, denn der Großteil der Zellen bleibt damit unbeeinflusst von der Therapie.

Darüber hinaus hängt der Erfolg einer Chemotherapie auch von der Größe des Tumors ab. Je größer der Tumor wird, desto langsamer teilen sich im Regelfall die Zellen. Somit ist eine Chemotherapie umso effizienter, je kleiner der Zieltumor oder die Metastasen sind. Entsprechend stellen diese Faktoren auch die wichtigsten Entscheidungskriterien dar, wann der Einsatz einer Chemotherapie wirkungsvoll und damit für den Patienten sinnvoll ist.

Der Erfolg einer Chemotherapie hängt insbesondere von der Zellteilungsrate der Tumorzellen ab. Je höher die Teilungsaktivität ist, desto effizienter kann die Chemotherapie wirken. Wesentliche Parameter für die Einschätzung der Wirksamkeit sind die Tumorgröße und die Zellteilungsrate (Proliferationsrate), das heißt die Anzahl der Zellen, die sich gerade in Teilung befinden. Da der Anteil proliferierender Zellen beim malignen Lymphom besonders hoch ist, ist die Chemotherapie bei dieser Tumorerkrankung auch besonders wirksam und die Therapie der Wahl.

Wirkungen bedingen Nebenwirkungen

Zwischen Wirkungen und Nebenwirkungen liegt nur ein kleiner Schritt, denn der Wirkungsmechanismus jedes Medikaments ist gleichzeitig Grundlage seiner Nebenwirkungen. Ein Zytostatikum ist kein zielgerichtetes Medikament, das möglichst spezifisch auf die Tumorzellen wirkt und nur diese schädigt, sondern es schickt alle Zellen, die sich aktuell in Teilung befinden oder sich auf ihre Teilung vorbereiten, in den geplanten Zelltod. Das gilt für die Tumorzellen genauso wie für jede gesunde Zelle des Organismus.

Dennoch ist nicht der gesamte Körper von den Nebenwirkungen der Chemotherapie betroffen. Gewebe, das sich nicht beständig regeneriert, bleibt von den Medikamenten vollkommen unberührt. Das gilt, wie wir bereits gesehen haben, für

> Die Grundlagen für die erwünschte Wirkung der Chemotherapie auf die Tumorzellen sind zugleich die Ursachen für die Nebenwirkungen: Die toxische Wirkung der Zytostatika betrifft alle sich in Teilung befindlichen Zellen im Organismus.

- **Nervenzellen:** Sie sind nur dann teilungsaktiv, wenn eine Verletzung oder eine Durchtrennung vorliegt.
- **Herzmuskelzellen:** Da Herzmuskelzellen sich nicht regenerieren können, bleiben sie von einer Chemotherapie unberührt.
- **Muskelzellen:** Die Muskulatur kann durch entsprechendes Training zwar stärker werden, aber auch dabei nimmt nicht die Anzahl der Zellen zu, sondern die Zellbestandteile, die für die Muskelkontraktionen verantwortlich sind, werden gestärkt.

Bei Gewebestrukturen, die einer starken Regeneration unterliegen und damit auch eine hohe Zellteilungsrate aufweisen, sieht das hingegen völlig anders aus. Gewebearten, deren Zellen sich beständig teilen und erneuern, reagieren auf die chemotherapeutischen Zytostatika ähnlich wie die Tumorzellen. Davon sind zentrale Bereiche des Organismus betroffen.

- **Fell:** Hier unterliegen die Haarfollikel einem beständigen Zellwachstum, ein physiologischer Vorgang, der allerdings beim Menschen wesentlich ausgeprägter abläuft als beim Hund. Der aus der Humanmedizin bekannte Haarverlust infolge einer Chemotherapie stellt beim Hund kein wirkliches Problem dar. Bei Rassen mit einem saisonalen Haarwechsel wie beispielsweise beim Schäferhund oder beim Boxer werden so gut wie keine Veränderungen sichtbar. Bei einer Trimmrasse können eventuell vorübergehend Veränderungen des Haarkleides entstehen und eine leichte optische Beeinträchtigung mit sich bringen.
- **Magen-Darm-Trakt:** Die Schleimhaut im Magen-Darm-Trakt unterliegt einer besonders regen Zellerneuerung. Die Darmepithelzellen, die unter anderem für die Wasser- und Enzymaufnahme des Körpers verantwortlich sind, haben nur eine Lebensdauer von wenigen Stunden oder Tagen. Wegen ihrer hohen Zellteilungsrate sind sie besonders anfällig für die Nebenwirkungen der Chemothera-

pie, die allerdings beim Hund sehr viel milder auftreten, als es aus dem humanmedizinischen Bereich bekannt ist. Beim Hund können diese Nebenwirkungen in den weitaus meisten Fällen mit einer den Organismus nicht weiter belastenden Begleittherapie behandelt oder gar verhindert werden.
- **Knochenmark:** Hier findet die Bildung der Immunzellen statt. Eine chemotherapeutisch bedingte verminderte Immunzellenproduktion führt zu einer Abwehrschwäche mit einer erhöhten Infektionsgefahr. Dies gilt für Mensch und Hund gleichermaßen. Hier liegt der limitierende Faktor für die chemotherapeutische Behandlung des Hundes und die eigentliche Begründung dafür, warum Chemotherapeutika beim Hund nur in einer wesentlich geringeren Dosierung als beim Menschen eingesetzt werden können.

Ebenso wie die Wirkung, so konzentrieren sich auch die Nebenwirkungen der Chemotherapie auf die Gewebearten, die eine hohe Zellteilungsrate aufweisen.

Knochenmarksuppression als limitierender Faktor

Die schwerwiegendste Nebenwirkung der Chemotherapie beim Hund ist der Einfluss auf das Knochenmark. Das ist die entscheidende und limitierende Nebenwirkung, die auch weitreichende Konsequenzen auf die Dosis der tiermedizinischen Chemotherapie hat. Die durch die Chemotherapie hervorgerufene Knochenmarkunterdrückung, in der Fachsprache Knochenmark- oder Myelosuppression genannt, darf beim Hund keinesfalls zu einer übermäßigen Einschränkung des physiologischen Abwehrsystems des Körpers führen. Wird die Arbeit des Immunsystems durch die Knochenmarksuppression zu weit eingeschränkt, kann jeder Umweltkeim zur Gefahr werden – das gilt für den Hund ebenso wie für den Menschen! Diese Problematik ist der eigentliche Grund dafür, dass in der tiermedizinischen Chemotherapie eine deutlich geringere Dosis der Medikamente eingesetzt wird als beim Menschen. Und damit treten natürlich auch deutlich weniger Nebenwirkungen auf! Der Mensch durchläuft nach der Chemotherapie eine Phase, in der das Knochenmark so massiv unterdrückt wird, dass es keine neuen Immunzellen mehr ausschwemmen kann. Da die bereits im Blut befindlichen Immunzellen aber nur über eine kurze Lebensdauer verfügen, führt die fehlende Nachproduktion vorübergehend zu einer Abwehrschwäche. Der Anteil der weißen Blutkörperchen, der Leukozyten, die die Abwehr gegen Bakterien und Krankheitserreger ermöglichen, nimmt zumeist etwa sieben Tage nach der Chemotherapie im Blut massiv ab. Während dieser Zeit ist der Patient hochgradig infektionsgefährdet. Der Mensch bekommt von seinem behandelnden Onkologen jetzt vermutlich den Rat, während dieser Phase im Alltag besonders auf die Hygiene zu achten, nur gekochte Speisen, kein rohes Gemüse oder rohes Obst zu essen. Sollte der Verdacht einer Infektion aufkommen, wird er systemisch, das heißt in den meisten Fällen intravenös mit Antibiotika behandelt. Beim Hund ist die Situation vollkommen anders: Er verlässt nach der Chemotherapie die onkologische Ambulanz, geht weiterhin jeden Tag hinaus, schleckt am Boden und „liest seine Zeitung“. Hätte er eine Woche nach der Therapie keine körpereigene Abwehr mehr, wäre die Gefahr einer lebensbedrohlichen Sepsis enorm hoch. Deswegen muss die chemotherapeutische Dosis in der Tiermedizin im Vergleich zur Humanmedizin reduziert werden.

Beim Hund muss eine schwerwiegende Knochenmarksuppression während der Chemotherapie unbedingt vermieden werden. Das ist der Hauptgrund für die im Vergleich zur Humanmedizin niedrigere Dosierung der Medikamente, was in der Folge auch in den anderen Bereichen weit geringere Nebenwirkungen bedeutet.

Geringere Dosis als in der Humanmedizin

Die Gefahr einer Sepsis, die beim Menschen nach der Chemotherapie tatsächlich gegeben ist, muss beim Hund verhindert werden. Dies ist gleichzeitig der Hauptgrund, warum die veterinärmedizinische Chemotherapie für Hunde in den weitaus meisten Fällen komplikationsfrei verläuft: Die Reduzierung der Dosis beinhaltet einen enormen Vorteil für die Lebensqualität während der Therapie. Dass die Dosis der Chemotherapie in der Tiermedizin allein wegen der Lebensqualität der vierbeinigen Patienten reduziert sei, ist somit ehrlicherweise nur die halbe Wahrheit. Der wirkliche Grund für die Dosisreduktion ist die Infektionsanfälligkeit durch eine Knochenmarksuppression, was dann in der Folge garantiert, dass der Hund die Chemotherapie weitgehend nebenwirkungsfrei verträgt und weiterhin eine hohe Lebensqualität hat.

„Aber nur ein bisschen Chemotherapie? Wie wirksam kann das sein?" – Das ist eine Überlegung, die an dieser Stelle vielleicht berechtigt scheint. Zahlreiche tiermedizinische Studien beinhalten heute genaue Daten darüber, wie viel Lebenszeit durch unterschiedliche Therapieansätze gewonnen werden kann, auch wenn die Heilungschancen nicht immer gegeben sind, beispielsweise beim Lymphdrüsenkrebs des Hundes. In der Humanmedizin ist die Heilungschance auch bei diesen systemischen Tumorerkrankungen in den vergangenen Jahrzehnten deutlich gestiegen. Beim Hund ist eine absolute Heilungschance nur selten gegeben, und der behandelnde Onkologe wird ehrlich sagen, dass dieser Tumor nicht geheilt werden kann, dass der Patient aber durchaus wertvolle Lebenszeit gewinnen kann! Eine Therapie ermöglicht beim Lymphom eventuell ein bis zwei Jahre bei hoher Lebensqualität. Im Lebenszyklus des Menschen würde das einer Überlebenszeit von fünf bis zehn Jahren entsprechen. Dieser Aspekt muss immer beachtet werden: Natürlich scheinen ein bis zwei Jahre zunächst wenig, aber für den Hund ist das eine sehr lange Zeit. Man darf die Lebenszyklen von Mensch und Hund nicht gleichsetzen, sondern derartige Angaben müssen immer relativiert und in Zusammenhang mit dem jeweiligen individuellen Lebenszyklus betrachtet werden.

Die Lebenszyklen von Hund und Mensch verlaufen nicht identisch: Ein Jahr mag – gemessen am menschlichen Lebenszyklus – wenig erscheinen, für den Hund hingegen bedeutet ein Jahr eine lange Zeit – Leben, das gelebt werden kann und gelebt werden will!

Nebenwirkungen maskieren

Die hohe Lebensqualität des Hundepatienten während der Chemotherapie wird zum einen durch eine geringere Dosis als in der Humanmedizin garantiert, zum anderen gibt es darüber hinaus Möglichkeiten, eventuelle Nebenwirkungen bereits im Vorfeld durch Präventivmaßnahmen auszuschließen. Unterschiedliche Zytostatika führen zu verschiedenen Nebenwirkungen. Der behandelnde Onkologe weiß, wann die maximale Wirkung der einzelnen Therapeutika im Organismus erreicht sein wird. Hinsichtlich einer Magen-Darm-assoziierten Nebenwirkung könnte unser vierbeiniger Freund jetzt eventuell weniger Appetit und einen weicheren Stuhl haben, schlimmstenfalls Durchfall oder Erbrechen. Werden in der Chemotherapie Medikamente eingesetzt, bei denen eine derartige Nebenwirkung zu erwarten ist, werden die Patienten bereits unmittelbar nach der Chemotherapie präventiv behandelt, um entsprechende Symptome weitgehend zu verhindern.

Nebenwirkungen können mit geeigneten Präventivmaßnahmen weitgehend eingeschränkt und vermieden werden.

Ähnliches gilt für mögliche Nebenwirkungen auf die Blutbildung im Knochenmark. Bei den meisten Zytostatika ist sieben Tage nach der Chemotherapie mit dem Höhepunkt der Auswirkungen der Knochenmarksuppression zu rechnen: Jetzt verfügt der Patient über weniger Abwehrzellen im Blut und möglicherweise über eine schlechtere Immunabwehr, aber die Anzahl der Abwehrzellen darf auch am Tag sieben nach der Chemotherapie einen gewissen Grenzwert nicht unterschreiten. Wie wir bereits gesehen haben, ist die Chemotherapie beim Hund so angelegt, dass sein Immunsystem ihm auch in dieser Phase eine seiner Lebensform entsprechende ausreichende Schutzwirkung bieten kann. Eine Woche nach der Therapiesitzung werden die entsprechenden Blutwerte kontrolliert. Verfügt der Patient bei dieser Kontrolle über eine ausreichend hohe Anzahl weißer Blutkörperchen, Leukozyten, ist er sicher geschützt. Allerdings gibt es immer wieder individuelle Patienten, die trotz der etablierten Dosis stärker reagieren und zu diesem Zeitpunkt über eine zu geringe Anzahl an Leukozyten verfügen und daher infektionsanfälliger sind. In diesen speziellen Fällen werden die betroffenen Patienten vom behandelnden Tierarzt zusätzlich antibiotisch abgedeckt, um vor Infektionen geschützt zu sein. Prinzipiell ist dies der einzige gute Grund für eine präventive Antibiose! Jeder Mediziner, egal ob im Veterinär- oder im Humanbereich, sollte Antibiotika nur dann einsetzen, wenn eine Infektion nachweisbar ist. Eine präventive Antibiose ist ausschließlich im Umfeld einer Chemotherapie bei entsprechend niedrigen Werten der Leukozyten im Blutbild notwendig.

Die Forschung arbeitet aktuell an neuartigen Medikamententransportsystemen, die die Chemotherapeutika direkter zu ihrem eigentlichen Zielort, den Tumorzellen, führen. Eine Hülle um das Medikament soll eine verlängerte Verweildauer im Organismus und eine Anreicherung der Substanz im Tumorgewebe ermöglichen. Je stärker die Wirksamkeit der Zytostatika sich auf ihr eigentliches Ziel, den Tumor, konzentriert, desto schonender ist die Therapie für den Organismus.

Therapieziel und Zeitverlauf

Vor Beginn der Chemotherapie muss immer ein klares Ziel formuliert werden. Die Fragen, ob es sich um eine primäre oder adjuvante, um eine kurative oder palliative Therapie handeln soll, sind wesentliche Aspekte für die Planung der Behandlung, die nach bestimmten standardisierten Protokollen, die die maximale Wirkung für den Patienten ermöglichen, abläuft. Diese Protokolle sind international gültig und legen ebenso die Zusammenstellung der Medikamente sowie die Anzahl der Zyklen und die Abstände zwischen den Behandlungen fest.

Unmittelbar nach jeder einzelnen Therapiesitzung sinkt die Anzahl der Tumorzellen innerhalb kürzester Zeit ab, oft innerhalb nur weniger Minuten. In der nachfolgenden Therapiepause, die zur Regeneration des gesunden Gewebes notwendig ist, aber vermehren sich auch die verbliebenen Tumorzellen wieder: Es kommt zu einem neuerlichen Tumorwachstum, das jetzt allerdings weit langsamer erfolgt, denn auch die Tumorzellen müssen sich zunächst einmal erholen. Dann folgt die zweite Therapiesitzung. Wieder gehen Tumorzellen unmittelbar in den geplanten Zelltod, wieder erholen sich die verbliebenen Zellen und führen noch einmal zu einem geringfügigen Tumorwachstum, bis der Patient die nächste Chemotherapie erhält und das neuerliche Tumorwachstum am Ende des Therapieprotokolls im Idealfall gegen null geht.

Die Zeitabstände zwischen den einzelnen Zyklen der Chemotherapie sind notwendig, um den gesunden Zellen und dem Knochenmark Zeit zur Regeneration zu geben. Zudem erhöht die zyklische Vorgangsweise die Chance, mit der nächsten Therapie auch diejenigen Zellen anzugreifen, die sich zuvor nicht in Teilung befunden haben und somit für die Therapie nicht erreichbar waren.

Wenn ein lokaler Tumor chirurgisch vollständig entfernt werden konnte, dieser Tumor aber aufgrund seines biologischen Verhaltens zum Metastasieren neigt, dann kann die adjuvante – ergänzende – Chemotherapie eventuell bereits vorhandene, aber noch nicht nachweisbare Mikrometastasen kurativ behandeln. Therapieziel ist dabei die vollständige Heilung des Patienten, die die Chemotherapie in dieser Konstellation durchaus erreichen kann. Die Therapie richtet sich hier nur noch gegen ein eventuelles Rezidiv oder Mikrometastasen mit einer deutlich geringeren Anzahl an Tumorzellen. In diesen Fällen können die chemotherapeutischen Behandlungszyklen den absoluten Nullpunkt erreichen, und der Patient kann von einer kurativen Therapie profitieren.

Das Heilungspotenzial der Chemotherapie ist abhängig von der Anzahl der Tumorzellen im Organismus zu Beginn der Therapie.

Obwohl die Chemotherapie bei systemischen Tumorerkrankungen wie Lymphdrüsenkrebs die Therapie der Wahl im Sinne des Patienten ist, kann das Ziel einer vollständigen Heilung des Hundes derzeit noch kaum erreicht werden. Der Tumor ist klinisch nachweisbar, wenn die Lymphknoten vergrößert sind. Zu diesem Zeitpunkt trägt der Patient bereits eine Anzahl von circa einer Milliarde (10^9) bis einer Billion (10^{12}) Tumorzellen in seinem Organismus. Auf diesem Stand setzt die Chemotherapie mit dem ersten Behandlungszyklus ein. Entsprechend dem gewählten Protokoll vergehen bis zum nächsten Therapiezyklus einige Wochen. Diese Zeit benötigt das Knochenmark für seine Regeneration, damit eine weitere Behandlung möglich wird.

Entscheidend für den Therapieerfolg ist die Anzahl der verbliebenen Tumorzellen am Ende des gesamten Behandlungsprotokolls: Sie bestimmt darüber, wie lange der Tumor in der klinischen Remission verbleibt bzw. bis er nach einer gewissen Zeit wieder die Schwelle der klinischen Nachweisbarkeit erreicht. Die medizinische Fachsprache spricht jetzt von einem Rezidiv. Etwa ein Jahr nach dem Ende der gesamten Therapie kann sich bei Lymphompatienten ein ähnliches klinisches Bild wie zu Beginn der Erkrankung zeigen. In vielen Fällen aber kann diesen Patienten jetzt noch einmal mit einem weiteren chemotherapeutischen Protokoll geholfen werden.

Die Therapie des malignen Lymphoms wird stetig weiterentwickelt, und gerade an Universitätskliniken fließen neueste Forschungsergebnisse unmittelbar in die Therapie ein. Kombinationstherapien aus Chemotherapie und Strahlentherapie können bei fortgeschrittenen Lymphomen erfolgreich sein. Die Entwicklung einer Tumorimpfung mit caninen Antikörpern kann zudem für einige Patienten künftig möglicherweise zu deutlich verbesserten Therapieerfolgen führen.

Palliative Chemotherapie

Neben diesen auf eine weitestmögliche Tumorkontrolle ausgerichteten Ansätzen der Chemotherapie kann auch das palliative Therapieziel vielen Patienten noch eine Chance auf ein lebenswertes Leben bieten. Lange galt eine fortgeschrittene Tumorerkrankung mit erkennbaren Fernmetastasen in der Lunge als Endpunkt. Heute hingegen kann auch in diesen Fällen noch eine auf die jeweilige Tumorart abgestimmte Therapie zum Einsatz kommen, die noch für einen längeren Zeitraum trotz Fernmetastasen eine gewisse Tumorkontrolle ermöglicht. Beim Mammakarzinom würde dieser Therapieansatz beispielsweise die Überlegung rechtfertigen, ob trotz vorhandener Fernmetastasen eine chirurgische Therapie für die Hündin sinnvoll erscheint – beispielsweise, wenn der Primärtumor an der Milchleiste ohne Eingriff kurzfristig aufbrechen und massive Blutungen auslösen könnte. Wenn der Gesamtzustand der Patientin gut und ihre Lebensqualität entsprechend hoch ist, könnte der primäre Mammatumor in diesem Fall chirurgisch entfernt werden, um im Anschluss mit einer palliativen Chemotherapie die Metastasierung längstmöglich zu blockieren.

Im Rahmen der palliativen Chemotherapie stehen für den Hund zytostatische Medikamente zur Verfügung, die beispielsweise das Wachstum von Lungenmetastasen vorübergehend hemmen können, ohne die Lebensqualität des Patienten zu beeinträchtigen.

Wenn die Behandlung wirkt, kann die Lebensqualität so durchaus noch einige Zeit aufrechterhalten werden – auch wenn ein Patient mit bereits nachgewiesenen Fernmetastasen natürlich eine schlechtere Prognose und eine kürzere Lebenserwartung hat als ein Patient mit einem lokal begrenzten Tumorgeschehen. Genießt der Hund trotz Lungenmetastasen noch eine hohe Lebensqualität, kann eine derartige Therapie in Betracht gezogen werden, denn eine hohe Lebensqualität zu erhalten, ist gut und richtig. Die systemische Chemotherapie ist auch in diesem Stadium einer Krebserkrankung als effiziente palliative Therapie möglicherweise noch sinnvoll.

Kortison ist keine Alternative!

Kortison wird heute noch immer häufig als Monotherapie bei verschiedensten Tumoren eingesetzt. Dennoch ist dieser Therapieansatz in den weitaus meisten Fällen wenig Erfolg versprechend und damit nicht zuletzt auch hinsichtlich der Nebenwirkungen fragwürdig. Die Hoffnung, den Tumor etwas zurückzudrängen und die Lebensqualität ein wenig zu verbessern, erfüllt sich mit einer Kortisontherapie nur bedingt, während nachhaltige etablierte Therapieformen dazu beitragen könnten, dass das Tumorgeschehen wie eine chronische Erkrankung gut kontrolliert werden kann und die Lebensqualität keineswegs einschränkt.
Kortison ist vor allem bei lymphatischen Krebserkrankungen eine zwar vordergründig wirksame, zeitlich allerdings sehr begrenzte Monotherapie. Ein Lymphom

lässt sich mit Kortison für vielleicht ein, zwei oder drei Monate gut zurückdrängen. Ein klassischer Fall in diesem Zusammenhang ist leider vielen Tierbesitzern vertraut: Der Hund wird mit einer Lymphdrüsenschwellung im Halsbereich beim Tierarzt vorgestellt. Dieser stellt nach einer klinischen Untersuchung, bei der er in den Rachen des Hundes hineinschaute, die Verdachtsdiagnose einer Tonsillitis, einer Mandelentzündung, oder auch einer ganz normalen Halsentzündung in den Raum und spricht die Lymphknoten als reaktiv vergrößert an. Der Patient wird standardmäßig antibiotisch abgedeckt und bekommt zusätzlich Kortison gespritzt. Damit ist die ganze Problematik innerhalb von zwei bis drei Tagen in eine vollkommen unauffällige Situation zurückgedrängt. Bestätigt sich die Verdachtsdiagnose einer Halsentzündung, ist die Angelegenheit damit erledigt. Handelt es sich aber um ein Lymphom, das allein mit dieser klinischen Untersuchung niemals gänzlich ausgeschlossen werden kann, zeigt sich die Symptomatik nach vier bis acht Wochen erneut. Leider suchen viele Besitzer mit ihren vierbeinigen Patienten erst jetzt einen onkologischen Fachtierarzt auf. Wird nun ein Lymphom diagnostiziert, ergibt sich die schwerwiegende Problematik, dass der Tumor bei einer Vorbehandlung mit Kortison wesentlich schlechter auf eine Chemotherapie anspricht. Im Endergebnis haben diese Patienten immer eine schlechtere Prognose mit kürzeren Überlebenszeiten. Einer Kortisontherapie sollten Sie ausnahmslos nur dann zustimmen, wenn eine gesicherte Diagnose vorliegt oder wenn Sie sich – aus welchen Gründen auch immer – definitiv gegen eine umfassende onkologische Therapie für Ihren vierbeinigen Lymphompatienten entschieden haben.

Keine Kortisontherapie ohne genaue Diagnose! Handelt es sich statt der vermeintlichen Halsentzündung doch um Lymphdrüsenkrebs, vermindert eine vorangegangene Kortisonbehandlung den onkologischen Therapieerfolg erheblich.

Andere Tumorerkrankungen können durch den Einsatz von Kortison nicht beeinflusst werden, sodass diese Therapie den Patienten in den meisten Fällen vollkommen unnötig belastet. Auch dass Kortison beim Mastzelltumor beispielsweise eine verminderte Freisetzung von Entzündungsmediatoren durch die Mastzellen bewirkt und der Tumor vor einer Operation mit Kortison vielleicht verkleinert werden könne, trifft nur bedingt zu: Kortison hemmt lediglich die Freisetzung dieser

Substanzen, im Falle des Mastzelltumors bremst es den Histaminausstoß. Damit gehen die Entzündung und die Schwellung in der Tumorregion zurück, und das Tumorgewebe *erscheint* kleiner – was durch andere Medikamente, die den Organismus weniger belasten, ebenso erreicht werden kann. Die Anzahl der Tumorzellen bleibt davon jedoch vollkommen unbeeinflusst und unverändert.

Auch die in der Vergangenheit häufig eingesetzte Kortisontherapie des Mammakarzinoms mit Lungenmetastasen entspricht nicht mehr dem aktuellen Standard. Selbst für das entzündliche oder inflammatorische Mammakarzinom sind heute bessere und weniger belastende Behandlungsmöglichkeiten etabliert. Bei dieser aggressiven Form des Tumors ist die gesamte Milchleiste entzündet, geschwollen und gerötet. Statt mit Kortison werden betroffene Hündinnen heute mit nichtsteroidalen Antiphlogistika behandelt, denn einige dieser entzündungs- und schmerzhemmenden Medikamente haben anders als Kortison zusätzlich eine Wirkung gegen den Tumor, die bereits in zahlreichen Studien belegt ist. Bei dieser Medikamentengruppe, der einige der in der Tiermedizin häufig verwendeten Schmerzmittel angehören, handelt es sich um sogenannte COX-2-Hemmer, die das COX-2-Enzym blockieren, das in malignen Mammakarzinomen vermehrt nachgewiesen wurde und das mit der Angiogenese, der Bildung von Blutgefäßen, die Nährstoffversorgung des Tumors unterstützt. Kortison kann eine Randentzündung, die einen Tumor umgibt, ein wenig zurückdrängen, auf den Tumor selbst hat es aber keinen Einfluss.

Die Gabe von Kortison an Tumorpatienten ist zwar weit verbreitet, aber im Regelfall bleibt diese Therapie wirkungslos. Die einzige Indikation, Kortison an Tumorpatienten zu verabreichen, ist die Ablehnung einer onkologischen Therapie durch den Tierbesitzer bei Lymphdrüsenkrebs. Abhängig von der Art des Lymphoms können diese Hunde unter Kortisontherapie noch einige Wochen weitgehend symptomfrei bei guter Lebensqualität verbringen. Danach tritt die gesamte Problematik in unveränderter Form sehr schnell wieder auf und dem Patienten kann jetzt nicht mehr optimal geholfen werden, denn der Erfolg einer konsequenten und zielführenden Therapie ist durch die Kortisongabe eingeschränkt. Die Entscheidung über eventuelle weitergehende Therapien muss VOR Verabreichung dieses Medikaments fallen.

Zielgerichtete Therapien

Die zielgerichteten Therapien, deren englische Bezeichnung „targeted therapies“ sich auch im deutschsprachigen Raum etabliert hat, sind spezifische Therapiemöglichkeiten im Bereich der systemischen Behandlungsformen.

Zielgerichtete Therapien richten sich gegen gestörte Regulationsvorgänge der Tumorzellen, die durch Zellmutationen hervorgerufen wurden und die für das ungehemmte Tumorwachstum verantwortlich sind. Aufgrund ihres zielgerichteten – eben spezifischen – Wirkungsmechanismus verursachen diese Therapieformen deutlich weniger Nebenwirkungen als die konventionelle Chemotherapie. In der Humanmedizin repräsentieren die Targeted Therapies die Zukunft der Krebstherapie, und auch die Tiermedizin kann heute bereits an einigen Stellen auf diese Behandlungsformen zurückgreifen.

Die zielgerichtete Wirkungsweise ist der entscheidende Punkt, der diese Therapien zur optimalen Ergänzung oder auch zur Alternative einer Chemotherapie macht. Zielgerichtete Medikamente können in der Tiermedizin in vergleichbar hohen Dosen wie beim Menschen eingesetzt werden, da die Substanzen sich spezifisch gegen die Tumorzellen richten, sodass die Nebenwirkungen auf den gesamten Organismus insgesamt deutlich geringer ausfallen und auch beim Hund keine Sepsis, wie sie bei einer zu hoch dosierten Chemotherapie auftreten würde, zu befürchten ist.

In den vergangenen beiden Jahrzehnten hat sich die veterinärmedizinische Onkologie entscheidend weiterentwickelt: Nicht nur, dass Chemo- und Strahlentherapie neben der Chirurgie als klassische Tumorbehandlung zu festen Säulen einer umfassenden onkologischen Therapie für den Hund wurden, sondern auch die Entwicklung neuer Medikamente für den tiermedizinischen Bereich machte Fortschritte, mit denen zur Jahrtausendwende noch niemand gerechnet hätte. Wesentlichen Anteil an dieser Entwicklung hat die interdisziplinäre Zusammenarbeit zwischen Human- und Veterinärmedizin, die vergleichende Onkologie, die zur Zulassung modernster Medikamente für die Behandlung krebskranker Hunde führt. Bei diesem Ansatz ist der Hund entsprechend seiner gesellschaftlichen Stellung als Familienmitglied ein individueller Patient mit einer Krebserkrankung, dem der „State of the Art“ der modernen Onkologie zuteilwird.

Entschlüsselung des Hundegenoms: die Zukunft hat begonnen

Der Abschluss der Erbgutanalysen beim Menschen im Jahr 2003 und zwei Jahre später auch beim Hund war die unverzichtbare Voraussetzung, um die genetischen Ursachen einer Krebserkrankung und damit die Mutationen, die letztlich zu einer Tumorentwicklung führen, definieren zu können. Wir erinnern uns an die ersten Kapitel dieses Buches: Den durch diese Mutationen veränderten Proteinen kommt eine Schlüsselfunktion in der Signalübertragung im Inneren der Tumorzelle zu. Um zielgerichtete Therapien zu entwickeln und einzusetzen, müssen die Mutationen, die die Entstehung und das Wachstum eines Tumors lenken, bekannt sein.

2005 schrieb die Boxerhündin Tasha ein wegweisendes Stück veterinärmedizinischer Geschichte: An ihrem Erbgut wurde das Hundegenom entschlüsselt – eine Revolution für die Kynologie und das Zuchtgeschehen. Damals ging die Meldung um die Welt, dass dem Forscherteam um Kerstin Lindblad-Toh vom Broad Insti-

Die Boxerhündin Tasha schrieb Geschichte in der Tiermedizin. An ihrem Erbgut wurde das Hundegenom entschlüsselt, was neuen und zukunftsträchtigen Krebstherapien den Weg bahnte.

tute in Boston dieser Meilenstein gelungen sei. Das Erbgut der Boxerhündin wurde für diese Arbeit unter anderem deswegen ausgewählt, weil sie als Vertreterin ihrer Rasse ein besonders hohes Maß an Homozygotie aufwies, was aus populationsgenetischen und gesundheitlichen Gründen zwar nicht wünschenswert ist, die wissenschaftliche Arbeit hier aber wesentlich erleichterte.

Mit der Entschlüsselung seines Genoms ist der Hund in der molekulargenetischen Forschung heute auch für die Humanmedizin eine wichtige Informationsquelle, denn je höher das Inzuchtniveau eines Lebewesens ist, desto schneller können verantwortliche Genorte für ein Krankheitsrisiko gefunden werden. Nicht nur die vergleichende Krebsforschung und die daraus resultierende gemeinsame Entwicklung von neuen Medikamenten für Hund und Mensch wären ohne Entschlüsselung des Hundegenoms nicht möglich, sondern auch die Entwicklung molekulargenetischer Testverfahren, um Merkmals- und Anlageträger für bestimmte Krankheiten im optimalen Fall zweifelsfrei zu identifizieren und mit diesem Wissen gesundheitsorientierte und tierschutzgerechte Zuchtentscheidungen zu treffen, wäre ohne diesen bahnbrechenden Meilenstein in der Forschung undenkbar.

> Die Entschlüsselung des Hundegenoms im Jahr 2005 hat gerade für die Krebsforschung für Tier und Mensch zukunftsträchtige neue Wege eröffnet.

Der richtige „Schlüssel" zur Therapie

Bedeutende Fortschritte im Wissen um die Tumorbiologie führten dazu, dass sich in den letzten Jahrzehnten in der Krebsforschung ein neues Verständnis für die molekularen Vorgänge in einer Tumorzelle entwickelte. Das war die unverzichtbare Voraussetzung für die Entwicklung zielgerichteter Medikamente. Warum entsteht aus einer gesunden Mastzelle eine neoplastische Zelle oder aus einem gesunden weißen Blutkörperchen eine Leukämiezelle? Das sind Fragen, auf die das jüngste Kapitel in der Geschichte der Krebsforschung zunehmend Antworten zu geben vermag. Bereits Anfang des 20. Jahrhunderts war es der renommierte Arzt, Zellbiologe und Nobelpreisträger Paul Ehrlich, der Krankheiten als pathologische Schlösser betrachtete, für die der richtige molekulare Schlüssel gefunden werden müsse. Ein Jahrhundert später steht dieser gedankliche Ansatz im Mittelpunkt der internationalen Krebsforschung. Die erste genetische Veränderung, die man mit der Entstehung einer Krebserkrankung beim Menschen in Verbindung bringen konnte, war das oft zitierte sogenannte Philadelphia-Chromosom, eine Mutation, die in der Humanmedizin bei einem Großteil aller Patienten mit chronischer myeloischer Leukämie (CML) nachweisbar ist. Mit dieser Mutation entstand das Fusionsgen BCR-ABL, das in den Krebszellen der chronischen myeloischen Leukämie als Onkogen nachweisbar ist. In ihren ursprünglichen Formen war die jeweilige Funktion von BCR und ABL zellbiologisch streng kontrolliert, die Verbindung aber entzieht sich den physiologischen Kontrollmechanismen der Zelle. Als Onkogen codiert sie jetzt ein überaktives Protein, das seinerseits kaskadenartig einen Signalweg aktiviert, an dessen Ende die ununterbrochene Zellteilung steht. In der Fachsprache werden derartige Proteine, die andere Proteine aktivieren und damit eine Signalkaskade innerhalb der Zelle in Gang setzen, als Kinasen bezeichnet.

Kinasen funktionieren als molekulare Schaltstationen innerhalb eines Zellorganismus und aktivieren andere Proteine. Sind sie überaktiv, setzen sie Mechanismen in Gang, an deren Ende eine vermehrte Zellteilung steht.

Aufgabe einer zielgerichteten Therapie ist es nun, den Signalweg, der zu diesem beständigen Teilungsprozess führt, mit einem genau auf diesen Mechanismus abzielenden Medikament zu blockieren und zu unterbrechen. Dies gelang Mitte der 1990er-Jahre mit der Entwicklung des Wirkstoffes Imatinib – und in der Onkologie hatte endgültig eine neue Ära begonnen. Imatinib gehört zu den sogenannten Tyrosinkinaseinhibitoren, die genau diesen Signalweg in der Zelle, der zu ihrem spontanen und unkontrollierten Wachstum führt, unterbrechen. Dieses neue Medikament griff zielgerichtet in den vom Philadelphia-Chromosom ausgelösten und für die chronische myeloische Leukämie verantwortlichen Signalweg ein und konnte diesen effizient unterbinden. Es war der erste durchschlagende Erfolg eines zielgerichteten Medikaments, das unkontrollierte Wachstumssignale der Tumorzelle blockieren und damit ein weiteres Tumorwachstum verhindern konnte.

Dass für die Therapie fortgeschrittener Mastzelltumorerkrankungen beim Hund heute auch in der Tiermedizin Tyrosinkinaseinhibitoren als zielgerichtete Medikamente zur Verfügung stehen, ist das Ergebnis der vergleichenden Krebsforschung und der Zusammenarbeit von Human- und Veterinärmedizin.

Tyrosinkinaseinhibitoren

Tyrosinkinasen sind Enzyme, die als Glieder einer Signalkette einen bedeutenden Beitrag zur Signalübertragung von der Zelloberfläche in das Innere der Zelle bis zum Zellkern leisten. Sie leiten die Signalkaskade von einer Rezeptor-Tyrosinkinase an der Zellmembran über viele Stationen im Zellplasma hinweg bis in den Zellkern hinein weiter. Dort wird der Auftrag, den das ursprüngliche Signal der Zelle vermittelte, verarbeitet: Die entsprechenden Abschnitte der DNA werden abgelesen und kopiert, um die notwendigen Proteine zu produzieren und den Auftrag des Organismus zu erfüllen, beispielsweise durch die Produktion und Freisetzung verschiedener Substanzen bzw. Botenstoffe oder auch durch die Zellteilung. In diesem absolut physiologischen Prozess kann die Fehlregulation einer Rezeptor-Tyrosinkinase zur Grundlage für ein Tumorwachstum werden. In vielen Fällen zeigt sich diese Fehlregulation als Autoaktivierung: Dabei leitet die Tyrosinkinase selbstständig permanent Wachstumssignale in das Zellinnere weiter – ohne einen entsprechenden Botenstoff, der die Notwendigkeit für den Organismus an die Zelle kommunizieren würde. Diese veränderte Tyrosinkinaseaktivität entsteht durch eine Mutation im Erbgut der Zelle.

Der Wortbestandteil „-inhibitor" geht auf das lateinische Verb „inhibere" zurück, das so viel wie „anhalten" oder „unterbinden" bedeutet. In der medizinischen Fachsprache ist ein Inhibitor eine Substanz, die biologische oder chemische Vorgänge hemmt bzw. verhindert. Das Wort Tyrosinkinaseinhibitor bezeichnet somit ein Medikament, das den Prozess einer unkontrollierten Signalübertragung durch eine veränderte, fehlregulierte Tyrosinkinase hemmt – und damit das Tumorwachstum stoppt!

Über die Tyrosinkinaseinhibitoren hinaus gehören spezifische immunologische Therapien zu den zielgerichteten Therapien und sind mit der therapeutischen Tumorimpfung und ersten caninisierten Antikörpern heute auch in der tiermedizinischen Onkologie bereits Realität. Eine therapeutische Impfung gegen das orale Melanom beim Hund wurde bereits 2010 in den USA zugelassen und nachfolgend auch in Europa in spezialisierten Fachkliniken eingesetzt. Und während man noch vor wenigen Jahren glaubte, dass die in der Humanmedizin inzwischen etablier-

te Antikörpertherapie für die Tiermedizin aus wirtschaftlichen Gründen niemals in Frage käme, so hält man heute die ersten synthetisch im Labor hergestellten caninisierten Antikörper für die spezifische immunologische Krebstherapie beim Hund in Händen. Caninisierte Antikörper weisen im Gegensatz zu Human-Antikörpern eine an die Spezies Hund angepasste Eiweißstruktur auf. Diese Antikörper erkennen Tumorzellen und haften sich an deren Oberfläche. Die zielgerichtete Wirksamkeit dieser Medikamente basiert auf ihren bestimmten Tumoren individuell angepassten – eben spezifischen – Wirkungsmechanismen.
Antikörper fungieren sozusagen als Signale des Immunsystems. Der Antikörper markiert sein passendes Antigen wie eine kleine Fahne, sodass Tumorzellen, die auf ihrer Oberfläche das Antigen tragen und dann mit einem derartigen Antikörper markiert sind, die Aufmerksamkeit des Immunsystems erregen. Den Immunzellen des Organismus wird so signalisiert, dass es hier etwas zu beseitigen gibt!

Die biologische Individualität des Tumors und seine daraus resultierenden individuellen Wachstumsmechanismen sind Ziel einer spezifischen, zielgerichteten Therapie.

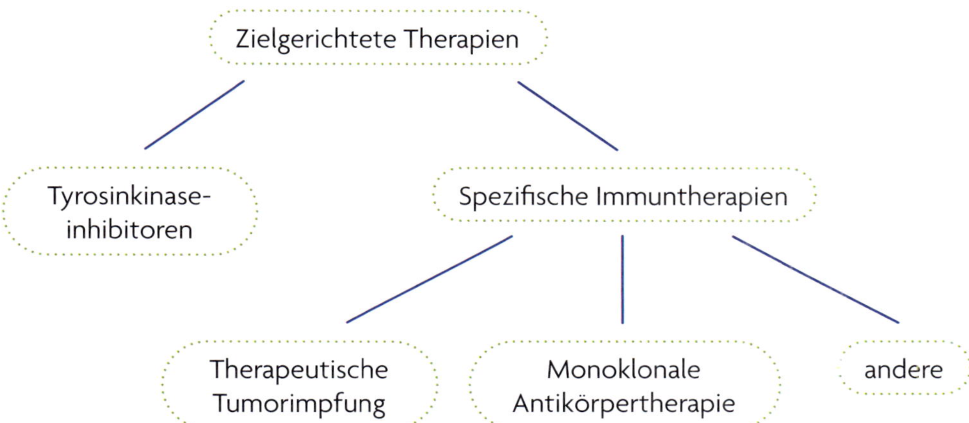

Spezifische Therapien richten sich gegen die unverwechselbaren Merkmale der jeweiligen Tumorerkrankung. Ihre spezifischen Wirkungsmechanismen betreffen daher auch vorrangig die Tumorzellen. Im Gegensatz dazu ist die Chemotherapie eine unspezifische Therapie, da sie sich nicht nur gegen die Tumorzellen, sondern gegen alle in Teilung befindlichen Zellen des Organismus richtet. Zwar gehören die Tyrosinkinaseinhibitoren formal zur Klasse der Zytostatika und sind gesetzlich den chemotherapeutischen Medikamenten zugeordnet, aber ihr Wirkungsmechanismus ist ein gänzlich anderer. Die Aufgabe der zielgerichteten Therapien besteht darin, exakt – eben zielgerichtet – die Mechanismen zu hemmen, die die Tumorzelle zur Teilung anregen und in ihrem Wachstum fördern. Wegen ihrer spezifischen Wirkung auf diese ursächlichen Mechanismen der Tumorentwicklung und des Tumorwachstums bringen diese Therapieformen eine deutliche Reduktion der Nebenwirkungen mit sich – ein wesentlicher Vorteil der zielgerichteten Therapien! Von einer absoluten Nebenwirkungsfreiheit aber kann natürlich wie bei jedem anderen wirksamen Medikament auch hier nicht ausgegangen werden, denn die Mechanismen, die durch diese Medikamente gehemmt werden, sind auch an physiologischen Prozessen beteiligt. Gesunde Zellen verfügen zum Teil über sehr ähnliche Wachstumswege wie eine Tumorzelle, denn letztlich ist es immer ein physiologischer Wachstumsprozess, der durch eine genetische Veränderung plötzlich zu einem pathologischen Wachstumsprozess entartet und damit zu einer Krebserkrankung führt.

Zielgerichtete Therapien bedeuten weniger Nebenwirkungen!

Tyrosinkinaseinhibitoren in der Tiermedizin

Derzeit sind in der Veterinärmedizin im Bereich der zielgerichteten Medikamente unter anderem Tyrosinkinaseinhibitoren gegen fortgeschrittene Mastzelltumorerkrankungen des Hundes zugelassen. Diese Medikamente basieren auf dem Wirkungsmechanismus, den überschießenden Wachstumsprozess dieser Tumorzellen durch eine Unterbrechung der entsprechenden Signalwege spezifisch zu hemmen.

Kleine Physiologie der Mastzellen

Mastzellen gehören zu den Abwehrzellen des Organismus und sind als solche wichtiger Bestandteil des Immunsystems mit einem großen Wirkungskreis: Sie sind an allen entzündungsbedingten Reaktionen und Ödemen sowie an allergischen und atopischen Reaktionen beteiligt und spielen auch bei der Freisetzung des Botenstoffs Histamin, der beispielsweise bei einem Entzündungsprozess für die Anschwellung des Gewebes verantwortlich ist, eine wesentliche Rolle. Einer der wichtigsten Rezeptoren an der äußeren Zellmembran, also der Oberfläche der Mastzellen, ist der IgE-Rezeptor. Kommt dieser Rezeptor nun mit einem Antigen in Kontakt, sendet er sofort entsprechende Signale in das Innere der Zelle. Dies bewirkt, dass die Mastzelle aktiv wird und unmittelbar Substanzen ausschüttet, um gegen diese Antigene vorzugehen. Dieser absolut physiologische Prozess ist die eigentliche Aufgabe der Mastzelle.

Mastzellen entstehen im Knochenmark und werden als unfertige und noch nicht ausdifferenzierte Vorläuferzellen, die über das Potenzial verfügen, zur Mastzelle auszureifen, aus dem Knochenmark in den Blutkreislauf abgegeben. So machen sie sich auf den Weg durch den Organismus und besiedeln alle Organe, die Kontakt zur Außenwelt haben, denn dort werden die Mastzellen als Abwehrzellen benötigt, beispielsweise in der Haut oder im Magen-Darm-Trakt. An diesen Zielorten müssen sich die noch immer unreifen Vorläuferzellen nun zu fertigen funktionellen Mastzellen entwickeln, das heißt, sie müssen sich ausdifferenzieren. Dieser Prozess kann beim Hund ausschließlich in diesen Zielorganen erfolgen, denn nur dort verfügt das Gewebe über die dafür notwendige Substanz: den Stammzellfaktor SCF. Ohne diesen Botenstoff können die unfertigen Zellen ihren Ausdifferenzierungsprozess zur Mastzelle nicht durchlaufen. Der Stammzellfaktor SCF bindet sich an seinen passenden Rezeptor der Vorläufer-Mastzelle, den sogenannten KIT-Rezeptor, und aktiviert die Zelle zur Ausdifferenzierung.

> Die Aktivierung des KIT-Rezeptors durch den Stammzellfaktor SCF ist Teil des physiologischen Vorgangs der Ausdifferenzierung der Mastzellen.

Das ist ein physiologischer Vorgang, an dessen Ende die fertigen Mastzellen als Teil des körpereigenen Immunsystems in der Haut, in der Lunge, im Magen-Darm-Trakt oder im Blut präsent sind und ihre immunologische Funktion ausüben.

Ein physiologischer Vorgang in pathologischer Form

Damit ein Rezeptor aktiviert wird und seine Signale ins Zellinnere senden kann, braucht er immer ein passendes Molekül, das sich an ihn bindet. Ein derartiges Molekül bezeichnet die medizinische Fachsprache als Ligand. Für den KIT-Rezeptor ist dieser Ligand der Stammzellfaktor SCF, der den physiologischen Ablauf der Ausdifferenzierung der Mastzelle auslöst. Erst wenn der Stammzellfaktor SCF auf den KIT-Rezeptor trifft, wird dieser aktiviert und gibt der Mastzelle das Signal zur Ausdifferenzierung, was auch in diesem physiologischen Prozess in direktem Zusammenhang mit Zellwachstum und Zellteilung steht.

Aktivierung und Zellteilung der Immunzellen stehen in einem direkten physiologischen Zusammenhang und sind Voraussetzung einer funktionierenden Körperabwehr. Ein weiteres Beispiel für diesen Zusammenhang ist die Aktivität der Leukozyten, der weißen Blutkörperchen, zu denen unter anderem die Lymphozyten mit ihren zwei Klassen der B- und T-Zell-Lymphozyten gehören. Werden die B-Zell-Lymphozyten aktiviert, entwickeln sie sich zu Plasmazellen. Ist ein Virus in den Organismus eingedrungen und wurde dank einer vorangegangenen Impfung von den Gedächtniszellen des Immunsystems unmittelbar erkannt, aktiviert nun ein Botenstoff die B-Lymphozyten, sofort spezifische Antikörper gegen dieses Virus zu produzieren! Um dieser Aufgabe nachzukommen, setzt eine rapide Zellteilung ein, und jede dieser aus den B-Zell-Lymphozyten hervorgehenden Plasmazellen produziert nun Millionen von Antikörpern. Aktivierung, Produktion und Zellteilung greifen in diesem physiologischen Prozess unmittelbar ineinander, und es dauert nur wenige Stunden, bis die Antikörper als Teil der Immunabwehr im Organismus aktiv sind.

Autoaktivierung und Signalkaskaden

In der Tumorzelle sind nun genetische Mutationen dafür verantwortlich, dass dieser an sich vollkommen physiologische Mechanismus ungeplant und für den Organismus sinnlos abläuft und damit zu einem pathologischen Prozess wird: Die Rezeptoren sind dabei ohne ein Virus bzw. ohne einen passenden Liganden ständig aktiviert und senden ununterbrochen Signale zur Zellteilung, ohne dass eine Notwendigkeit für den Organismus besteht. Genauso sind die KIT-Rezeptoren der neoplastisch veränderten Mastzellen ohne ihren Botenstoff, den Stammzellfaktor SCF, aktiviert. Infolge dieser Autoaktivierung und des damit verbundenen beständigen Signals teilen sich die Zellen jetzt ohne entsprechende Aufgabe – und der ursprünglich natürliche und physiologische Vorgang läuft nun fortwährend in pathologischer Form ab. Die für diese Autoaktivierung verantwortliche genetische Mutation, die sogenannte *c-KIT*-Mutation, ist eine fehlerhafte Bauanleitung für den Rezeptor, und der Fehler äußerst sich darin, dass dieser Rezeptor jetzt ohne das eigentlich notwendige Andocken des Botenstoffs autoaktiviert ist.

> Der unabhängig vom Stammzellfaktor SCF autoaktivierte KIT-Rezeptor ist eine der häufigsten Ursachen des Mastzelltumors.

Diese Autoaktivierung des KIT-Rezeptors an der äußeren Zellmembran initiiert nun eine Signalkaskade, die über verschiedene Stationen im Zellplasma hin zum Zellkern führt und an deren Ende die Zellteilung steht.

Dabei kann der KIT-Rezeptor seine Signale sogar über mehrere Wege ins Zellinnere senden und verschiedene Kaskaden in Gang setzen, die sein Teilungssignal an die DNA im Zellkern weitergeben. Zusätzlich beeinflussen sich die aktivierten Kinasen im Zellplasma in einem sogenannten Cross-Talking auch gegenseitig und können durch die Botschaften und Signalkaskaden anderer Rezeptoren moduliert werden. Dabei können sich die Signalwege verstärken oder abschwächen, denn jeder Rezeptor an der Zellmembran verwendet vielfältige Signalwege und jeder hat eine eigene Funktion. Auch wenn von den zahlreichen Signalwegen ins Zellinnere, die für die Entwicklung eines Mastzelltumors besonders relevant sind, heute bereits eine ganze Reihe bekannt sind, sind diese Mechanismen aktuell weiterhin Gegenstand intensiver Forschung.

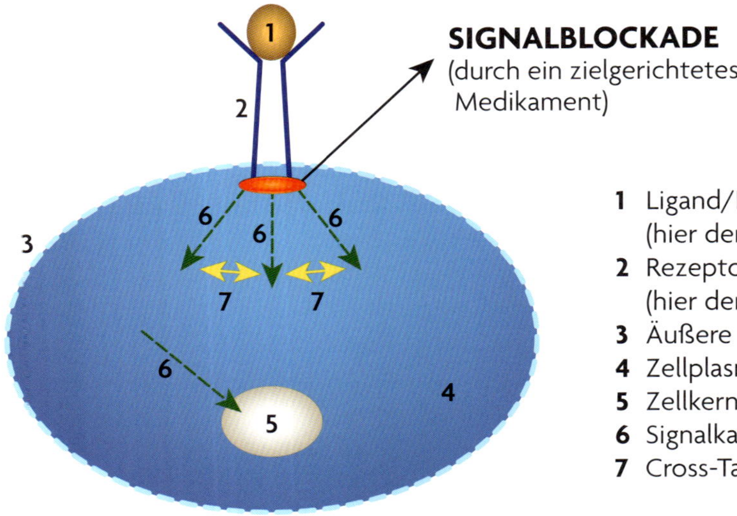

1 Ligand/Botenstoff (hier der Stammzellfaktor SCF)
2 Rezeptor-Tyrosinkinase (hier der KIT/SCF-Rezeptor)
3 Äußere Zellmembran
4 Zellplasma
5 Zellkern
6 Signalkaskaden
7 Cross-Talking

Da mit jedem Zellteilungsprozess zunächst zwei identische Tochterzellen entstehen, gehen aus diesem pathologischen Prozess nur Mastzellen hervor, die die gleichen Mutationen tragen: Auch die KIT-Rezeptoren der neuen Mastzellen sind von Anfang an autoaktiviert und werden damit ziellos proliferieren. Die entsprechende Erkrankung beim Menschen ist die Mastozytose. Dabei handelt es sich immer um eine systemische Erkrankung, denn hier sind bereits die jugendlichen Mastzellen entartet und als Tumorzellen im Knochenmark nachweisbar. Beim Hund hingegen ist die Autoaktivierung gewebeassoziiert und findet in erster Linie im Bereich der Haut statt.

Wenn der autoaktivierte KIT-Rezeptor als Hauptursache eines Mastzelltumors eindeutig diagnostiziert und damit als der entscheidende Faktor für das Tumorwachstum identifiziert ist, ist die Voraussetzung für eine zielgerichtete Therapie erfüllt, denn nun besteht die Möglichkeit, genau diesen Mechanismus mit den entsprechenden zielgerichteten Medikamenten zu blockieren. Die in der Veterinärmedizin heute gegen den fortgeschrittenen Mastzelltumor zugelassenen zielgerichteten Medikamente unterbinden exakt diese Signale des autoaktivierten KIT-Rezeptors.

Auch hier gilt: Wirkungen bedingen Nebenwirkungen

Zielgerichtete Medikamente richten sich gegen spezifische Eigenschaften der Tumorzellen und haben damit bedeutend weniger Nebenwirkungen als andere Therapieformen. Während die Chemotherapie prinzipiell alle in Teilung befindlichen Zellen des Organismus angreifen kann, richten spezifische Therapien sich ausschließlich gegen Zellen, die über die entsprechenden Merkmale verfügen, um mit diesen Medikamenten überhaupt interagieren zu können. Dennoch sind auch die zielgerichteten Therapien nicht gänzlich nebenwirkungsfrei, denn nicht nur die Tumorzellen, sondern auch andere gesunde Körperzellen können die Merkmale tragen, die durch die zielgerichteten Medikamente beeinflusst werden.

Alle Körperzellen durchlaufen bis zu ihrer Ausreifung viele einzelne Entwicklungsschritte, und für jeden dieser Schritt braucht es einen eigenen Impuls. Der KIT-Rezeptor leistet einen wesentlichen Beitrag zur Ausreifung der Mastzellen und ist daher auch auf jeder gesunden Mastzelle zu finden. Wird dieser KIT-Rezeptor nun durch ein zielgerichtetes Medikament blockiert, werden natürlich auch die physiologischen Signalwege, die in gesunden Zellen von diesem Rezeptor ausgehen, unterbunden. Tatsächlich hat das Medikament während der Phase, in der es unzählige Krebszellen zum Absterben brachte, auch die Entwicklung von gesunden Mastzellen verhindert. Diese können sich allerdings außerhalb der zeitlich beschränkten Wirksamkeit der Tyrosinkinaseinhibitoren, die immer nur für wenige Stunden anhält, wieder vollkommen physiologisch weiterentwickeln. Zudem gilt ähnlich wie bei der Chemotherapie, dass die mutierten und in ihren Reparaturmechanismen eingeschränkten Tumorzellen durch diese Medikamente stärker belastet werden als gesunde Zellen.

> Auch die zielgerichtete Therapie mit Thyrosinkinaseinhibitoren ist nicht nebenwirkungsfrei, aber die Nebenwirkungen sind gegenüber einer Chemotherapie noch einmal deutlich geringer.

Darüber hinaus weiß man heute, dass die Idealvorstellung, mit einem Tyrosinkinaseinhibitor nur ein einziges Ziel zu erreichen und damit auch nur einen einzigen Signalweg zu hemmen, real nicht zutrifft. Bei der Entwicklung der ersten zielgerichteten Therapie in der Humanmedizin ging man zunächst davon aus, dass das Medikament nur die Folgen einer einzelnen Mutation hemmen würde, die das Tumorwachstum begünstigen. Inzwi-

schen hat man gesehen, dass eine Vielzahl weiterer Kinasen von diesen Medikamenten beeinflusst bzw. in ihrer Funktion eingeschränkt wird.
So führen auch die zielgerichteten Medikamente zu Nebenwirkungen, die allerdings nur die Zellen betreffen, in denen diese speziellen Signalkaskaden zufällig gerade während der Wirkungsdauer des Medikaments aktiv sind. Andere Zellen, in denen diese Bereiche inaktiv sind, sind von den Nebenwirkungen auch nicht betroffen. Zellen verfügen über unzählige Signal- und Wachstumswege, und von Millionen Molekülen in der gesunden Zelle müssen gerade genau die aktiviert sein, die durch diese Medikamente blockiert werden können. Das ist wesentlich seltener der Fall, als dass ein Zytostatikum alle Zellen, die sich gerade in Teilung befinden, zerstört, und erklärt die im Vergleich zur tiermedizinischen Chemotherapie noch einmal deutlich reduzierten Nebenwirkungen der Tyrosinkinaseinhibitoren.

Mehrere Signalblockaden vergrößern Wirkungsspektrum

Zudem können mit einem einzelnen Medikament auch mehrere Signalwege und Kinasen blockiert werden, sodass sich ein breiteres Wirkungsspektrum ergibt. Auch in der Tiermedizin gibt es derartige Medikamente, sogenannte Multi-Tyrosinkinaseinhibitoren. Sie können beispielsweise einen Rezeptor, der die Bildung neuer Blutgefäße entscheidend mitinitiiert, blockieren. Neue Blutgefäße sind für den Tumor überlebenswichtig, denn sie sichern seine Nährstoffversorgung. Dabei ist insbesondere ein Rezeptor der Endothelzellen, die die Innenseite der Blutgefäße auskleiden, der VEGF-Rezeptor, von besonderer Bedeutung für die onkologische Therapie.
Der VEGF-Rezeptor gibt den Endothelzellen das Signal zur Teilung und initiiert damit die Ausbildung neuer Blutgefäße. Physiologisch läuft dieser Vorgang beispielsweise nach einer Schnittverletzung ab: Der VEGF-Rezeptor wird aktiviert und sendet das Teilungssignal an die Endothelzellen. So setzt im Bereich der Verletzung das Gefäßwachstum ein, und der Heilungsprozess kann beginnen. Im Tumorgewebe läuft der gleiche Mechanismus ab: Auch hier muss der VEGF-Rezeptor aktiviert sein, um die Entwicklung von Blutgefäßen zu stimulieren, damit die Nährstoffversorgung des Tumors durch neue Blutgefäße gesichert ist. Auch die Tiermedizin verfügt über zielgerichtete Medikamente, die als Multi-Tyrosinkinaseinhibitoren den VEGF-Rezeptor blockieren und damit die Neubildung von Blutgefäßen zur Versorgung des Tumors, die sogenannte Angiogenese, verhindern.

Multi-Tyrosinkinaseinhibitoren sind zielgerichtete Medikamente, die gleichzeitig mehrere für das Tumorwachstum relevante Signalwege hemmen. Sie verfügen damit in entsprechenden Konstellationen über eine höhere Wirksamkeit.

Mutationsanalysen vor Therapiebeginn klären Wirksamkeit

Damit zielgerichtete Medikamente ihr Wirkungspotenzial gegen die Tumorzellen entfalten können, muss die spezifische Mutation, gegen die sie ausgerichtet sind, in den Tumorzellen vorhanden sein. Diese kann und soll vor Beginn der Therapie in sogenannten Mutationsanalysen labortechnisch nachgewiesen werden. Die Ergebnisse beantworten die Frage, ob diese Medikamente bei diesem individuellen Patienten wirken werden oder nicht. Kann die entsprechende tumorinduzierende Mutation nachgewiesen werden, ist der Einsatz dieser Medikamente sinnvoll und zielführend. Sind es bei einem individuellen Patienten aber andere Mutationen, die zum Tumorwachstum führen – auch beim Mastzelltumor gibt es neben dem autoaktivierten KIT-Rezeptor noch zahlreiche andere tumorinduzierende Signalwege –, können die spezifischen Medikamente auch keinerlei Wirkung erzielen, und der Hund muss durch die Gabe nicht unnötig belastet werden.

Zielgerichtete Therapien (Targeted Therapies) können ihre Wirksamkeit nur dann entfalten, wenn das Zielprotein (Target) für das Wachstum der Tumorzellen verantwortlich ist. Im Idealfall sollte dies VOR Beginn dieser medikamentösen Therapie nachgewiesen sein. Der erste entscheidende Schritt ist somit eine anhand des entnommenen Gewebes labortechnisch durchgeführte Mutationsanalyse, um eine eindeutige Aussage zu treffen, ob diese Medikamente bei diesem individuellen Patienten wirken werden oder nicht.

Jedem autoaktivierten oder in seiner Funktionalität veränderten Rezeptor liegt eine genetische Mutation zugrunde, und die entscheidende Frage ist, wo genau diese Mutation sitzt. Je nachdem, in welchem Genabschnitt die Mutation liegt, entstehen verschiedene Veränderungen der Aminosäurensequenz und damit kleine, aber feine Unterschiede in der Architektur der dreidimensionalen Struktur des Proteins. Im physiologischen Prozess muss der Ligand exakt an der passenden Bindungstasche des Rezeptors andocken können, damit es zur Aktivierung und damit zur Ausreifung der Mastzelle kommt. Genauso exakt muss das zielgerichtete Medikament an der vorgesehenen Position passen, um seine Wirksamkeit zu entfalten und den Signalweg zu unterbrechen.

Jede genetische Mutation bedeutet eine strukturelle Veränderung des codierten Proteins, denn jede Veränderung in der Zusammensetzung der Aminosäuren führt zu einer Änderung seiner dreidimensionalen Architektur. Um ihre Wirksamkeit zu entfalten, müssen zielgerichtete Medikamente exakt in diese Strukturen hineinpassen. Ist diese Voraussetzung nicht gegeben, ist der Tumor mit diesem Medikament nicht therapierbar.

Resistenzen können Therapieerfolg gefährden

Die zielgerichtete Therapie ist auch in der Tiermedizin ein bedeutender Fortschritt in der Versorgung der Tumorpatienten. Die gute Verträglichkeit und das hohe Wirkungspotenzial der Medikamente rechtfertigen ihren Einsatz, sobald die entsprechenden Mutationen, gegen die sich die Medikamente richten, nachgewiesen sind. Dennoch können Probleme auftreten: Eines der gravierendsten ist ein erneutes Tumorwachstum nach einigen Monaten Therapiedauer, ein Rezidiv, das sich jetzt möglicherweise als therapieresistent erweist. Für derartige Resistenzen gibt es in der Forschung verschiedene Erklärungen, die wiederum in den Gesetzmäßigkeiten der Tumorbiologie liegen.

Jeder Tumor ist ursprünglich aus einer ersten neoplastischen Zelle heraus entstanden. Krebs ist eine klonale Erkrankung: Dies bedeutet, es entstehen Tochterzellen um Tochterzellen, die über einen mehr oder weniger langen Zeitraum hinweg alle identisch sind. Während dieser beständigen Teilungsprozesse aber ergeben sich irgendwann plötzlich weitere genetische Veränderungen in den Tumorzellen, und die Anzahl der Mutationen wächst. Eine Zelle, die bereits Mutationen aufweist, hat ein sehr viel höheres Risiko, eine weitere Mutation zu entwickeln als eine gesunde Zelle, da ihre Reparaturmechanismen bereits eingeschränkt sind. So entstehen sogenannte Subklone, die nicht mehr vollkommen identisch mit der Ursprungstumorzelle sind. Diese Subklone könnten nun aggressiver als die bisherigen Tumorzellen sein und damit einen Wachstumsvorteil gegenüber den Ursprungszellen haben. Ist die Subklonzelle tatsächlich mit einem entsprechenden Wachstumsvorteil ausgestattet, wird sie sich im Pool der Tumorzellen durchsetzen. Irgendwann wird sie an der Spitze stehen und ihren Pool an Tumorzellen bilden, sodass der Tumor plötzlich aus sehr vielen Zellen dieser sogenannten Subklone besteht. Die weniger aggressiven Ursprungszellen wachsen langsamer und geraten so in einen Wachstumsrückstand gegenüber diesen neuen vorpreschenden subklonalen Zellen. Die zielgerichteten Medikamente behandeln aber noch immer die ursprüngliche Tumormasse mit ihren spezifischen Mutationen. Und während es nun gelingt, diese zu eliminieren und eventuell sogar kurativ zu behandeln, wach-

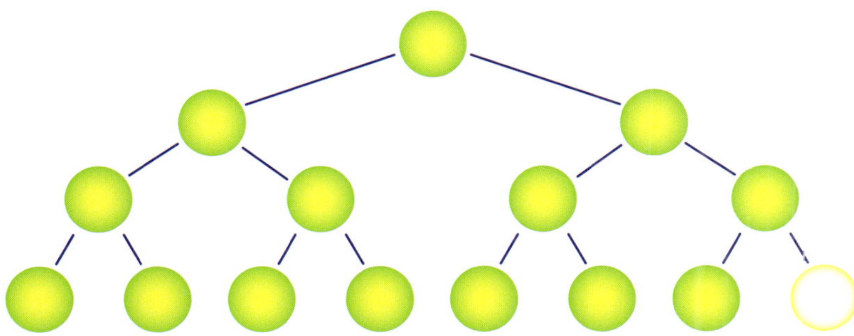

Krebs ist eine klonale Erkrankung. Durch die beständige Teilung der Ursprungszelle entstehen immer wieder identische Tochterzellen (grün-gelb), bis eine der Zellen eine zusätzliche Mutation entwickelt und sich als Subklon (gelb-weiß) von allen anderen unterscheidet.

sen die subklonalen Zellen weiter und haben längst die Führungsrolle übernommen. Das ist die eine der möglichen Erklärungen für die Entstehung derartiger Rezidive.
Eine weitere Erklärung für ein frühzeitiges Rezidiv während der zielgerichteten Therapie bezieht sich auf den Schutzmechanismus der Tumorzellen. Dabei zeigen die Tumorzellen beispielsweise nach 40-tägiger Therapie exakt die gleichen Mutationen wie der Ursprungstumor und müssten demnach eigentlich auf das Medikament ansprechen. Hier sind Schutzmechanismen der Tumorzellen für die Resistenz verantwortlich. Die Zellen vervielfältigen dazu einerseits ihre Abbauenzyme oder arbeiten mit Transportkanälen in der Zellmembran, die das Ausschleusen des Medikaments, das ja Gift für den Mikroorganismus dieser Zelle ist und ihr Überleben bedroht, verbessern. Die Ausbildung derartiger Kanäle ist durchaus ein physiologischer Prozess: Jedes Medikament, das in eine Zelle hineinkommt, wird auch wieder ausgeschleust. Deswegen muss auch bei anderen Erkrankungen, die die Einnahme von Dauermedikamenten notwendig machen, die Dosis immer wieder angepasst werden, denn die Zellen haben gelernt, die Wirkstoffe immer schneller auszuschleusen. Auch diesen Prozessen liegen genetische Mechanismen zugrunde, und die Vervielfältigung von Enzymen oder Transportwegen führt letztlich zu einer Überexpression der beteiligten Gene. Statt über bisher einen Transportkanal verfügt die Zelle nun über ein Vielfaches derartiger Wege, und so schnell, wie das Medikament in die Zelle hineinkommt, ist es auch schon wieder draußen. Auch so können Resistenzen entstehen.

Spezifische immunologische Therapien

Dass moderne Tumortherapien am Immunsystem ansetzen und die aktuelle Forschung sich auf immunologische Therapien konzentriert, beruht auf dem heutigen Verständnis der Krebsentstehung: Die Tumorentwicklung geht von pathologischen genetischen Veränderungen in einzelnen Zellen aus, ist darüber hinaus aber auch Folge des Versagens des Immunsystems, den Organismus vor dieser Krebsentstehung zu schützen. Genau hier setzen die immunologischen Therapien an: Sie sollen die Immuntoleranz, die der Organismus entwickelt hat, durchbrechen und die physiologische Abwehrkraft des Immunsystems wiederherstellen. Immuntherapien zielen auf eine Mobilisierung des Immunsystems ab. Es soll durch die Therapie sozusagen neu lernen, Tumorzellen als fremdartig zu erkennen und folgerichtig zu zerstören.

Genetische Veränderungen, die an den Tumorzellen nachweisbar sind, sind als negative prognostische Faktoren einzuordnen. Gleichzeitig aber stellen einige von ihnen als mögliche Ziele spezifischer immunologischer Therapien in der Human- und Veterinärmedizin vielversprechende Ansätze für die individuelle, das heißt personalisierte Behandlung des Tumorpatienten dar.

Zu den neuen immunologischen Therapien in der Tiermedizin gehören zum einen die therapeutischen Tumorimpfungen, von denen eine bereits 2010 in den USA zugelassen wurde und auch in Europa in universitären onkologischen Zentren eingesetzt wird, und zum anderen die monoklonalen Antikörpertherapien, die sich wie verschiedene andere Therapieansätze derzeit noch großteils in der Entwicklungsphase befinden. Monoklonale Antikörper weisen eine vollkommen identische molekulare Struktur auf und wirken als spezifische immunologische Therapie eben spezifisch auf ein ganz bestimmtes Tumorantigen.

Die therapeutische Tumorimpfung und die monoklonale Antikörpertherapie gehören ebenso wie die Tyrosinkinaseinhibitoren zu den zielgerichteten Therapien und greifen gezielt in die gestörten Regulationsvorgänge bösartiger Tumorzellen ein.

Einer der großen Unterschiede dieser immunologischen Therapien im Vergleich zu den Tyrosinkinaseinhibitoren ist ihr Wirkungsort. Die Tyrosinkinaseinhibitoren – die Bezeichnungen ihrer Wirkstoffe enden immer auf den Silben -nib oder -mib – nannte man in der Vergangenheit auch „kleine Moleküle". Die molekularen Wirkstoffe dieser Medikamente sind so klein, dass sie die Zellmembran durchdringen und in das Innere der Zellen gelangen können, wo sie ihre Angriffspunkte finden und die Signalwege in der Zelle unterbrechen. Sie entfalten ihre Wirkungskraft also innerhalb der Zelle, intrazellulär. Ein Antikörpermolekül hingegen ist wesentlich größer und kann deswegen nicht in die Zelle hineingelangen. Monoklonale Antikörper – die Bezeichnungen ihrer Wirkstoffe enden immer auf der Silbe -mab – binden an Liganden oder Rezeptoren an der äußeren Zelloberfläche und wirken somit immer außerhalb der Zelle, das heißt extrazellulär.

Therapeutische Tumorimpfung

Die therapeutische Tumorimpfung funktioniert nach ähnlichen Prinzipien wie jede andere Impfung, die das Immunsystem auf die Auseinandersetzung mit den unterschiedlichsten Erregern vorbereitet und schult, gegen bestimmte Antigene aktiv zu werden. Anders als jedes klassische Medikament verfügt ein Impfstoff über ein besonderes Potenzial: Seine Wirkung bleibt erhalten, auch wenn er selbst nicht mehr im Körper vorhanden ist, denn das immunologische Gedächtnis speichert all diese Informationen, die es mit dem Impfstoff bekommen hat, über einen langen Zeitraum hinweg, über Jahre oder in manchen Fällen auch ein Leben lang in den sogenannten Gedächtniszellen. Wenn der Organismus nun mit dem durch die Impfung bekannten Antigen in Berührung kommt, erkennt das Immunsystem aufgrund der gespeicherten Informationen die Gefahr und kann sofort spezifische Antikörper bilden. Die Tumorimpfung verwendet ein Tumorpartikel als Antigen, ein spezifisches Tumorprotein, das der Patient mit der Impfung bekommt und das das Immunsystem jetzt genauso wie beispielsweise beim Kontakt mit einem durch eine Impfung bekannten Virus zur Antikörperproduktion anregt. Aber der Körper kennt den Tumor doch bereits!? Natürlich, dieser Einwand scheint logisch. Aber der Tumor breitet sich ungeachtet der physiologischen Immunmechanismen trotzdem aus, denn bösartige Tumorzellen verfügen über viele erfolgreiche Mechanismen, das Immunsystem in ihrer Umgebung zu schwächen und damit ihr eigenes Wachstum zu fördern. Irgendwann kommt der Zeitpunkt, an dem alle Interventionen des Immunsystems scheitern und es beginnt, den Tumor zu akzeptieren: Die sogenannte Immuntoleranz setzt ein. Die Impfung soll diese Immuntoleranz durchbrechen, das Immunsystem provozieren und den Organismus noch einmal darauf hinweisen, dass es sich bei diesen Tumorzellen um veränderte, fremde Zellen handelt, die ein mutiertes Protein tragen, sich damit von gesunden Körperzellen unterscheiden und daher vom Immunsystem eliminiert werden müssen. Die Impfung als aktive Immunisierung soll dazu führen, dass das körpereigene Immunsystem das tumorassoziierte Fremdprotein wieder als fremd erkennt und dagegen aktiv wird. Die Impfung soll den Tumor für das Immunsystem wieder enttarnen, denn die durch Mutationen veränderten Tumorzellen werden dem Immunsystem mit der Impfung in einer Form präsentiert, dass sie sich nicht mehr verstecken können. Die physiologische Abwehrreaktion setzt ein und hat nun neuerlich die Möglichkeit, das Tumorwachstum zu kontrollieren.

Die therapeutische Tumorimpfung soll die Immuntoleranz durchbrechen und das Abwehrsystem provozieren, erneut gegen die Tumorzellen vorzugehen. Damit kann eine spezifische Immunreaktion gegen die Tumorzellen initiiert werden.

Die therapeutische Tumorimpfung ist nicht mit einer aus der Humanmedizin bekannten Impfung im Rahmen der Krebsvorsorge zu verwechseln! Die aus der Humanmedizin unter dem populären Namen „Gebärmutterhalskrebs-Impfung" bekannte Immunisierung folgt einem vollkommen anderen Mechanismus und richtet sich nicht wie die therapeutische Impfung gegen den Tumor, sondern gegen bestimmte Typen der Papillomaviren, die als Ursache für diese Tumorerkrankung identifiziert wurden. Mit der Impfung gegen Humane Papillomaviren (HPV), die Gebärmutterhalskrebs auslösen können, kann also im Rahmen der Vorsorge bereits das Risiko, aufgrund dieser Viren an einem Tumor zu erkranken, signifikant gesenkt werden.

Therapeutische Impfung gegen das orale Melanom

Die Impfung gegen das orale Melanom ist eine in der Tiermedizin zugelassene therapeutische Tumorimpfung. Das orale Melanom beim Hund ist eine hochmaligne Erkrankung und hat in den weitaus meisten Fällen zum Zeitpunkt der Diagnosestellung bereits metastasiert. Die Impfung kann die durchschnittliche Überlebenszeit auch in fortgeschrittenen Fällen wesentlich verlängern. Inzwischen bestätigen auch retrospektive Studien die Wirksamkeit dieser therapeutischen Impfung.
Die Wirkung dieser Impfung basiert auf einer Kreuzreaktion, die auf der bei Mensch und Hund weitgehenden Übereinstimmung eines Rezeptorproteins entsteht, das für das Wachstum dieses Tumors verantwortlich ist. Das bei der Impfung verwendete Protein stammt aus menschlichem Gewebe. Das Immunsystem des Hundes erkennt dieses humane Protein natürlich als Eindringling und beginnt physiologisch mit der Antikörperproduktion. Aufgrund der Ähnlichkeit der Proteine sind diese Antikörper kreuzreaktiv und reagieren auch auf das entsprechende Tumorprotein beim Hund. Das mit der Impfung verabreichte Protein ist aufgrund seines humanen Ursprungs also ausreichend unterschiedlich, damit das Immunsystem des Hundes es als Fremdprotein erkennt und reagiert, und es ist ausreichend ähnlich, damit der entsprechend gebildete Antikörper auch beim caninen Protein, das für das Wachstum dieser Tumorzellen verantwortlich ist, seine Wirkung entfalten kann.

Monoklonale Antikörpertherapie

Neben der therapeutischen Tumorimpfung ist auch die in der Humanmedizin heute längst etablierte monoklonale Antikörpertherapie für die Tiermedizin in greifbare Nähe gerückt.
Letztlich basiert die Antikörpertherapie auf dem gleichen Mechanismus wie die Tumorimpfung. Der entscheidende Unterschied ist, dass die Antikörper hier synthetisch hergestellt und dem Patienten infundiert werden. Nach der Impfung hingegen produziert das Immunsystem des Hundes die Antikörper selbst. Gegenüber der Antikörpertherapie hat eine Impfung den Vorteil, dass die Wirkung eine gewisse Zeit lang anhält: Die selbst produzierten Antikörper sind mindestens für sechs bis acht Monate für den Organismus verfügbar, sodass bei der Tumorimpfung eine halbjährliche Auffrischungsimpfung vorgesehen ist. Monoklonale Antikörper hingegen ergänzen den unmittelbaren eigenen Werkzeugkasten des Immunsystems sozusagen von außen. Um ihre Wirksamkeit aufrecht zu erhalten, müssen sie regelmäßig verabreicht werden, denn anders als die Tumorimpfung hat die monoklonale Antikörpertherapie keinerlei Einfluss auf das immunologische Gedächtnis, sondern ihre Wirkung ist wie bei jedem anderen Medikament auch von der Dosis abhängig. Wenn das Medikament abgebaut und nicht mehr im Organismus vorhanden ist, ist auch seine Wirkung erloschen.

Wirkungsmechanismus außerhalb der Zelle

Die Moleküle der Antikörpertherapie entfalten ihre Wirksamkeit immer außerhalb der Zellen, das heißt, sie wirken extrazellulär und sind entweder gegen einen Rezeptor an der äußeren Zellmembran oder gegen seinen Botenstoff, den Liganden, gerichtet. Beide – Rezeptor und Ligand – können durch die Antikörper blockiert werden.
Nicht immer ist es ein autoaktivierter Rezeptor, der, wie wir beispielsweise bei der Entwicklung eines Mastzelltumors gesehen haben, das Tumorwachstum initiiert. Bei anderen Wachstumsmechanismen wird der Rezeptor ganz physiologisch nur durch seinen Liganden aktiviert. Dafür haben diese Tumorzellen einen anderen Mechanismus entwickelt, um ihr Wachstum zu beschleunigen: Sie tragen schlicht zu viele dieser Rezeptoren an ihrer Oberfläche. Eine Mutation der Tumorzellen verursacht diese Überproduktion, sodass die Zellen an ihrer äußeren Membran voll besetzt mit den entsprechenden Rezeptoren sind. Hier sind die Rezeptoren

überexprimiert, das heißt in vielfach größerer Menge vorhanden, als es physiologisch der Fall wäre. Wenn sich nun die entsprechenden Botenstoffe als passende Liganden der Zelle nähern und an diese Vielzahl der zur Verfügung stehenden Rezeptoren andocken, bekommt die Zelle plötzlich einen Wachstumsschub: Das Signal zur Teilung tönt sozusagen aus allen Richtungen. Aus der Humanmedizin weiß man, dass bei einem beachtlichen Prozentsatz von Mammatumoren beispielsweise die sogenannten HER2-Rezeptoren in dieser Weise überexprimiert sind. Hier setzt die monoklonale Antikörpertherapie mit ihrem Wirkstoff an, der diesen Rezeptor blockiert, sodass die Teilungssignale in das Zellinnere ausgesetzt sind. Die Antikörpertherapie kann sich entweder gegen den Rezeptor oder direkt gegen den jeweiligen Liganden richten und ihn sozusagen abfangen, bevor er die Vielzahl der überschüssigen Rezeptoren besetzt und damit aktiviert.

Die monoklonale Antikörpertherapie wirkt anders als die Tyrosinkinaseinhibitoren außerhalb der Zelle und richtet sich gegen überexprimierte Rezeptoren an den Tumorzellen oder gegen deren Botenstoffe.

Die Antwort auf die Frage, welche dieser beiden Möglichkeiten therapeutisch effizienter ist, richtet sich nach den Wachstumsmechanismen, die in der jeweiligen Tumorart dominieren. Erinnern wir uns an den VEGF-Rezeptor und seine zentrale Rolle für das Tumorwachstum und die Krebstherapie: Wenn sein Ligand andockt, startet dieser Rezeptor die Signalkaskade zur Angiogenese, der für den Tumor überlebenswichtigen Neubildung von Blutgefäßen. Viele Tumoren weisen eine Überexpression dieses VEGF-Rezeptors auf und bieten dem VEGF-Botenstoff damit zahllose Möglichkeiten anzudocken, um die Signalkaskade und damit die Blutgefäßbildung auszulösen. Aber Tumorzellen sind echte Überlebenskünstler und kluge Strategen: Einige produzieren ihren VEGF-Wachstumsfaktor gleich selbst, geben ihn in den Blutkreislauf des Organismus ab und stimulieren sich somit unaufhörlich selber, denn der Wachstumsfaktor wird wieder an den überexprimierten Rezeptoren andocken. Das ist ein idealer Kreislauf für die Tumorzelle: Sie produziert den Botenstoff für ihre eigene Aktivierung!

Tumoren, bei denen ein derartiger Kreislauf bekannt ist, können mit einer entsprechenden Antikörpertherapie, die genau am jeweils dominierenden Teil dieses Wachstumsprozesses ansetzt, in ihrem Wachstum kontrolliert und gebremst werden. Die Entscheidung, ob der eingesetzte Antikörper den Rezeptor oder den Liganden blockieren soll, hängt also immer davon ab, welcher Vorgang bei der Tumorart, die es zu behandeln gilt, dominiert: die Überexpression des Rezeptors oder eine starke Sekretion des Botenstoffs, des Liganden, der den Rezeptor aktiviert.

Entwicklung caninisierter Antikörper

Die Entwicklung und synthetische Herstellung derartiger Antikörper hat diese Behandlungsmöglichkeit in jüngster Vergangenheit auch für die Krebstherapie beim Hund in greifbare Nähe gerückt. Dabei müssen die dreidimensionalen Strukturen der im Labor erzeugten Moleküle exakt in die architektonischen Strukturen der Bindungstaschen ihres Zielmoleküls, des Tumorantigens, passen. Zudem: Würde man beim Hund einfach einen Antikörper verwenden, der beim Menschen eingesetzt wird, würde der Hund diesen humanisierten Antikörper als Fremdeiweiß erkennen und seinerseits dagegen Antikörper bilden. Das würde die therapeutische Wirkung in vielen Fällen verhindern und könnte im Gegenteil sogar Nachteile bringen.

Für die Antikörpertherapie braucht die Tiermedizin Antikörper mit caninen Proteinen.

Die tiermedizinische Krebsforschung konnte heute bereits nachweisen, dass beispielsweise der EGF-Rezeptor, der bei verschiedenen Tumoren überexprimiert oder verändert ist und das unkontrollierte Zellwachstum unterstützt, sich beim Hund nur in vier Aminosäuren vom entsprechenden Rezeptor des Menschen unterscheidet. Das canine und das humane Molekül dieses Rezeptors sind somit fast identisch, auch wenn jede Aminosäure die dreidimensionale Struktur eines Proteins verändert. Dennoch passt der für den Menschen zugelassene Antikörper gegen den humanen EGF-Rezeptor 1 hinsichtlich seiner molekularen Struktur auch exakt in die Bindungstaschen des caninen EGF-Rezeptors 1, denn die wenigen unterschiedlichen Aminosäuren liegen nicht an Positionen, die die Strukturen der Bindungstaschen beeinflussen. Dieses Molekül wurde 2012 in einer interdisziplinären Zusammenarbeit verschiedener Wiener Universitäten caninisiert, womit einer der ersten caninen Antikörper geschaffen war.

Ein weiterer caninisierter Antikörper ist in den USA bereits zur Therapie des malignen B-Zell-Lymphoms beim Hund zugelassen. Allerdings konnten nachfolgende, aktuelle Studien die Wirksamkeit dieses Antikörpers nicht im erhofften Ausmaß bestätigen. Heute stehen andere Antikörper, die künftig eventuell zur Behandlung dieser Tumorart eingesetzt werden könnten, im Fokus der Forschung und erweisen sich in klinischen Studien derzeit als vielversprechender.*

All diese Entwicklungen haben weitreichenden Einfluss auf Diagnostik und Therapie von Tumorerkrankungen beim Hund, denn neben der Therapie können die caninen Antikörper auch diagnostisch eingesetzt werden, um Tumoren oder Metastasen bereits in einem sehr frühen Stadium zu finden. Dabei kommt eine hoch spezialisierte und aufwendige Labortechnik zum Einsatz, eine biochemische Markierungsmethode: das sogenannte Immunolabeling. Die nachfolgende individuelle, das heißt personalisierte Therapie würde auf dem gleichen Antikörper basieren. In diesem Bereich der Theranostik folgt der Diag**nostik** die zielgerichtete **Thera**pie mit dem gleichen Antikörper.

Die monoklonale Antikörpertherapie führt auch beim Hund in den Bereich der personalisierten Medizin: Nach der Diagnostik könnte basierend auf dem gleichen Antikörper die Therapie folgen.

* Mag. med. vet. Elisabeth Baszler, Dr. med. vet. Michael Willmann: „Spezifische Immuntherapie gegen Krebs – Perspektiven der Zukunft“. Vet-Journal 07-08/2018, S. 52 – 55.

Komplementärmedizinische Hilfe

Bereits der Name „Komplementärmedizin“ beinhaltet die Definition und den Stellenwert der Therapieformen, die unter diesem Begriff zusammengefasst sind. Das Wort „complementare“ kommt aus der lateinischen Sprache und bedeutet so viel wie „ergänzen“ – und so finden die unterschiedlichen Ansätze der Komplementärmedizin ihren sinnvollen und verantwortbaren Einsatz in der Tumortherapie auch nahezu ausschließlich in der begleitenden Funktion einer schulmedizinischen Behandlung des Patienten.

Die vermeintlichen Möglichkeiten der Tumortherapie fernab der evidenzbasierten Medizin erfreuen sich bei zahlreichen Tierbesitzern einer ungebrochenen Beliebtheit, die sich rational oft kaum erklären lässt. Vielmehr liegt ihr Ursprung meist in einer ungerechtfertigten und vor allem unreflektierten Mythisierung einer Tumorerkrankung und ihrer Therapiemöglichkeiten. Der hochemotionale Zugang, mit dem viele Hundebesitzer dem Thema Krebs begegnen, spiegelt sich nicht zuletzt in einem Vokabular, das bereits in der einfachen Wiedergabe der Diagnose jeden rationalen Zugang weit hinter sich lässt. Leidet der vierbeinige Freund unter einer Gelenkserkrankung, spricht man mit aller Selbstverständlichkeit vom „Junghund mit HD“ oder von der chirurgischen Therapie einer „TPLO beim Kreuzbandriss“. Den oftmals unkontrollierten Einsatz von Antibiotika billigt man bei Hautproblemen ebenso wie im Zuchtgeschehen mit großer Akzeptanz. Eine Tumorerkrankung hingegen wird oft sofort – fernab aller Sachlichkeit – mit „Krebs – unser Feind“ oder gar als „unheilvolle Verdammnis“ umschrieben. Sprache wird da nicht nur zum Ausdruck emotionaler Betroffenheit, sondern vor allem auch zur Basis von Entscheidungen, die nicht unbedingt zum Vorteil des Hundes gereichen.
In der Sprache spiegelt sich die Mythisierung einer Krebserkrankung, die angesichts des heutigen medizinischen Wissens kaum mehr angebracht erscheint. Dennoch ist es gerade dieses wenig rational orientierte Grundverständnis, das der sachlichen und bewussten Auseinandersetzung mit den etablierten Therapiemöglichkeiten im Wege steht, das sich dem Wissen verschließt und stattdessen dem Glauben – besser gesagt vor allem dem Irrglauben – Tür und Tor öffnet. Von dort ist der Weg nicht weit, auch das Krankheitsbild eines Tumors mit Bildern zu umschreiben, die einer Betrachtung des Lebendigen fernab der Naturgesetze entstammen, dabei allerdings meist einen emotional beruhigenden oder tröstlichen Charakter aufweisen, der Grundlage nachgewiesener Placeboeffekte. Aber we-

der anthroposophisches Gedankengut noch vermeintlich therapeutisch wirksame Gleichheitsprinzipien sind geeignet, das Leben unseres vierbeinigen Tumorpatienten nach bestem Wissen und Gewissen zu bewahren und seine Erkrankung im Idealfall zu heilen. Zahlreiche internationale Studien prüfen regelmäßig, ob komplementärmedizinische Ansätze als Tumortherapie geeignet sind. Zusammenfassend kommen derartige Studien zu dem Ergebnis, dass diese Maßnahmen nicht als onkologische Therapie anerkannt werden können: Patienten, die sich für eine alternative Medizin zur primären Behandlung ihres heilbaren Krebses entschieden, hatten ein höheres Sterberisiko als jene, die sich einer konventionellen Krebsbehandlung unterzogen, ist denn auch ein Ergebnis einer 2017 erschienenen Studie über den Einsatz alternativer Medizin in der Krebstherapie und ihren Einfluss auf das Überleben.*

Keine der zahlreich angebotenen ergänzenden Therapien ist mit einer der etablierten Primärtherapien vergleichbar. Zumeist handelt es sich dabei im weitesten Sinne um unspezifische Immuntherapien, die prinzipiell immer ähnliche Mechanismen in Gang setzen: Bestimmte Inhaltsstoffe aktivieren die Abwehrzellen des Immunsystems, die Sensoren des Organismus für Viren, Bakterien und eben auch für Tumorzellen. So wird nichts anderes als eine reaktive Entzündung hervorgerufen und stimuliert, die letztlich zu einer vermehrten Produktion der stärksten Waffen des Immunsystems führt: der T-Lymphozyten und der Phagozyten (Fresszellen), die natürlich durchaus das Potenzial haben, Tumorzellen anzugreifen und abzutöten, was aber hier mehr oder weniger dem Zufallsprinzip gehorchend passiert. Zwar regen derartige Arzneimittel das Immunsystem noch einmal an, aber eben unspezifisch und somit mit einer kaum vorhandenen Wirkung auf den Tumor, der sich durch seine eigenen biochemischen Überlebensstrategien die Toleranz des Immunsystems längst gesichert hat. All diese Ansätze sind mit spezifischen Immuntherapien, die sich gegen nachgewiesene Oberflächenantigene der Tumorzellen richten, nicht zu vergleichen – und nicht zu verwechseln!

Dennoch sind es aber immer noch gerade diese unspezifischen Immuntherapien, deren Einsatz bei Tierbesitzern als vermeintliche Allheilmittel immer wieder diskutiert wird. Dabei ist in diesem Zusammenhang vor allem die zweifelhafte Vorgangsweise zu hinterfragen, Krebspatienten gleichzeitig mit einer derartigen unspezifischen Immuntherapie und Kortison zu behandeln. Dieser Ansatz ist oftmals

* Johnson SB, Park HS, Gross CP, Yu JB. Use of Alternative Medicine for Cancer and Its Impact on Survival. J Natl Cancer Inst. 2018;110(1):10.1093/jnci/djx145. doi:10.1093/jnci/djx145.

auch aufgrund mangelnder Kommunikation zwischen Tierarzt und Besitzer häufiger anzutreffen, als man glauben möchte und stellt einen Widerspruch in sich dar: Das komplementärmedizinische Medikament soll das Immunsystem stimulieren, Kortison hat eine gegenteilige Wirkung… Das eine provoziert eine Entzündung – und mit kortisonhaltigen Medikamenten wird gleichzeitig ein Entzündungshemmer eingesetzt. Diese Vorgangsweise behandelt sozusagen die eigene Therapie und steht damit a priori außerhalb jeder Sinnhaftigkeit.

Komplementärmedizinische Maßnahmen können unseren vierbeinigen Patienten unterstützen und im besten Fall durch die Stimulation unspezifischer Immunreaktionen eventuell einen geringen Einfluss auf das Tumorgeschehen haben. Sicher bessert sich das Wohlbefinden unseres vierbeinigen Freundes aber vor allem deshalb ein wenig, weil unsere Zufriedenheit und Genugtuung, „etwas getan zu haben", auch ihn zufrieden und glücklich erscheinen lassen – ein ganz wesentlicher Aspekt der ganzheitlichen Betrachtung unseres Patienten! Immer wieder kommen Studien und auch Metastudien, die die Ergebnisse einer Vielzahl von Studien zusammenfassend darstellen, zu dem Ergebnis, dass klinische Effekte komplementärmedizinischer Ansätze vielfach als Placeboeffekte zu betrachten sind, die auf einem besonderen Einfühlungsvermögen in den Patienten seitens der Therapeuten basieren.

Komplementärmedizinische Ansätze können – wie der Name bereits sagt – eine etablierte und standardisierte Tumortherapie ergänzen.

Von der Kraft des Placeboeffekts

Bei dem Versuch, die Wirksamkeit der ein oder anderen Therapieform per se für den Hund dennoch zu belegen, steht ein Argument immer wieder an oberster Stelle: Geht es den vierbeinigen Patienten mit einer Therapie deutlich besser, so belege dies zweifelsfrei deren Wirksamkeit, denn Tiere wissen im Gegensatz zum Menschen nichts von den Medikamenten, die ihnen verabreicht werden, und könnten infolgedessen auch keinen Placeboeffekt zeigen! Diese Argumentation aber basiert nicht nur auf einem eingeschränkten Verständnis des Placebobegriffs, sondern geht auch an längst etabliertem Wissen von Tiermedizin und Psychologie

vorbei. Entsprechende Studien konnten bereits seit den 1960er-Jahren immer wieder Placeboeffekte bei Tieren aufzeigen.
Umgangssprachlich wird der Begriff Placebo zumeist mit einem wirkungslosen Scheinmedikament gleichgesetzt. Der wesentliche Aspekt aber ist, dass der Placeboeffekt oft zu einer empirisch nachweisbaren Verbesserung der Situation des Patienten führt – trotz der eigentlichen Unwirksamkeit der Behandlungsmethode oder des Medikaments an sich. Die gefühlte positive Entwicklung der Gesamtsituation für den Patienten ist dank biochemischer und neurophysiologischer Forschung heute erklärbar. Entscheidend sind die Einstellung des Patienten zur Therapie, seine Erwartungshaltung und – im Falle der tierischen Patienten – die vom Menschen vermittelten Gefühle. Der Neurowissenschaftler Paul Enck erklärte bereits 2014, warum der Placeboeffekt beim Tier somit kein Nachweis für die Wirksamkeit alternativmedizinischer Methoden sein kann: „Die Besitzer sind in diesem Fall die treibende Kraft. Wenn wir ein Medikament nehmen und eine Erwartungshaltung bezüglich seiner Wirkung haben, hat das schon eine Wirkung auf den Gesundungsprozess – das ist der Placeboeffekt. Das Tier hat diese Erwartungshaltung bezüglich der Pillen natürlich nicht, aber sein Besitzer. Man nennt das ‚Placebo by Proxy', Placebowirkung durch die Angehörigen."* Der Begriff Placebo by Proxy bezeichnet in der humanmedizinischen Psychologie die Wirkung von Scheinmedikamenten, die auf einer von Harmonie und Empathie bestimmten Beziehung zwischen dem Patienten und einer nahestehenden, betreuenden Person basiert. Somit geht gerade bei unseren Hunden eine wesentliche therapeutische Kraft unmittelbar von uns selbst aus. Unsere positive Erwartungshaltung gegenüber einer Therapie führt bei uns selbst bereits zu einer deutlichen Entspannung, die unserem vierbeinigen Partner keineswegs verborgen bleibt. Mit ihrer ausgeprägten Beobachtungsgabe reagieren Hunde auf kleinste Veränderungen der Stimmungslage ihres Sozialpartners Mensch.

* So wirken Placebos bei Tieren – Interview mit Paul Enck, geführt von Jens Lubbadeh, veröffentlicht am 11. Juni 2014, 11.34 Uhr; www.spiegel.de/gesundheit/diagnose/homoeopathie-wieso-es-einen-placeboeffekt-bei-tieren-gibt-a-974333.html [Abruf: 31. 8. 2020].

Von der heilenden Kraft der Worte

Der Glaube an die heilende Kraft einer Therapie oder eines Therapeuten kann also durchaus die sprichwörtlichen Berge versetzen und die Symptome einer Erkrankung verbessern. Dieses Potenzial von Glauben und Vertrauen, das über das Medium einer positiven Erwartungshaltung des Besitzers zum ergänzenden Bestandteil der Therapie des vierbeinigen Patienten wird, erklärt allerdings nicht nur die mögliche Verbesserung des Gesamtzustands nach der Einnahme von Scheinmedikamenten oder der Anwendung alternativer Methoden, sondern kann genauso – und für den Patienten sicher noch weit effizienter – eine evidenzbasierte Therapie unterstützen. Nicht umsonst wird dem Wort und der Sprache des behandelnden Arztes in der Literatur immer wieder eine besonders ausgeprägte Placebowirkung zugesprochen, sodass der Kommunikation zwischen Tierarzt und Patientenbesitzer hier eine wesentliche Bedeutung zukommt: „Der weitaus größte Teil der Hunde kommt mit dieser Therapie hervorragend zurecht. Wir erwarten im Prinzip keinerlei Probleme!", erklärt der Tierarzt. Ein anderer Tierarzt sagt: „Es gibt vereinzelt den ein oder anderen Patienten, der im Rahmen dieser Therapie mit einer Nebenwirkung zu kämpfen hat. Wir werden sehen …" Im Prinzip sind das identische Aussagen, aber der Arzt kann damit eine vollkommen andere Erwartungshaltung beim Besitzer wecken, die die Akzeptanz – und damit auch den Erfolg der Therapie! – bei diesem individuellen Patienten unter Umständen entscheidend mitbeeinflussen kann.

Alle Informationen, die wir im Gespräch mit dem Arzt aufnehmen, und vor allem alle Emotionen, die uns dabei begleiten – ob Angst und Hoffnungslosigkeit oder Vertrauen und Zuversicht dominieren –, bestimmen unser Denken und führen zu neuronalen Veränderungen im Gehirn. Wie einflussreich die Wortwahl des Arztes ist und wie machtvoll – durchaus im Sinne von wirksam! – die Überzeugungen sein können, die wir dabei übernehmen, ist in der modernen Placeboforschung, die die neurobiologischen Hintergründe dieses Phänomens aufdeckt, vielfach belegt.

„Placebos – bzw. die suggestiven Worte des Arztes – bewirken also biochemische Reaktionen, sie verändern das Gehirn!"*, schreibt denn auch der renommierte Mediziner und Neurowissenschaftler Johann Caspar Rüegg. Genau diese Veränderungen und Modifikationen entstehen auch während unserer Kommunikation mit dem Tierarzt und bestimmen in der Folge unser Denken, unser Verhalten und vor allem unseren Umgang mit dem vierbeinigen Patienten.

Unser Hund wird in der engen Beziehung, die wir tagtäglich mit ihm leben, die Signale unserer positiven Erwartungshaltung erkennen und sich an ihnen orientieren. Der Arzt und seine Worte sind Teil der Therapie und haben wesentlichen Einfluss auf ihre Wirksamkeit – nicht nur in der Humanmedizin, sondern über das Verhalten des Besitzers und dessen mentalen Umgang mit der Erkrankung des Hundes auch in der Tiermedizin.

Die Placeboforschung zeigt, dass allein die Vorstellungen und Bilder in unserem Kopf neurophysiologische Vorgänge initiieren, die dramatischen Einfluss auf unsere Gesundheit haben. Die größte Rolle dabei spielen eine positive Erwartungshaltung, Lerneffekte und ein Verständnis für die grundlegenden Zusammenhänge unserer Situation. Wenn wir es schaffen, diese Kombination in der Begleitung unseres Patienten real zu leben, helfen wir zweifellos zunächst einmal uns selbst, mit der Situation wesentlich entspannter, unverkrampfter und selbstverständlicher umzugehen. Und infolgedessen senden wir genau die Signale aus, die unser bester Freund auf vier Pfoten jetzt am dringlichsten von uns benötigt und mit denen wir seine psychische und in der Folge auch physische Lebenskraft entscheidend stärken. Das ist unser ureigener und nicht zu unterschätzender Beitrag zu seiner Therapie! Den wir ganz wesentlich optimieren können, wenn wir uns diese Vorgänge vergegenwärtigen und unser Denken gezielt in diese Richtung lenken …

* Johann Caspar Rüegg: Mind & Body. Wie unser Gehirn die Gesundheit beeinflusst. 2. Aufl. Stuttgart: Schattauer 2014, S. 168.

Daneben dürfen wir nicht vergessen, dass die Kraft, die die positiven Wirkungen des Placeboeffekts ausmacht, auch in die andere Richtung wirken kann und sich dann als negative Kraft im sogenannten Noceboeffekt manifestiert. Genauso wie positive Gedanken einen Heilungsverlauf unterstützen, können negative Emotionen uns – und damit in der Folge wiederum auch dem vierbeinigen Freund an unserer Seite – gefährlich werden. Negative Erwartungshaltungen dieser Art sind beispielsweise in Bezug auf Nebenwirkungen von Medikamenten nicht zu unterschätzen. Die Angst vor Nebenwirkungen kann durchaus ihren Teil dazu beitragen, dass diese auch eintreten – oftmals früher, als es angesichts des pharmakologisch bekannten Wirkungsmechanismus des Medikaments überhaupt möglich ist. Beim Placeboeffekt ist es vor allem die Hoffnung, die die positive Erwartungshaltung trägt, beim Noceboeffekt ist es die Angst, die eine negative Erwartungshaltung steigert. „Aus der neurobiologischen Perspektive werden beim Placeboeffekt körpereigene Opioide und Dopamin vermehrt ausgeschüttet, wodurch zum Beispiel die Schmerzweiterleitung gehemmt wird. Beim Noceboeffekt passiert wohl das Gegenteil, die Ausschüttung der Neurotransmitter wird gedrosselt und das Schmerzempfinden dadurch gesteigert: Schmerzzentren im Gehirn sind dann aktiver, wie Hirnscans belegen“*, erklärt der Neurowissenschaftler Tobias Esch den Zusammenhang, der nicht nur für das Schmerzempfinden gilt. Ähnliche Mechanismen wirken auf den Magen-Darm-Trakt und das Immunsystem. Diese Aspekte verdeutlichen, wie sehr wir durch unsere eigene Einstellung und nicht zuletzt auch durch unser auf Information und Wissen basierendes Vertrauen dazu beitragen können, dass unser Hund die Krebstherapie komplikationsfrei und bei höchstmöglicher Lebensqualität durchlebt.
Diese psychologischen Wirkungsmechanismen mit offensichtlichen physiologischen Konsequenzen dürfen keinesfalls unterschätzt werden. Im Idealfall nutzen wir diesen positiven Placeboeffekt, indem wir das Leben unseres Hundes Medizinern anvertrauen, die ebenso wie wir die ganze Persönlichkeit unseres vierbeinigen Patienten im Auge haben und seinem Leben mit Respekt begegnen, dieses aber zugleich mit effektiven, evidenzbasierten Therapien zu schützen wissen, deren Wirksamkeit auf wissenschaftlicher Basis mit entsprechender Studienlage erwiesen ist.

* Tobias Esch: Der Selbstheilungscode. Die Neurobiologie von Gesundheit und Zufriedenheit. Weinheim Basel: Beltz 2017, S. 203 f.

Vertrauen wir auf eine positive Lebenseinstellung, mit der wir den Freund an unserer Seite während der evidenzbasierten Therapie begleiten, vertrauen wir auf ein Leben in Liebe und in Harmonie – Empfindungen, die biochemische Prozesse im Organismus initiieren können, die zwar auch unspezifisch sind, aber deren neuroimmunologisches Wirkungspotenzial das einiger vermeintlicher Wundermittel um ein Vielfaches übersteigt! Freude und positive Empfindungen haben zudem eine nachgewiesene schmerzlindernde Wirkung, setzen sie doch beispielsweise mit den Endorphinen Botenstoffe frei, die als körpereigene Opioide das Schmerzempfinden senken und in der Folge wiederum das Immunsystem positiv beeinflussen. „Wenn die Ratte – oder der Mensch – aufgibt mit dem Gefühl, dass das Leben nicht mehr lebenswert ist, streckt auch das Immunsystem die Waffen. Umgekehrt signalisiert es oft einen entscheidenden Wendepunkt im Verlauf der Krankheit, wenn man in sich neuen Lebenswillen entdeckt"*, schreibt der Neurowissenschaftler und Psychologe David Servan-Schreiber in seinem berühmt gewordenen „Antikrebs-Buch". Das Gleiche gilt für unsere Hunde. Konzentrieren wir uns in den begleitenden – komplementären – Therapieansätzen daher auf alles, was diesen Lebenswillen stärkt. Liebe und Harmonie sind wesentlich wirksamer, diese tief in jedem Organismus flackernde Flamme eines unbedingten Lebenswillens zu erhalten als vermeintliche Wundermittel. Wirklich gefährlich werden Tarantula und Co dann, wenn sie als echte Alternative propagiert werden, wenn sie als vermeintlich gleichwertiger Ersatz einer nicht gewollten evidenzbasierten Therapie gelten, angepriesen und verstanden werden. Im schlimmsten Fall lebensbedrohlich sind die im Internet allerorten anzutreffenden Glaubenstheorien, die jeglicher wissenschaftlicher Grundlage entbehren, sodass sich der Begriff Ratschlag in diesem Zusammenhang von selbst verbietet – spätestens dann, wenn die regelmäßige Verfütterung zerkleinerter hochgiftiger Aprikosenkerne als B17-Lieferant als potentes Mittel empfohlen wird, wenn als Ersatz für erprobte und sichere veterinärmedizinische Schmerzmedikamente Hundekeksrezepte mit gesetzlich verbotenen Suchtmitteln verbreitet werden und wenn fernab des geringsten Verständnisses für medizinische und biologische Zusammenhänge möglicherweise für Hunde hochtoxische Schmerzmedikamente aus dem humanmedizinischen Bereich angepriesen werden.

* David Servan-Schreiber: Das Antikrebs-Buch. Was uns schützt: Vorbeugen und Nachsorgen mit natürlichen Mitteln. Aus dem Französischen von Heike Schlatterer und Ursel Schäfer. 8. Auflage. München: Goldmann 2012, S. 260 f.

Vermeintliche Wundermittel als Alternative zu einer schulmedizinischen Tumortherapie zu verstehen und anzuwenden, kann das Leben unseres vierbeinigen Freundes im schlimmsten Fall ernsthaft gefährden.

Wir haben in den vorangegangenen Kapiteln gesehen: Wenn ein Mastzelltumor frühzeitig behandelt wird und mit einem optimal geplanten chirurgischen Eingriff vollständig und im Idealfall mit genügend Sicherheitsabstand entfernt wurde, dann war dieser Eingriff kurativ und unser vierbeiniger Tumorpatient ist geheilt. Auch wenn er jetzt regelmäßig unspezifische immunstimulierende Medikamente bekommt: Die Gründe dafür, dass er über Jahre hinweg rezidivfrei ist und bleibt, waren in erster Linie die erfolgreiche Operation und ein pathohistologischer Befund, der keinen weiteren Therapiebedarf erkennen ließ.
Wenn die Ergebnisse und Prognosen weniger optimistisch sind, ist echte Vorsicht geboten, denn unser vierbeiniger Freund braucht dann die zuverlässige Lebensversicherung der veterinärmedizinischen Onkologie: entweder eine standardisierte und zielorientierte Krebstherapie oder eine effektive Palliativtherapie, aber ganz sicher kein vermeintliches Wundermittel! Vergessen wir niemals unsere Verantwortung und unsere ethische Verpflichtung, das uns anvertraute Leben zu schützen …

Freude und positive Empfindungen spielen eine wichtige Rolle im Genesungsprozess.

Liebe leben …

Zufrieden und mit einem guten Gefühl der Ruhe und Sicherheit haben wir die Klinik gemeinsam mit dem besten Freund an unserer Seite verlassen, und schon in wenigen Tagen werden wir wiederkommen, um die Therapie fortzusetzen. In der Zwischenzeit sind wir selbst nun sein wichtigster Therapeut!

Wir haben uns entschlossen, die Therapiemöglichkeiten der modernen veterinärmedizinischen Onkologie für das Leben unseres geliebten Freundes auf vier Pfoten zu nutzen. Wir haben sein Wohlbefinden und seine Erkrankung einer auf onkologische Fragen spezialisierten Klinik anvertraut, in der sich Fachärzte nach dem neuesten Stand der Forschung und mit einem nicht minder wichtigen Einfühlungsvermögen in die Befindlichkeiten des individuellen Patienten um unseren besten Freund bemühen. Unser vierbeiniger Partner betritt die Klinik mit der gleichen Selbstverständlichkeit, Ausgeglichenheit oder sogar Freude, wie wenn er uns zum Besuch eines guten und lieben Bekannten begleiten würde. Er wird zu jeder Therapie liebevoll empfangen, und wenn wir die Klinik gemeinsam wieder verlassen, dann gehen wir beide mit einem Gefühl der absoluten Sicherheit, mit ent-

Liebe wirkt Wunder – „Wunder“, die neurophysiologisch erklärbar sind.

spannter Ruhe, mit Gelassenheit und Zufriedenheit wieder in das LEBEN hinaus. Und bis zum nächsten Termin in der onkologischen Ambulanz sind nun wir selbst als der wichtigste Therapeut für den Freund an unserer Seite gefordert! Unsere Sorgen und Unsicherheiten, die in dieser Situation die größten Stressfaktoren für unseren Hund darstellen, haben wir zum jetzigen Zeitpunkt ohnehin im Idealfall längst hinter uns gelassen, und so sind es jetzt nur mehr unsere Zuversicht, unser Vertrauen und unsere Liebe, die unseren vierbeinigen Gefährten stärken und ihm die notwendige Energie und Motivation geben, die Therapie zu verarbeiten und auch den nächsten und übernächsten Klinikbesuch wieder als alltägliche Unternehmung anzunehmen.

Vielleicht müssen wir kleine therapeutisch notwendige Maßnahmen zwischen den Klinikbesuchen selbst durchführen. Nein, keine Ausreden! Wir können das! Denken wir nicht, dass das alles nicht machbar ist, dass wir vielleicht Angst haben, unserem Schatz zu schaden oder ihm wehzutun. Sicher nicht! Unsere Klinik hat uns alles Notwendige an Wissen und Materialien mit auf den Weg gegeben. Wir brauchen jetzt nur noch das notwendige Vertrauen in uns selbst – so wie unser Freund auf vier Pfoten uns vertraut, wenn wir ihm die ein oder andere Hilfestellung bieten. Unser Lächeln lässt auch den vierbeinigen Patienten die Freude am gemeinsamen Dasein mit uns empfinden. Unser unkomplizierter und selbstverständlicher Umgang mit seiner Erkrankung und eventuellen körperlichen Einschränkungen wird auch ihn darin bestärken, sich in seine vielleicht ein wenig veränderte Situation hineinzufinden. Unsere Liebe zum Leben wird auch ihn das Leben lieben lassen! Spüren wir beim gemeinsamen Spaziergang, wie die Sonnenstrahlen unsere Haut streicheln – und sein Fell leuchten lassen. Suchen wir ganz bewusst die Nähe zu den Menschen, mit denen wir jetzt über die wesentlichen Dinge kommunizieren können und die unseren Empfindungen und unserem Denken guttun, und finden wir das Glück, das wir selbst dabei in uns tragen, in den dankbaren und noch immer ebenso glänzenden wie beredten Augen unseres kranken Freundes wieder. Dass all diese Zusammenhänge nicht nur individuelle emotionale, vielleicht gar nur romantisierend-sehnsüchtige Empfindungen schildern, sondern in ihren biologischen Auswirkungen auf die Funktionen des Körpers einen nicht zu unterschätzenden Einfluss auf den Genesungsprozess und die Lebensqualität haben, ist in den humanmedizinischen Neurowissenschaften längst erwiesen. Ebenso wie zwischenmenschliche Beziehungen Konsequenzen für das menschliche Wohlbefinden haben, so leistet auch die Mensch-Tier-Beziehung einen der wesentlichsten Beiträge zur Erhaltung und Steigerung der Lebensqualität unserer vierbeinigen Patienten.

Wir fassen zusammen

Nur die fachübergreifende Zusammenarbeit zwischen Internisten, Onkologen, Radiologen, Chirurgen und Pathologen garantiert eine umfassende therapeutische Betreuung für den krebskranken Hund, die alle Chancen der modernen tiermedizinischen Onkologie nutzt. Das größte Risiko besteht darin, diese Chancen nicht zu nutzen!

Die genaue Gewebediagnose und die Ergebnisse des Stagings des Patienten führen zu einem individuellen Therapieplan. Wenn die Notwendigkeit besteht, werden lokale und systemische Therapien in einer Multimodalitätstherapie nebeneinander angewandt.

Die vorrangigen lokalen Therapiemöglichkeiten, die der Tiermedizin zur Verfügung stehen, sind die Chirurgie und die Strahlentherapie. Wenn die Grenzen der chirurgischen Möglichkeiten erreicht sind, stellt die Strahlentherapie eine weitere effektive Behandlungsmethode dar.

Eine detaillierte Planung ist entscheidend für den Erfolg einer Tumoroperation. Die richtige „chirurgische Dosis“ entscheidet darüber, ob der Eingriff kurativ sein kann oder nicht.

Die Strahlentherapie kommt insbesondere bei Tumoren zum Einsatz, die chirurgisch nicht oder nur unvollständig entfernt werden können. Eine genaue Planung sorgt gemeinsam mit einer ausgefeilten Bestrahlungstechnik für größtmögliche Schonung des gesunden Gewebes, das den Tumor umgibt.

Die systemischen Therapien gelangen zum Einsatz, wenn eine lokale Therapie allein keine Heilungschance mehr verspricht: entweder, wenn der Primärtumor bereits Metastasen an anderen Organen gebildet hat, oder bei systemischen Erkrankungen wie dem malignen Lymphom oder Leukämie. Neben der Chemotherapie stehen der Tiermedizin mit den neuen zielgerichteten Medikamenten heute Therapieansätze der neuesten Generation zur Verfügung.

Ziel der Chemotherapie ist der geplante Zelltod. Die Zytostatika greifen in den verschiedenen Stadien der Zellteilung an und erreichen ihre höchste Effektivität bei Tumoren mit einer hohen Zellteilungsrate. Einsatz und Dosierung der Chemotherapie folgen in der Tiermedizin notwendigerweise anderen Gesetzen als in der Humanmedizin.

Die zielgerichteten Therapien richten sich gegen bestimmte für das Tumorwachstum verantwortliche Zellmutationen und stellen im Gegensatz zur Chemotherapie eine spezifische systemische Tumortherapie dar.

Neben den allgemein verfügbaren und bereits etablierten Medikamenten aus der Gruppe der Tyrosinkinaseinhibitoren kommen spezifische Immuntherapien wie die therapeutische Tumorimpfung oder die monoklonale Antikörpertherapie in onkologischen Fachkliniken bereits zum Einsatz oder sind Gegenstand der aktuellen Forschung.

Unspezifische Tumortherapien aus dem Bereich der Komplementärmedizin können eine sinnvolle Ergänzung zu den etablierten und neuen Ansätzen einer evidenzbasierten Behandlung darstellen. Als Primärtherapie ist ihr Einsatz beim Tumorpatienten nicht geeignet.

Zwischen den Klinik- und Tierarztbesuchen sind wir selbst der wichtigste Therapeut für unseren besten Freund auf vier Pfoten, und wir werden für diese Zeit viel Kraft und Energie brauchen. Machen wir uns immer bewusst, dass die Liebe in uns die wichtigste Motivationsquelle ist, diese Zeit der Krankheit zu LEBEN. Betrachten wir die Zeit, in der wir unseren vierbeinigen Gefährten durch die Therapie begleiten dürfen, auch als Chance, diese Liebe intensiv zu leben …

6. Grenzen und Visionen

Die Therapiemöglichkeiten der Veterinärmedizin gehen heute um ein Vielfaches über das hinaus, was noch vor zwei Jahrzehnten denkbar gewesen wäre. Diese Chancen zu nutzen, gehört angesichts der Stellung, die unsere Hunde als Familienmitglieder einnehmen, zu unserer Verantwortung dem Leben gegenüber. Daneben aber steht die ethische Verpflichtung, die Grenzen des Möglichen zu erkennen und zu akzeptieren und dem geliebten Wesen an unserer Seite ein würdiges Ende zu bereiten.

Ebenso wichtig wie Grenzen anzuerkennen aber ist das Wissen, dass Grenzen nicht unverrückbar sind. Wo das Limit der medizinischen Möglichkeiten heute erreicht ist, öffnen sich morgen neue Wege mit neuen diagnostischen und therapeutischen Ansätzen – Visionen, die Grenzen verschieben…

Grenzen des Möglichen

Unser vierbeiniger Patient ist austherapiert. Alle spezifischen Therapiemöglichkeiten sind erschöpft, es gibt keine Optionen mehr, das Tumorgeschehen weiterhin unter Kontrolle zu halten. Dennoch ist seine Lebensfreude noch nicht erloschen, und wir möchten ihm jetzt die unwiderruflich letzte Zeit so schön und beschwerdefrei wie möglich gestalten und ihm ein würdiges Ende bereiten.

Mit einer ebenso einfühlsamen wie kreativen palliativmedizinischen Betreuung ergeben sich vielfältige Möglichkeiten, lebenswerte Zeit zu gewinnen. Verschiedene Symptome, die eine fortgeschrittene Tumorerkrankung begleiten, lassen sich manchmal sogar über einen langen Zeitraum hinweg unter Kontrolle bringen, sodass die Lebensqualität des Hundes erhalten bleibt oder im Idealfall noch verbessert wird. Dabei kommen ausschließlich symptomatische Therapien zum Einsatz. So ist die Palliativmedizin ein ausgesprochen vielfältiger Bereich und erfordert vom Besitzer ebenso wie vom behandelnden Tierarzt ein besonderes Maß an Einsatzbereitschaft.

In der palliativen Betreuung eines Tumorpatienten kommt insbesondere der Schmerztherapie oft eine hohe Bedeutung zu. Neben den nichtsteroidalen Entzündungshemmern, zu denen einige der bekanntesten tiermedizinischen Schmerzmedikamente gehören, kommen Opioide und andere das Schmerzempfinden dämpfende Substanzen zum Einsatz. Dabei kann eine Schmerztherapie durchaus aus mehreren Komponenten bestehen: In einer derartigen Kombinationstherapie folgt jedes der eingesetzten Präparate einem anderen Wirkungsmechanismus, um den Schmerz auszuschalten. In Summe kommt es so zu einer maximalen Schmerzlinderung bei gleichzeitiger Verringerung der Nebenwirkungen, denn die Dosis der einzelnen Medikamente und damit ihre spezifischen Nebenwirkungen können mit dieser Vorgangsweise deutlich reduziert werden.

Ein erhöhter Kalziumspiegel im Blut ist ein häufiges tumorbegleitendes Symptom, das wegen der Gefahr eines nachfolgenden akuten Nierenversagens unbedingt behandelt werden muss. Bei tumorbedingtem Fieber kann die Körpertemperatur mit fiebersenkenden Medikamenten kontrolliert werden. Wenn wir gemeinsam mit einem Tierarzt auf entsprechende Probleme angemessen mit einer symptomatischen Therapie reagieren, lässt sich die Lebensqualität bei vielen Patienten noch einmal entscheidend verbessern.

Palliativmedizinische Maßnahmen können die Lebensqualität eventuell noch einmal entscheidend verbessern. Der Begriff Palliativmedizin stammt aus der lateinischen Sprache und geht auf das Verb „palliare“ zurück, was so viel wie „ummanteln“ oder „mit einem Mantel umhüllen“ bedeutet. Damit werden zwei Bilder umschrieben, die das Wesen der Palliativmedizin ausmachen. Zum einen gelten Patienten, denen eine palliativmedizinische Betreuung zuteilwird, als unheilbar: Ihnen kann nur mehr eine besondere Fürsorge, die das Bild des Ummantelns in sich trägt, zuteilwerden, um höchstmögliche Lebensqualität zu sichern und zu erhalten. Um dieses Ziel zu erreichen, beinhaltet der Begriff des Ummantelns aber auch ein Bild des Verhüllens – und damit den Einsatz gezielter symptomatischer Therapien, um tumorbedingte Beschwerden einzugrenzen und zu lindern. Dazu gehören eine Schmerztherapie ebenso wie gegebenenfalls eine palliative Strahlen- oder Chemotherapie oder auch ein palliativer chirurgischer Eingriff. Entscheidend für den Einsatz palliativmedizinischer Möglichkeiten ist immer die individuelle Situation des Patienten. Palliativmedizin kämpft nicht mehr *gegen* die Erkrankung, aber weiterhin *für* den Patienten. Ihr Ziel ist, ein besseres Leben *mit* der Erkrankung zu ermöglichen.

Wann aber ist aus medizinischer Sicht der richtige Zeitpunkt für die Euthanasie gekommen? Wie definiert sich das Ende? Die Parameter, die die Lebensqualität für den Hund als nicht mehr lebenswert charakterisieren, müssen zum einen sehr genau hinterfragt werden, zum anderen aber sollte man sich bewusst sein, dass Lebensqualität keine unveränderliche Größe ist, sondern sich immer der jeweiligen Lebenssituation angepasst definiert. Wenn der Hund beispielsweise gar nicht mehr zu seinem täglichen Spaziergang zu bewegen ist, und sei er noch so kurz, wenn er nur noch liegen bleibt, obwohl wir ihn verständnisvoll zu einer Aktivität auffordern, spätestens dann ist der Zeitpunkt gekommen, an dem entweder therapeutisch eingegriffen werden muss, um dem Hund zu helfen, seinen Alltag noch einmal besser erleben zu können, oder – sollte das nicht mehr möglich sein – zu akzeptieren, dass das Ende gekommen ist. Wenn unser bester Freund keinen Anteil mehr am Familienleben nimmt, wird es Zeit, zum Tierarzt zu gehen – eventuell ja auch, um die Situation noch einmal zu verbessern. Liegt das außerhalb der medizinischen Möglichkeiten, ist der richtige Zeitpunkt für die Sterbehilfe gekommen. Dies zu akzeptieren ist eine Grundanforderung an jeden Hundebesitzer. Während einer Therapie kann es immer wieder Tiefpunkte geben, von denen unser vierbeiniger Freund sich später problemlos erholen kann, aber wenn die Therapie abgeschlossen ist und chronische Probleme trotz vielfältiger palliativmedizinischer Maßnahmen nicht mehr kontrollierbar sind, muss man die Grenzen erkennen und annehmen.

Die Sterbehilfe zu akzeptieren, wenn alle medizinischen Möglichkeiten ausgeschöpft sind, ist eine ethische Grundanforderung an jeden Hundebesitzer.

Vorbereitung auf den letzten Tag

Unsere vierbeinigen Kinder nach einer umfassenden onkologischen Therapie auch durch die letzte Phase ihres Lebens zu begleiten, ist eine Aufgabe, der ich mich in den vergangenen Jahrzehnten einige Male zu stellen hatte, und heute gehören diese Tage, Wochen und Monate für mich zu den intensivsten und wegweisendsten Zeiten des Lebens. Die Zeit mit Aurora ist mir noch heute nach zehn Jahren minutiös gegenwärtig: Die absolute Konzentration auf ihre Befindlichkeiten hat in diesem Grenzland des Lebens immer wieder eine emotionale Aufnahmefähigkeit und Wahrnehmungskraft in mir geweckt, die ich in meinem Leben bisher nie in dieser Intensität empfunden hatte. Ich hatte mich noch nie so sehr bei mir selbst gefühlt, so sehr im Einklang dessen gelebt, was ich tue, denke und bin. Auroras Ausdruck und ihr Verhalten ließen mich die Gewissheit spüren, dass sie Ähnliches empfand, und ich bin auch heute noch zutiefst davon überzeugt. Vielleicht hatte diese Zeit, in der ich Aurora an meiner Seite so intensiv begleiten durfte, etwas vom Charakter eines Tanzes … – Ja! Eines Tanzes von großer Leichtigkeit und unendlicher Harmonie in einer tief empfundenen Wahrnehmung des Lebens und der Liebe. Tanz ist Körperbewusstsein und Emotion. Ich leistete mir diese Gedanken als Interpretation und Bestätigung dessen, was ich tat, was ich empfand und was ich täglich an Aurora beobachten durfte. Gemeinsam lebten Aurora, einige Jahre später Braganza, Apoll und wir diese Harmonie und Liebe, die zu den wichtigsten Kraftquellen für den Alltag während der Monate, die wir mit der Krankheit lebten,

wurden – und zur unverzichtbaren Voraussetzung dafür, diese intensive, tief empfundene und gerade deswegen glückliche Zeit gemeinsam zu LEBEN …
Die bedingungslose Konzentration auf diese Gedanken war eine der wichtigsten Voraussetzungen für jene absolute innere Ruhe und Sicherheit, die unsere Boxer und mich durch diese Zeit trugen. Ebenso wichtig für diese mentale Einstellung aber waren jene Tage, an denen der Tierarzt, dem ich das Leben unserer vierbeinigen Partner anvertraut hatte, zum ersten Mal konkret das Ende thematisierte, und wir uns ganz bewusst gemeinsam darauf vorbereiteten. In einem ausführlichen Dialog, geprägt von einem tiefen Respekt vor dem Leben, zeigte er mir die Grenzen auf, die medizinischen Grenzen – aber auch die Möglichkeiten, das Leben bis zu diesem Tag zu leben. Welch ein Geschenk, dass mich auf diesem Weg Menschen begleiteten, deren kraftvolle Unterstützung manches Mal den nächsten Schritt überhaupt erst möglich machte! Der letzte Tag würde kommen, aber ich wusste, dass alles im vollen Bewusstsein unserer Verantwortung geschieht und dass es eine Entscheidung FÜR unsere vierbeinigen Gefährten sein würde. Ich war unendlich dankbar für diese ehrlichen und berührenden Gespräche, für die Selbstverständlichkeit und Leichtigkeit, die sie mir für die Zeit hin zu jenen letzten Tagen mit auf den Weg gaben.

Der Tod ist Teil dessen, was wir lieben …

Jedes Leben hat das Recht, auch die letzte Phase seines Daseins zu leben. Ich betrachte es als unsere ethische Pflicht, auch unseren vierbeinigen Freunden dieses Recht zuzugestehen und unsere ureigene Angst nicht über diese Pflicht zu stellen. Angst ist evolutionsgeschichtlich eine der wichtigsten Emotionen, die – aus biologischer Sicht betrachtet – das Leben eigentlich schützen soll. Wie weit der Mensch sich von diesen biologischen Grundlagen seiner Existenz entfernt hat und sich stattdessen in eine religiöse – oder auch esoterische – Scheinwelt flüchtet, reflektiert mit dem deutschen Philosophen Richard David Precht einer der bedeutendsten Denker der Gegenwart: „Irgendwann in der Evolution, vielleicht vor Millionen, vielleicht vor Hunderttausenden oder möglicherweise auch erst vor einigen zehntausend Jahren, hielt der Tod Einzug in den menschlichen Geist. Man erkannte die eigene Sterblichkeit, ahnte sie zu Lebzeiten und lernte, sich vor dem Ende zu fürchten. Ungezählte Religionen nahmen ihren Ursprung in der Beklemmung des menschlichen Geistes, der Angst vor dem Tod, dem Zufall der Existenz und der Sinnlosigkeit des Daseins. Und Millionen von Opfern pflastern seitdem den Weg magischer Kulte: der Streit um Jagd- und Fruchtbarkeitszauber, der richtigen und der falschen Religionen, der vielen Götter oder des einen Gottes, dessen Antlitz, Wohnstatt und Gebote."*

Auch in der Grenzerfahrung des Lebens gibt unser menschliches Bewusstsein uns die Fähigkeit zur Reflexion. Wir können Angst bewusst in Hoffnung und Liebe transformieren. Wenn wir diese Liebe in der Endzeit eines uns nahestehenden Lebens im Alltag real werden lassen, beginnen wir ganz automatisch, das Leben in seiner Ganzheit zu betrachten, zu der der Tod untrennbar dazugehört. Der Tod ist ein Teil des Lebens – und damit Teil dessen, was wir lieben!

Das Recht auf Leben gilt auch und gerade für die letzte Phase. Die Therapiemöglichkeiten der Veterinärmedizin, ihre Chancen und Potenziale zu nutzen, gehört angesichts der Stellung, die unsere Hunde als Familienmitglieder einnehmen, in meinem Denken zu unserer Verantwortung dem Leben gegenüber. Daneben aber steht die ethische Verpflichtung, die Grenzen des Möglichen zu erkennen und zu akzeptieren und dem geliebten Wesen an unserer Seite ein würdiges Ende zu bereiten.

Fragestellungen um die Euthanasie betreffen einen der persönlichsten und sensibelsten Bereiche in der Tierhaltung, der mit zahllosen individuellen Emotionen verbunden ist. Dennoch ist eine Objektivierung des Themas unerlässlich, wenn es um Fragen nach dem richtigen Zeitpunkt, das Leben des geliebten Freundes auf vier Pfoten zu beenden, und der Definition des Begriffs Leiden in Bezug auf das Tier geht. Ethische und rechtliche Aspekte sind in diesem Zusammenhang ebenso von Bedeutung wie unsere eigene persönliche Belastbarkeit und der charakterlich bedingte Umgang des Tieres selbst mit seiner Erkrankung. Die Möglichkeit der Euthanasie gilt einerseits als das Letzte, was ein verantwortungsbewusster Tierbesitzer für das ihm anvertraute Leben tun kann, andererseits aber besteht zweifellos auch die Gefahr, vorschnell unüberlegte und ungerechtfertigte Entscheidungen zu

* Richard David Precht: Tiere denken. Vom Recht der Tiere und den Grenzen des Menschen. München: Goldmann 2016, S. 128.

treffen, Verantwortung abzulehnen und damit letztlich das individuelle Lebensrecht des Tieres zu missachten.

Natürlich ist die Euthanasie die einzig richtige und auch tierschutzrechtlich gebotene Entscheidung, wenn keinerlei Möglichkeit mehr besteht, dem Hund die Grundlagen zu schaffen, sein Leben in lebenswerter Weise zu leben. Auf der anderen Seite aber steht die Missbrauchsgefahr – und manchmal auch die Unkenntnis um Therapiemöglichkeiten und palliativmedizinische Ansätze, die gegebenenfalls noch zur Verfügung stünden und dem betroffenen Tier noch einige Wochen lebenswertes Leben ermöglichen könnten. Im Zweifelsfalle *für* das Leben! Denn es gibt absolut keinen ethisch zu rechtfertigenden Grund dafür, unserem vierbeinigen Familienmitglied Wochen – oder auch nur einen einzigen Tag! – seines lebenswerten Lebens zu nehmen.

Meine eigenen Erfahrungen haben mir ein sehr klares Entscheidungskriterium mit auf den weiteren Weg mit meinen Hunden gegeben: Solange es noch eine FRAGE ist, ob der richtige Moment der erlösenden Euthanasie für den Vierbeiner gekommen ist, ist der Moment noch nicht da! Verschwenden Sie auch jetzt keine Sekunde dieser unendlich wertvollen Zweisamkeit mit Ihrem vierbeinigen Freund mit wertlosen Facebook-Diskussionen – vor allem verbieten Sie sich jegliche Hinweise von Außenstehenden auf eine eventuell zu schwierige Situation für den Hund, denn niemand außer Ihnen sitzt neben Ihrem Patienten und kann dessen Zustand wirklich in seiner Gesamtheit beurteilen. Es bleibt Ihnen nichts anderes übrig, als zu akzeptieren, dass Sie in dieser Situation in erster Linie auf sich selbst gestellt sind und es IHRE Aufgabe und IHRE Verantwortung ist, diese Entscheidung zu treffen.

Wenn die Stunde wirklich gekommen ist, in der sich für unseren Patienten eine neue Situation ergeben hat, die keine Therapiemöglichkeit mehr offenlässt und die ihm auch kein lebenswertes Leben mehr ermöglicht, stellen sich keine Fragen mehr. Wir tragen jetzt ein absolutes WISSEN in uns, das keinerlei Fragen mehr zulässt, denn jetzt ist jede Unsicherheit dem absoluten Wissen um die alternativlose Unausweichlichkeit dieser letzten Entscheidung FÜR unseren Hund gewichen.

Jenseits von Angst

Im Grenzland des Lebens sollten wir sehr bewusst alle negativen Emotionen, vor allem jede Angst, weit hinter uns lassen. Anstelle lähmender Kraftlosigkeit können wir stattdessen eine lebendige Leichtigkeit in uns spüren. Das ist konsequente mentale Arbeit – zweifellos, aber sie kann gelingen, wenn wir in keinem Moment ein Ohnmachtsgefühl zulassen, sondern das Heft des Handelns und des Lebens fest in unserer Hand halten. Wir kämpfen nicht, sondern wir LEBEN, spüren die Energie in uns, die das Leben ausmacht – und empfinden, was David Servan-Schreiber so wunderbar zusammenfasst: „Die Angst blockiert unsere Lebenskraft in dem Augenblick, in dem wir sie am nötigsten brauchen. Zu lernen, wie wir gegen den Krebs kämpfen, heißt zu lernen, wie wir das Leben in uns nähren. Aber es ist nicht notwendigerweise ein Kampf gegen den Tod. Wenn wir diese Lektion erfolgreich absolvieren, kommen wir an den Punkt, wo wir das Wesen des Lebens spüren, wo wir eine Vollständigkeit und einen Frieden finden, die das Leben schöner machen. Und manchmal gehört der Tod zu diesem Erfolg dazu. Es gibt Menschen, die ihr Leben leben, ohne dass sie seinen wahren Wert schätzen. Andere leben ihren Tod mit einer solchen Fülle und einer solchen Würde, dass er wie die Vollendung eines außergewöhnlichen Werkes erscheint und allem, was sie erlebt haben, einen Sinn gibt. Manchmal setzen wir, indem wir uns so auf den Tod vorbereiten, die Energie frei, die wir zum Leben brauchen."* – Öffnen wir den Blick dafür, dass diese Zeit voll intensiver Gefühle und tiefer Emotionen uns letztlich reicher macht und das Leben uns vor Herausforderungen stellt, die zu bestehen und zu meistern uns wachsen lässt – und die am Ende auch unser Leben ausmachen, ja, die das Leben selbst sind …

* David Servan-Schreiber: Das Antikrebs-Buch. Was uns schützt: Vorbeugen und Nachsorgen mit natürlichen Mitteln. Aus dem Französischen von Heike Schlatterer und Ursel Schäfer. 8. Auflage. München: Goldmann 2012, S. 299.

Visionen verschieben Grenzen: die „EINE Medizin"

Die Entschlüsselung des Hundegenoms im Jahr 2005 brachte die entscheidende Voraussetzung für den Dialog zwischen Veterinär- und Humanmedizin und die vergleichende Forschung in der Onkologie. Der genetische Hintergrund einer Krebserkrankung muss vergleichbar sein, um gemeinsame Forschung betreiben zu können, die beiden – Mensch und Tier – zugutekommt. Dass heute die ersten zielgerichteten Medikamente in der Tiermedizin etabliert sind, ist der vergleichenden Onkologie zu verdanken und wäre ohne diese gemeinsame Forschung undenkbar. Mit der Antikörpertherapie wird eine in der Humanmedizin etablierte spezifische immunologische Therapie auch für den Hund zur Verfügung stehen. Es war der Ansatz der „EINEN Medizin" für Mensch und Tier, der zu den neuen zielgerichteten Medikamenten für den Hund führte. Noch zu Beginn dieses Jahrtausends schien der Einsatz dieser Medikamentengeneration in der Tiermedizin außerhalb des Möglichen – aber Visionen verschieben Grenzen. Heute haben sich diese Grenzen verschoben, und die ersten zielgerichteten Medikamente gelten neben Chirurgie, Strahlen- und Chemotherapie auch in der veterinärmedizinischen Onkologie bereits zu den etablierten Therapieansätzen.

„Wo aber Gefahr ist, wächst das Rettende auch"*: vergleichende Krebsforschung

Die Tumortherapie nimmt bei Tieren ähnlich wie in der Humanmedizin einen immer größeren Stellenwert ein. Es ist noch nicht lange her, da waren veterinärmedizinische Behandlungsmöglichkeiten gegen Krebs beim Tier begrenzt. Neben chirurgischen Eingriffen ermöglichen heute Strahlen- und Chemotherapie, diese Erkrankung auch beim Tier erfolgreich zu behandeln und eines der vorrangigen Ziele der veterinärmedizinischen Onkologie zu erreichen: das Leben der Patienten bei hoher Lebensqualität zu verlängern. Dennoch stand dieser Teil der Tiermedizin lange Zeit im Schatten der Humanonkologie, bis sich ausgehend vom

* Friedrich Hölderlin: „Patmos" (1803), Strophe 1, Verse 3 und 4.

„Comparative Oncology Program" des National Cancer Institute in den USA auf internationaler Ebene zunehmend die Erkenntnis durchsetzte, dass die gemeinsame Entwicklung neuer therapeutischer Strategien gegen eine Tumorerkrankung durch die Gegenüberstellung beider Tumorpatienten, Mensch und Tier, weit schneller zum Ziel führt.

Die gemeinsame Arbeit von Veterinär- und Humanmedizin kann viele Fragen zum Thema Krebs für Tier und Mensch schneller beantworten und führt insbesondere bei Hunden zu verbesserten und neuen bahnbrechenden Therapiemöglichkeiten.

Viele Tumoren des Hundes zeigen eine große biologische Ähnlichkeit mit Krebserkrankungen des Menschen. Seit der Entschlüsselung des Erbguts des Hundes weiß man, dass der genetische Hintergrund vieler Krankheiten vergleichbar ist, und dieses Wissen um die genetische Ähnlichkeit von Mensch und Hund ist denn auch unverzichtbare und existenzielle Voraussetzung für die vergleichende Forschung in Human- und Veterinärmedizin. Wenn aber der genetische Hintergrund einer Erkrankung identisch ist, reduziert sich auch die Therapie auf denselben Ansatz. An die Stelle der „verschiedenen Medizin" für Mensch und Tier tritt die „EINE Medizin" – in weiten Bereichen noch eine Zukunftsvision, vor allem in der Krebsforschung aber bereits Realität mit konkreten und greifbaren Ergebnissen zum Wohle und zum Nutzen von Mensch und Tier. Der Dialog führt effizient zu neuen leistbaren Therapiemöglichkeiten für das Tier und gleichzeitig – aufgrund des kürzeren Lebenszyklus der Tiere – zu einem schnelleren Erkenntnisgewinn, der wiederum dem Menschen zugutekommt.

Neue Therapien und Diagnosemöglichkeiten durch vergleichende Forschung

Unseren vierbeinigen Freunden kommt in dieser Arbeit ein besonderer Stellenwert zu. Sie bleiben individuelle Patienten mit einer Tumorerkrankung, denen eine optimale Therapie auf dem neuesten Wissensstand der Medizin zuteilwird und die eventuell geheilt werden können. Große Erfolge in diesen Bereichen sind die Zulassung von Tyrosinkinaseinhibitoren zur Therapie des Mastzelltumors, einer der häufigsten Tumorerkrankungen bei Hunden. Dass diese Medikamente heute für den Hund verfügbar sind, ist ein greifbares und für sich selbst sprechendes Ergebnis der vergleichenden Krebsforschung sowie der Zusammenarbeit von Human- und Veterinärmedizin.

Vergleichende Forschung ist die konsequente Umsetzung einer gleichberechtigten Partnerschaft.

In der Tumorforschung sind heute viele Mechanismen, die zu Krebs führen, bekannt. Man weiß, warum sich Tumorzellen ungehemmt teilen, anstatt wie eine gesunde Zelle in den geplanten Zelltod zu gehen. Die Signalwege innerhalb der Zelle, die zu dieser beständigen Teilung führen, sind und werden intensiv erforscht, um gezielte Tumortherapien zu entwickeln. Die vergleichende Forschung liefert auf einem schnellen Weg Informationen, welche Mutationen ursächlich für ein Tumorwachstum verantwortlich sind.

Im Labor werden Tumorzellen von Hunden und Menschen verglichen und genau geprüft, ob die Tumoren demselben Entstehungsmechanismus folgen. Wenn sich die genetische Vergleichbarkeit bestätigt, besteht die Chance, eine gemeinsame Therapie parallel zu entwickeln. Die genetische Vergleichbarkeit ist immer die Grundvoraussetzung für diese Arbeit.

Ist der genetische Hintergrund einer Erkrankung identisch, dann reduziert sich auch die Therapie auf die „EINE Medizin“ für Mensch und Tier.

Darüber hinaus wird die verbesserte und frühzeitigere Darstellung von Metastasen in der Weiterentwicklung der Tumordiagnostik künftig auch in der Tiermedizin einen großen Stellenwert einnehmen. Das betrifft die entscheidende Frage, ob eine lokale Therapie des Primärtumors ausreichend ist oder ob aufgrund einer bereits bestehenden Metastasierung eine systemische Therapie zum Einsatz kommen muss. Mithilfe neuer Techniken der molekularen Diagnostik könnte es auch in der Veterinärmedizin in Zukunft wesentlich bessere Möglichkeiten geben, Krebszellen und Metastasen darzustellen. Wie wir bereits gesehen haben, binden Antikörper dabei an Moleküle der Tumorzellen und werden in der Szintigrafie sichtbar. Überall dort, wo der Antikörper an einer Tumorzelle haftet, leuchtet er als Marker auf – nicht nur an der Stelle des Primärtumors, sondern auch an allen Metastasen. Mit einem derartigen Scan, dem sogenannten Bioimaging, käme man in einem schnellen und den vierbeinigen Patienten nur wenig belastenden Verfahren zu einem vollständigen Staging.

Die Zusammenarbeit zwischen Human- und Veterinärmedizin bringt nicht nur neue Therapien, sondern auch neue diagnostische Möglichkeiten für den Hundepatienten.

Auch wenn diese Form der molekularen Diagnostik derzeit noch nicht ausgereift ist, gibt es bereits erste konkrete Ansätze, sie auch in der Veterinärmedizin umzusetzen. Neben Verbesserungen in der Stadiumssuche bei Lymphompatienten könnten so auch Tumoren im Rückenmark nachgewiesen werden, wenn eine Biopsie beispielweise aufgrund weiterer degenerativer Grunderkrankungen mit einem sehr großen Risiko für den Patienten verbunden wäre. Nur in der Zusammenarbeit zwischen Human- und Veterinärmedizin können diese Wege begangen werden.

Damit werden die vergleichende Onkologie und die „EINE Medizin“ zu einem Hoffnungsträger für die Krebstherapie, der vielleicht sogar die Krankheit selbst für den ein oder anderen Besitzer eines betroffenen Tieres in ein anderes Licht rücken kann. Krebs ist heute kein Mythos mehr – nichts alternativlos Lebensbedrohliches mehr. Der Automatismus der Angst könnte sich verändern. Die Onkologie schafft es heute auch in der Tiermedizin schon in vielen Fällen, Krebs als eine chronische Erkrankung zu behandeln, mit der der Patient ein gutes und lebenswertes LEBEN führen kann. Das ist das Ziel der Krebsforschung – für Mensch und Tier.

Wir fassen zusammen

Eine bewusste Vorbereitung auf den letzten Tag hilft, das Unvermeidliche zu akzeptieren und auch die letzte gemeinsame Zeit als einen unendlich wertvollen Teil der Partnerschaft mit unserem Hund zu empfinden, die wir eines Tages ebenso wie die glücklich verspielten Stunden seiner Jugend niemals missen möchten.

Unzählige palliativmedizinische Möglichkeiten helfen auch jetzt noch, unserem besten Freund keinen Tag seines lebenswerten Lebens nehmen zu müssen. Sind die Grenzen der medizinischen und therapeutischen Möglichkeiten aber erreicht, dann ist es unsere ethische Verpflichtung, zu akzeptieren, dass der richtige Zeitpunkt für die Sterbehilfe gekommen ist.

Ebenso wichtig wie die Akzeptanz der Grenzen ist das Wissen, dass Grenzen sich verschieben können, dass Visionen von heute die Realität von morgen sind. Die Zusammenarbeit zwischen Veterinär- und Humanmedizin in der vergleichenden Krebsforschung führt zu neuen Diagnose- und Therapiemöglichkeiten für den krebskranken Hund.

Auf dem Weg zu der „EINEN Medizin" für Hund und Mensch bleibt der Hund immer ein individueller Patient mit einer Krebserkrankung. Vergleichende Forschung ist die konsequente Umsetzung einer gleichberechtigten Partnerschaft.

Der „Mythos Krebs" gehört der Vergangenheit an. Auch die moderne tiermedizinische Onkologie erlaubt es heute in vielen Fällen, Krebs als eine chronische Erkrankung zu betrachten, mit der über lange Zeit hinweg eine gute Lebensqualität möglich ist.

Literatur

Joachim Bauer: Das Gedächtnis des Körpers: Wie Beziehungen und Lebensstile unsere Gene steuern. Erweiterte Taschenbuchausgabe. Piper Verlag GmbH, München, 18. Auflage Oktober 2011.

Richard Béliveau, Denis Gingras: Krebszellen mögen keine Himbeeren. Nahrungsmittel gegen Krebs. Das Immunsystem stärken und gezielt vorbeugen. Aus dem Französischen von Hanna van Laak. Wilhelm Goldmann Verlag, München, 6. Auflage / Vollständige Taschenbuchausgabe April 2010.

Josef Beuth: Krebs ganzheitlich behandeln. Komplementäre Methoden – vom Experten bewertet. TRIAS Verlag in MVS Medizinverlage Stuttgart GmbH & Co. KG, Stuttgart, 4. vollständig überarbeitete Auflage 2014.

Martin Bleif: KREBS – Die unsterbliche Krankheit. Klett-Cotta, Stuttgart, 2013.

Tobias Esch: Der Selbstheilungscode. Die Neurobiologie von Gesundheit und Zufriedenheit. Beltz Verlag, Weinheim Basel, 2. Auflage 2017.

Thomas Felzmann: KREBS Wer bist du & wohin gehst du? Facultas / Maudrich Verlag, Wien, 2015.

Harald zur Hausen, Katja Reuter: Gegen Krebs. Die Geschichte einer provokativen Idee. Rowohlt Verlag GmbH, Reinbek bei Hamburg, 1. Auflage September 2010.

Johannes Huber: Liebe lässt sich vererben. Wie wir durch unseren Lebenswandel die Gene beeinflussen können. ZS Verlag Zabert Sandmann GmbH, München, 1. Auflage 2010.

Martin Kessler (Hrsg.): Kleintieronkologie. Diagnose und Therapie von Tumorerkrankungen bei Hund und Katze. Enke Verlag in MVS Medizinverlage Stuttgart GmbH & Co. KG, Stuttgart, 3., vollständig überarbeitete und erweiterte Auflage 2013.

Siddhartha Mukherjee: Der König aller Krankheiten. Krebs – eine Biografie. Aus dem Englischen von Barbara Schaden. DuMont Buchverlag, Köln, 4. Auflage 2012.

Richard David Precht: Tiere denken. Vom Recht der Tiere und den Grenzen des Menschen. Wilhelm Goldmann Verlag, München, 1. Auflage 2016.

Johann Caspar Rüegg: Mind & Body. Wie unser Gehirn die Gesundheit beeinflusst. Schattauer, Stuttgart, 2. Auflage 2014.

Carolin Schöps: Bestrahlungstherapie von Tumorpatienten an der Veterinärmedizinischen Universität Wien (2006–2008). Diplomarbeit, Veterinärmedizinische Universität Wien, 2010.

David Servan-Schreiber: Das Antikrebs-Buch. Was uns schützt: Vorbeugen und Nachsorgen mit natürlichen Mitteln. Aus dem Französischen von Heike Schlatterer und Ursel Schäfer. Wilhelm Goldmann Verlag, München, 8. Auflage 2012 (Taschenbuchausgabe der aktualisierten Neuausgabe Juni 2012).

David Servan-Schreiber: Die Neue Medizin der Emotionen. Stress, Angst, Depression: Gesund werden ohne Medikamente. Aus dem Französischen von Inge Leipold und Ursel Schäfer. Wilhelm Goldmann Verlag, München, 22. Auflage 2006 (Taschenbuchausgabe Februar 2006).

James D. Watson: Die Doppelhelix. Deutsch von Wilma Fritsch. Rowohlt Taschenbuch Verlag, Reinbek bei Hamburg, 21. Auflage April 2011.

Robert A. Weinberg: Krieg der Zellen. Krebs: Ursachenforschung und Heilungsmöglichkeiten. Aus dem Amerikanischen von Susanne Kuhlmann-Krieg. Droemersche Verlagsanstalt Th. Knaur Nachf., München, 1998.

Index

A

B

C

D

E

F

G

H

I

J

K

L

M

N

O

P

R

S

T

U

V

W

Z

Über die Autorin

Kerstin Piribauer, geb. 1966, studierte Philosophie und Literaturwissenschaften in München. Seit den 1990er Jahren arbeitet sie als Autorin, Redakteurin und Dozentin in Deutschland, Österreich und der Schweiz, wobei Themen rund um die Gesundheit des Hundes einer ihrer Schwerpunkte sind. Sie teilt ihr Leben seit über 30 Jahren mit Boxern, einer Rasse, die überproportional stark von Krebs betroffen ist, und hat diese auch einige Jahre lang gezüchtet. Sie lebt und arbeitet heute in der Steiermark und in Wien.